Führer zur

Geologie von Berlin und Brandenburg

Nr. 2: Bad Freienwalde - Parsteiner See

2. verbesserte Auflage

Herausgegeben von J. H. Schroeder
mit Beiträgen von
H. Ahrens, I. Bach, H.-J. Bautsch, F. Brose, R. Bülte, S. Bussemer, A. G. Cepek, F. Ebermann, P. Gärtner, J. Gründel, M. Hannemann, A. Hultzsch, K.-D. Jäger, G. Klemm, H. Knape, D. Kopp, S. Liebermann, J. Marcinek, M. Müller, B. Nitz, N. Schlaak, R. Schmidt, R. Schmook, S. Schneider, J. H. Schroeder, D. Schulzke, R. Tessin, M. Zwanzig

Abb. T 1: Sand- und Kiesschichten in der Grube Althüttendorf, die vom Schmelzwasser des Inlandeises abgelagert wurden, das auf diese Weise Brandenburg wichtige Rohstoffe bescherte (s. S. 116; Foto Schroeder, 1993)

Geowissenschaftler in Berlin und Brandenburg e. V.

Selbstverlag Berlin 1994

ISBN 3-928651-03-X ISSN 0941 - 2980

1. Aufl. : 1000 Expl.; erschienen Februar 1994 (ISBN 3-928651-02-1)
2. verbesserte Auflage: 2000; erschienen Juli 1994

Direkt (= Abhol) - Vertrieb:

Geowissenschaftler in Berlin und Brandenburg e.V.
p. a. Technische Universität Berlin, Sekr. EB 10, Raum EB 239
Str. d. 17. Juni 145 , 10623 Berlin

Fachbereich Geographie der Humboldt-Universität
Abt. Physische Geographie (Dr. A. Naß)
Chausseestr. 86, 10099 Berlin

Institut für Geographische Wissenschaften,
Freie Universität Berlin (Dipl.-Geogr. M. Müller)
Grunewaldstr. 35, 12165 Berlin

Landesamt für Geowissenschaften und Rohstoffe Brandenburg
Stahnsdorfer Damm 77, 14532 Kleinmachnow
Außenstelle Frankfurt, Schulstr. 16, 15230 Frankfurt

Landesanstalt für Großschutzgebiete
Am Stadtsee 1 - 4, 16225 Eberswalde

Postversand: Sven von Loga, Geowissenschaftliche Fachliteratur
Gerhard - vom - Rath - Str. 55, **D - 50968 Köln**
Tel. 0221 / 38 36 80, Telefax 0221 / 38 67 37

Druck: **Paul Kistmacher Druckerei,**
Müllerstr. 138 d, 13353 Berlin, Tel. 030 / 4 53 80 28

Bisher erschien in dieser Reihe:
No. 1. Die Struktur Rüdersdorf. 2. erweiterte Auflage. 164 S.
(Hrsg. J. H. Schroeder; ISBN 3-928651-01-3)

Über die Geowissenschaftler in Berlin und Brandenburg e. V.

Zweck des Vereins ist die **Förderung der Geowissenschaften in Berlin und Brandenburg**. Er wird insbesondere durch Vortrags- und andere Weiterbildungsveranstaltungen sowie Exkursionen, durch Publikation von geowissenschaftlichen Schriften, Karten und anderen Druckerzeugnissen, durch unabhängige fachspezifische Information und Beratung von Amtsträgern und Behörden in geowissenschaftlichen Angelegenheiten ferner durch Nachwuchsförderung verwirklicht. Ein wichtiger gemeinnütziger Zweck besteht in der geowissenschaftlichen **Öffentlichkeitsarbeit;** dieser Führer steht als Beispiel für derartige Arbeit.

Ordentliches Mitglied des Vereins kann werden, wer eine geowissenschaftliche Hoch- oder Fachschulausbildung abgeschlossen hat, mit einer vergleichbaren Ausbildung im geowissenschaftlichen Bereich tätig ist / war oder über entsprechende Fachkenntnisse verfügt. **Außerordentliches Mitglied** kann jeder Student der Geowissenschaften werden. Für beide Mitgliedskategorien gilt: Über die Aufnahme entscheidet nach schriftlichem Antrag der Vorstand. Der Beitrag ist auf DM 0,00 festgesetzt. **Fördernde Mitglieder** können auf Antrag werden a) natürliche Personen, b) Firmen und andere juristische Personen, die jährlich den Verein durch Zuwendungen in oder über festzusetzender Mindesthöhe fördern (a - DM 50,--, b - DM 200,--). Die Gemeinnützigkeit des Vereins ist anerkannt, Spenden sind also in üblicher Weise absetzbar. Unabhängig von einer Mitgliedschaft sind **Spenden für diese Arbeit** willkommen; der Verein hat das Konto No. 118 868 102 beim Postgiroamt Berlin (BLZ 100 100 10).

Die **Veranstaltungen und Aktivitäten** des Vereins werden den Mitgliedern sowie geowissenschaftlichen Institutionen, Behörden etc. angekündigt. Anregungen, Mit- oder Zusammenarbeit sind willkommen.

Inhalt

Autoren

Dr. Helmut **Ahrens**, Diplom-Geologe, Gesellschaft für Umwelt- und Wirtschaftsgeologie mbH Berlin, Invalidenstr. 44, 10115 Berlin

Dr. Ilse **Bach**, Diplom-Geologin, Rummelsburger Str. 33 b, 10315 Berlin

Prof. Dr. habil. Hans-Joachim **Bautsch**, Diplom-Mineraloge, Humboldt-Universität zu Berlin, Museum für Naturkunde, Mineralogisch-Petrographisches Institut und Museum, Invalidenstr. 43, 10115 Berlin

Dr. habil. Fritz **Brose**, Diplom-Geologe, Landesamt für Geowissenschaften und Rohstoffe Brandenburg, Außenstelle Frankfurt, Schulstr. 16, 15230 Frankfurt (Oder)

Dr. Reinhard **Bülte**, Journalist, Weddingstr. 1, 18546 Saßnitz

Dr. Sixten **Bussemer**, Diplom-Geograph, Fachbereich Geographie, Humboldt-Universität zu Berlin, Chausseestr. 86, 10099 Berlin

Alexander G. **Cepek**, Diplom-Geologe, † 09. 05. 1994 (vormals Gesellschaft für Umwelt- und Wirtschaftsgeologie mbH Berlin)

Dr. Frank **Ebermann**, Diplom-Geograph, Fachbereich Geographie, Humboldt-Universität zu Berlin, Chausseestr. 86, 10099 Berlin

Dr. Peter **Gärtner**, Diplom-Lehrer, Fachbereich Geographie, Humboldt-Universität zu Berlin, Chausseestr. 86, 10099 Berlin

Dr. habil. Joachim **Gründel**, Diplom-Geologe, Ella-Kay-Str. 14, 10405 Berlin

Dr. Martin **Hannemann**, Diplom-Geologe, Landesamt für Geowissenschaften und Rohstoffe Brandenburg, Stahnsdorfer Damm 70, 14532 Kleinmachnow

Dr. Alexander **Hultzsch**, Diplom-Geologe, Ingenieurgesellschaft für Geologie Dr. Hultzsch mbH, Ruhlsdorfer Str. 95, 14532 Stahnsdorf

Prof. Dr. Klaus-Dieter **Jäger**, Institut für Prähistorische Archäologie, Martin-Luther-Universität, Brandbergweg 23 c, 06114 Halle

Dr. Gunther **Klemm**, Diplom-Biologe, Parsevalstr. 6, 12459 Berlin

Dr. sc. Helmut **Knape**, Diplom-Geologe, Myslowitzer Str. 41, 12621 Berlin (vormals Gesellschaft für Umwelt- und Wirtschaftsgeologie mbH Berlin)

Dr. habil. Dietrich **Kopp**, Diplom-Forstw., Dömitzer Str. 23, 19303 Tews-Woos

Stefan **Liebermann**, Agraringenieur, Puschkinallee 10, 15569 Woltersdorf

Prof. Dr. Joachim **Marcinek**, Diplom-Geograph, Fachbereich Geographie, Humboldt-Universität zu Berlin, Chausseestr. 86, 10099 Berlin,

Marion **Müller**, Diplom-Geographin, Institut für Geographische Wissenschaften, Fachrichtung Physische Geographie, Freie Universität Berlin, Grunewaldstr. 35, 12165 Berlin

Prof. Dr. sc. Bernhard **Nitz**, Fachbereich Geographie, Humboldt-Universität zu Berlin, Chausseestr. 86, 10099 Berlin

Dr. Norbert **Schlaak**, Diplom-Lehrer, Fachbereich Geographie, Humboldt-Universität zu Berlin, Chausseestr. 86, 10099 Berlin

Prof. Dr. habil. Rolf **Schmidt**, Diplom-Geograph, Fachhochschule Eberswalde, Alfred-Möller-Str. 1, 16225 Eberswalde

Dr. Reinhard **Schmook**, Museumsleiter, Oderlandmuseum , Uchtenhagenstr. 2, 16259 Bad Freienwalde

Steffen **Schneider**, Eichenstr. 42, 13156 Berlin

Prof. Johannes H. **Schroeder**, Ph.D., Diplom-Geologe, Institut für Geologie und Paläontologie, Technische Universität Berlin, Sekr. EB 10, Ernst-Reuter-Platz 1, 10587 Berlin

Dr. sc. Dietrich **Schulzke**, Diplomlandwirt und Forstingenieur; Landesanstalt für Großschutzgebiete, Am Stadtsee 1 - 4, 16225 Eberswalde

Dr. Rolf **Tessin**, Diplom-Geologe, Hoernlestr. 25, 12555 Berlin

Michael **Zwanzig**, Diplom-Biologe, Puschkinallee 4 A, 12435 Berlin

Geleitwort

von Dr. Wolf - Ekkehard Hesse,
Staatssekretär im Ministerium für Wirtschaft, Mittelstand und Technologie des Landes Brandenburg

Für die wirtschaftliche Entwicklung Brandenburgs ist die ökologisch verträgliche Nutzung des naturräumlichen Potentials eine wesentliche Grundlage. Der vom Wirtschaftsministerium angestrebte Aufbau neuer Wirtschaftsstrukturen muß auch die geologische Bedingungen des Landes berücksichtigen. Hierzu ist das Fachwissen aller auf dem geowissenschaftlichen Sektor tätigen Fachleute gefragt. Neben universitären und anderen fachwissenschaftlichen Einrichtungen, den zahlreichen Geoingenieurfirmen sowie dem Landesamt für Geowissenschaften und Rohstoffe Brandenburg, kommt dem Verein "Geowissenschaftler in Berlin und Brandenburg e. V." eine wichtige Rolle bei der Förderung des geowissenschaftlichen Gedankenguts zu.

Mit Vorlage von Nummer 2 der Reihe "Führer zur Geologie von Berlin und Brandenburg": **Bad Freienwalde - Parsteiner See** ist es dem Verein erneut gelungen, die Geologie einer brandenburgischen Region der breiten Öffentlichkeit in allgemeinverständlicher Form zugänglich zu machen. Dabei ist besonders zu begrüßen, daß die Darstellungen zur regionalen Geologie dieses Gebietes, zu den möglichen Rohstoffpotentialen und zur Genese dieser eiszeitlich geprägten Landschaft durch fundierte Beiträge aus den benachbarten Fachdisziplinen ergänzt und abgerundet werden. Die Darstellung der Zusammenhänge von Landschaftsgenese und Bildungsbedingungen wird zudem demjenigen, der sehen will, den Blick auf die teils verborgenen Reize der Mark nachhaltig erleichtern und damit zur Identitätsfindung unseres jungen Landes beitragen.

Der Herausgeber, Herr Prof. Johannes Schroeder, hat es wiederum verstanden, kompetente Fachkollegen aus den unterschiedlichsten Institutionen Brandenburgs und Berlins für die Erarbeitung dieses anschaulichen Führers zu gewinnen; die übersichtliche Darstellung und gute Ausstattung mit Abbildungen, Tabellen und Fotos und nicht zuletzt das handliche Format erleichtern den Zugang zu den geologischen Gegebenheiten dieser ostbrandenburgischen Region.

Möge dieser Exkursionsführer eine weite Verbreitung nicht nur unter Fachwissenschaftlern, sondern auch bei den vielen naturwissenschaftlich Interessierten finden.

Vorwort
Führer zur Geologie von Berlin und Brandenburg - Konzept und Realität

von Johannes H. Schroeder

Mit dieser Reihe von Führern wollen die Beteiligten an die **Tradition regionaler Führer anknüpfen**, wie sie etwa durch die Werke von Fiebelkorn (1896), Hucke (1911), Menzel (1912) und Wiegers (1922) in klassischer Weise manifestiert ist und wie sie von der "Gesellschaft für Geowissenschaften der DDR" anläßlich ihrer Tagungen in größerem Rahmen aufgenommen war und seit 1991 durch die "Gesellschaft für Geowissenschaften" fortgeführt wird. Die Kenntnisse sind mittlerweile so vielfältig geworden, daß es sinnvoll ist, jeweils **regional begrenzte und thematisch definierte Bereiche** zu behandeln. Nach der Struktur Rüdersdorf als offensichtlichem Ziel von besonderer Bedeutung für Grundlagenforschung, Anwendung und Wissenschaftsgeschichte, wendet sich dieser Band dem Raum Bad Freienwalde - Parsteiner See zu, der vielleicht geowissenschaftlich weniger spektakulär, aber - wie dieser Führer zeigt - nicht minder interessant ist.

Die Publikation dieser Führer hat ihre **Bedeutung** auch in der Tatsache, daß zu DDR - Zeiten zahlreiche Kollegen nicht in der Lage waren, ihre Ergebnisse zu publizieren, obwohl auf vielen Gebieten hervorragende Arbeit geleistet wurde. Die Ergebnisse müßten nun dringend ausführlich in wissenschaftlichen Publikationen dargestellt werden: Es ist zu hoffen, daß die Autoren dazu die Gelegenheit bekommen; allerdings ist nach den bisherigen Erfahrungen zu befürchten, daß aufgrund der veränderten Berufs- und Lebensumstände der Betroffenen in vieles - allzu vieles! - nicht mehr veröffentlicht wird. Umso wichtiger ist es, in diesen Führern jedenfalls **eine Art Kurzfassung als Hinweis auf vorliegende Arbeiten** zu geben.

In wachsendem Maße gelingt es, die Ergebnisse derartiger Erfahrungsträger mit solchen **gerade abgeschlossenen oder noch laufenden Arbeiten** zu verbinden: Der Abschnitt über die Neuenhagener Insel ist ein gutes Beispiel für diese Kombination, die mit gemeinsamen Geländebegehungen und -beobachtungen verbunden wurde.

Zur Kenntnis der Geologie einer Region leisten auch die **Sammler** - meist Laien - einen wichtigen Beitrag, der aber oft nicht zur Kenntnis gegeben oder genommen wird. Es ist höchst erfreulich, daß in diesem Führer erneut Sammler mitwirken, und zwar sowohl durch das Zur-Verfügung-Stellen von besonderen Stücken ihrer Sammlung als auch durch einen eigenen Abschnitt über die **Sedimentärgeschiebe,** der zur **integrierten Darstellung** des Exkursionsgebietes wesentlich beiträgt.

Die Erarbeitung dieser Führer ist für alle Beteiligten eine **Erfahrung des Lernens, der Öffnung und des Zusammenwachsens**. Diese beginnt bei dem Kennenlernen bisher objektiv nicht zugänglicher oder subjektiv unbekannter Aufschlüsse, bei der gemeinsamen Begehung und der Diskussion der Befunde vor Ort, beim Vorstellen der Ergebnisse in Vorträgen, reicht weiter über die Konzipierung des Führers und seiner Kapitel, zur Gestaltung und gegenseitigen Kritik der Manuskriptentwürfe bis zur letzten Korrektur der jeweiligen Abschnitte. Als Ergebnis dieser gemeinsamen Erfahrung legen wir diesen Band vor und hoffen, daß er geowissenschaftlich Interessierten, Fachleuten, Studenten, Schülern oder auch Wanderern **Anregungen zum Entdecken gibt und das Verständnis für die Natur vertieft.**

Beim Zusammentragen von Ergebnissen aus verschiedenen Zeiten und von Spezialisten unterschiedlicher Fachrichtung bleibt es nicht aus, daß die **vorgestellten Interpretationen unterschiedlich**, gelegentlich auch widersprüchlich sind. Sie können aber nicht ohne weiteres abgeglichen werden, weil jeder Autor mit seinen Methoden und Indikatoren zu seiner Interpretation gekommen ist. An solchen Fragen müßten zusätzliche wissenschaftliche Untersuchungen durchgeführt werden, um die einzelnen Argumente zu werten, vielleicht durch neue zu ergänzen: Dazu könnte und sollte der Führer anregen. Dem Benutzer des Exkursionsführers können daher **nicht immer eindeutige Darstellungen** geboten werden: Er muß mit den Widersprüchen leben.

Der Führer ist zwar geowissenschaftlich orientiert, soll aber auf andere Aspekte zumindest Hinweise geben: So konnten Beiträge über die heutige **Flora** und über den **Naturschutz** gewonnen werden, schließlich wird auch auf die **kulturellen Sehenswürdigkeiten** hingewiesen.

Zur Realität gehören die **Mängel** des Führers: Die Liste der Autoren wie der Literatur zeigt, daß eine Menge Quellen genutzt wurden, aber sicher wurden einige übersehen, sicher gibt es Berichte und Arbeiten, die hätten verarbeitet werden müssen, sicher gibt es Leute verschiedenster Fachrichtungen und Interessen, die sich mit dem einen oder anderen Aspekt befaßt haben. Natürlich wird trotz erheblicher Sorgfalt der eine oder andere Druck- oder Sachfehler übersehen sein. **Wir bitten um Verständnis, aber vor allem um Mithilfe**, diesen Führer zu verbessern: Jede Information über Aufschlüsse, Ergebnisse oder Funde ist hochwillkommen. Eine zweite Auflage soll dann verbessert und erweitert und damit ein weiterer Schritt zur besseren Kenntnis und Darstellung dieser schönen Gegend Brandenburgs getan werden.

Weniger ein Mangel des Führers als eine geowissenschaftliche Realität ist die Tatsache, daß sich infolge von Abbaufortschritt sowie Witterungs- und Vegetationseinflüssen **jeder Aufschluß in kurzer Zeit verändern kann**; hier ist der Stand in der zweiten Hälfte des Jahres 1993 wiedergegeben.

Dank

Vor allem gilt der Dank **den beitragenden Kollegen,** die ihr Wissen uneigennützig mitteilen und die unter jeweils ganz speziellen schwierigen Bedingungen ihre Beiträge erarbeitet und durch die verschiedenen Versionen in die gegenwärtige Form gebracht haben. Als Herausgeber danke ich ihnen speziell für das Mitteilen und Lehren sowie für Geduld, Nachsicht und vielfältige Unterstützung bei dieser Arbeit.

Das **Landesamt für Geowissenschaften und Rohstoffe Brandenburg,** Kleinmachnow, förderte auch dieses Projekt in mannigfacher Weise und ermöglichte die Reproduktion eines Luftbildes (Abb. 5. 8. 2 - 1). Die Firma **Erdöl-Erdgas Gommern GmbH, Gommern,** ermöglichte den Einblick in die für die Darstellung des präquartären Untergrundes relevanten Bohrungen und genehmigte, wie auch der We.E.G. Publikationsausschuß die Veröffentlichung von Abschnitt 2. Die Firmen **Ziegel - Dränrohr GmbH Bad Freienwalde**, insbesondere Herr **Croon**, und die **Haniel Baustoff - Industrie Sand- und Kieswerke GmbH**, Niederlehme, insbesondere die Herren **Stiller** und **Lobst**, halfen mit aktualisierenden Informationen über die jeweiligen Betriebe. **S. Schneider** stellte bereitwillig wichtige Stücke seiner Sammlung für Illustrationszwecke zur Verfügung; Dr. **D. Mehl,** FU Berlin, half durch Bestimmung und Erläuterung der Schwämme; Dr. **G. Fechner**, FU Berlin und Univ. Leipzig, steuerte das Bild einer Dinoflagellaten - Zyste bei.

Wir danken für Aufnahmen und Reproduktion von **Fotos** ganz besonders Meister **B. Kleeberg** und **H. Glowa**, TU Berlin, deren intensivem und kompetentem Einsatz die meisten Abbildungen ihre Reproduktionsfähigkeit und viele Fotos ihre Entstehung verdanken. Bei den **technischen Zeichnungen** gebührt - abgesehen von den Autoren selbst - **B. Dunker**, TU Berlin, auch bei diesem Führer wieder ganz besonderer Dank: Sie hat viele Zeichnungen selbst angefertigt und viele andere in reproduktionsfähigen Zustand gebracht. **M. Laufmann**, Humboldt-Universität Berlin und **R. Amlow**, UWG Berlin, sowie **H. Kanew**, Halle, trugen wesentliche Anteile bei. Beim Vorbereiten des druckfertigen Manuskriptes halfen **S. Raabe und C. Abu Hani**, TU Berlin, durch Eingabe der in unterschiedlichsten Formen eingegegangenen Manuskripte in den Computer; die weitere Verarbeitung erfolgte dann durch den Herausgeber, der verbliebene Mängel zu verantworten hat. Für besonders umfangreiche Korrekturvorschläge ist **H. Knape,** Berlin, **A. Naß,** Humboldt-Universität, **M. Müller**, Freie Universität, **H. Schlegel**, Geo-Museo Hellersdorf, zu danken. Herr **Hentschel,** Inhaber der Druckerei Kistmacher, hat auch dies Auflage des zweiten Band unserer Reihe wieder professionell unterstützt.

Ergänzung zur 2. Auflage

Nach unerwartet kurzer Zeit wird eine Neuauflage erforderlich. Es werden hier im Wesentlichen nur Verbesserungen vorgenommen; die vorgesehene Erweiterung ist so kurzfristig nicht nöglich. Es ist also außer den Autoren vor allem den Korrektoren **M. Müller, G. Schirrmeister** und **H. Schlegel** zu danken, insbesondere aber **E. Bielefeldt,** die im Endstadium der Druckvorbereitungen noch mit erfahrenem Rat half, viele kleine und nicht ganz kleine Mängel zu beheben, und - last, not least - auch **B. Dunker** für graphische Verbesserungen.

Widmung

Als Herausgeber widme ich meinen Anteil an diesem Führer meiner **Mutter Ruth Schroeder** und meinem **Onkel Karl-Oskar Koenigs**; beide sind nur einige Zehner Kilometer nördlich des Exkursionsgebietes in einer Jungmoränenlandschaft aufgewachsen: Ihnen verdanke ich grundlegende Anregungen zum Erleben der Natur wie auch zu ihrem Schutz.

Abb. V - 1 : Findling von Oderberg zu finden vor dem Binnenschiffahrts - Museum in Oderberg (Hermann - Seidel - Str. 44); oberordovizisches Kalksteingeschiebe, das in der Nähe von Brodowin geborgen wurde (s. Abschnitt 5. 9, S.131) **Oben**: **Gesamtbild** in der heutigen Aufstellung **Unten: Kritzungen** (= Schrammen) auf der Oberseite des Geschiebes (Fotos Schroeder, 1992 / 93)

1 Einleitung (hierzu Karte I am Ende dieses Abschnittes)

von Johannes H. Schroeder

1. 1 Was kann man sehen?

Das in diesem Führer behandelte Exkursionsgebiet Bad Freienwalde - Parsteiner See (s. Karte auf dem hinterem Außenumschlag und Karte I) ist in den Grenzen von Berlin und Brandenburg nur für Kenner eine geowissenschaftliche Attraktion, außerhalb der Region jedoch noch ziemlich unbekannt.

Ein Blick auf die geologische Karte zeigt, daß hier **vor allem Ablagerungen aus dem Quartär** vorkommen, sogenannte "Locker-Gesteine" - für Geologen bestimmter "klassischer" Prägung der Dreck, der die "richtigen" Gesteine verdeckt. Für Berliner und Brandenburger sind diese Ablagerungen von unwahrscheinlicher Bedeutung, weil sie als Schichtpaket von unregelmäßiger Dicke zwischen mehreren Zehner und wenigen Hunderten von Metern beide Bundesländer zu fast hundert Prozent bedecken.

Somit ist auch **die Umwelt,** soweit sie als Boden, Untergrund oder Erde im stofflichen Sinne verstanden wird, für diese beiden Bundesländer im wesentlichen "Quartär": Das **Grundwasser** kommt aus derartigen Ablagerungen, das **Abwasser** sickert in diese hinein, die **Standfestigkeit** von Gebäuden, Brücken, Straßen wird weitgehend durch die verschiedenen quartären Ablagerungen, wie sie übereinander oder nebeneinander in einem ungewöhnlich vielfältigen Flickenteppich vorkommen, definiert. Wichtige **Rohstoffe** der Region sind Sand und Kies, wiederum Ablagerungen der allerjüngsten geologischen Vergangenheit, oder auch Tone, die auch aus älteren Schichten stammen können. Auch das, was man ohne jede geowissenschaftliche Kenntnis als **landschaftliche Schönheit** wahrnimmt und was in der Marktwirtschaft als "touristisches Potential" erfaßt wird, unsere "Berge", die von Zugewanderten aus dem Süden immer wieder übersehen werden, die Seen, Flüsse und Moore, die Wälder, alles das ist in seiner Art und in seiner Verteilung vom Untergrund, eben von den quartären Ablagerungen bestimmt. Für all diese Aspekte liefert das Exkursionsgebiet wichtige Beispiele.

Wenn man sich nun mit den aufgezählten Aspekten des täglichen Lebens zu befassen hat, muß man sie verstehen, muß wissen, wie die sie bestimmenden Ablagerungen gebildet worden sind. Das Exkursionsgebiet bietet reichlich Anschauung für das **erforderliche Grundlagenwissen**: Man erkennt die **Spuren des riesigen Eispaketes**, das wie ein überdimensionaler Fladen aus Brei vom skandinavischen Hochland nach Süden rutschte, dabei unterliegende Gesteine auskolkte, abraspelte und abtrug, danach das mitgebrachte Material in verschiedenen Formen ablagerte, schließlich schmolz und dabei noch mehr Material ablagerte. Die Ablagerungen des Eises in verschiedener Form, Moränen genannt, prägen die Landschaft. Sie sind jedoch nur Teil eines morphologischen Ensembles, in dem sich die verschiedenen Eis- und Schmelzwasserablagerungen zu einem systematischen Muster zusammenfügen, das als **glaziale Serie** bezeichnet wird (s. Abschnitt 3. 1, S. 19). Eine untergeordnete, aber lokal durchaus wesentliche Rolle spielten bei der Gestaltung der Landschaft die **Ablagerungen des Windes:** Flugsanddecken und Dünen.

Das Norddeutsche Tiefland ist durch eine Folge von Phasen des Eisvorstoßes und des Eisab- bzw. -zurückschmelzens gekennzeichnet. Auch **das Exkursionsgebiet war mehrfach von Eis bedeckt**, zum letzten Mal vor etwa 17.000 Jahren. Seitdem war vergleichsweise wenig Zeit, um die Ablagerungen durch spätere geologische Prozesse zu verändern, und daher findet man sie noch fast so vor, wie das Eis sie hinterlassen hat: Man kann sie also gut erwandern und erforschen - nicht umsonst ist dies ein klassisches Gebiet der wissenschaftlichen Erforschung dieser Ablagerungen (s. Abschnitt 10, S. 166), insbesondere bezüglich ihrer Morphologie.

Eine besondere Wirkung hat das Eis auf den Untergrund ausgeübt: Mit seiner unvorstellbaren Wucht hat es riesige **Pakete von älteren Gesteinen aus dem Untergrund** herausgedrückt, so daß diese heute als Schollen an oder nahe der Oberfläche liegen. Diesem Vorgang sind einerseits die Tonvorkommen von Bad Freienwalde und somit mancher Ziegel und manches Dränrohr zu verdanken, anderseits die Kenntnis über wesentlich ältere Ablagerungen sowie mancher Fossil- oder Mineralfund (Abschnitt 4 , S. 46).

Die mitgebrachte **Gesteinsfracht des Eises** stammt aus seinem Bildungsgebiet und aus den überfahrenen Gebieten, in unserem Falle also **aus weiten Bereichen Skandinaviens sowie der heutigen Ostsee**, somit aus einer Fülle von Gesteinskomplexen verschiedener Art und aus Schichten jeden Alters vom Präkambrium bis zum Quartär. Die gröberen Komponenten, die **Geschiebe,** wecken und fesseln immer wieder das Interesse von Sammlern, die oft beachtliche Funde vorweisen können (s. Abschnitt 5. 9, S. 131). Selbst ein Meteorit ist bereits in einer Kiesgrube des Exkursionsgebietes gefunden worden (Neben & Schüller, 1950).

1. 2 Wie kommt man hin?

Die Karte auf der Rückseite dieses Bandes zeigt die Fernverbindungen,

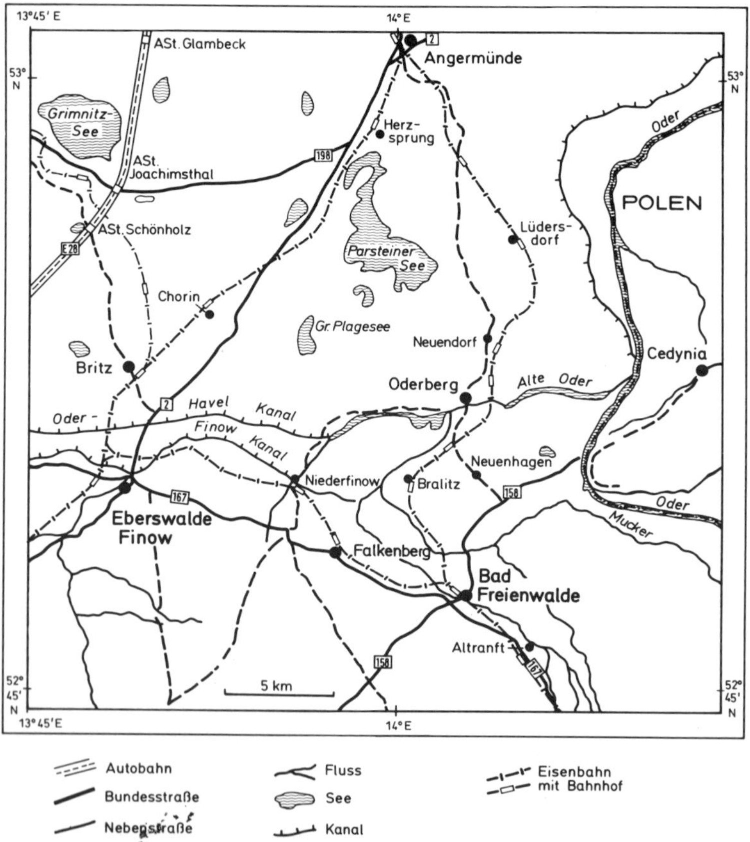

Abb. 1 - 1: Haupt-Verkehrswege innerhalb des Exkursionsgebietes Fernverbindungen sind auf der Rückseite des Bandes dargestellt (Abb. U - 4); die behandelten Aufschlüsse sowie Nebenstraßen und Wege sind auf Karte I gezeigt (Entwurf Schroeder / Zeichnung Dunker).

Abb. 1 - 1 zeigt die hauptsächlichen Verkehrsverbindungen innerhalb des Exkursionsgebietes, und Karte I zeigt die in diesem Führer behandelten Lokalitäten im Netz der Haupt- und Nebenstraßen. Zur genaueren Orientierung sei auf die 1 : 100.000 Regionalkarte Land Brandenburg, Blatt 3: Uckermark, verwiesen; des weiteren gibt es flächendeckend topographische Karten in den Maßstäben 1 : 50.000 und 1 : 25.000, sowie einige Blätter im Maßstab 1 : 10.000, und schließlich Wanderkarten, z. B. die Freizeitkarten 1 : 60.000 "Uckermark - Schorfheide" vom Stadt & Land Verlag oder 1 : 100.000 "Umgebung von Berlin Nordost" vom Tourist Verlag Kümmerly + Frey.

Es sei ausdrücklich darauf hingewiesen, daß dieses Gebiet mit öffentlichen Verkehrsmitteln optimal erschlossen ist, daß man viele Punkte mit der Bahn erreichen und sich wandernd oder radelnd das Gebiet erobern kann.

1. 3 Routen - Aufschlüsse

Es wird hier darauf verzichtet, Exkursions - Routen vorzuschlagen: Man benutze das Inhaltsverzeichnis gewissermaßen als Speisenkarte und stelle sich sein Menü nach eigenem Interesse, nach dem zur Verfügung stehenden Zeitraum und nach dem gewählten Mittel der Fortbewegung zusammen.

So kann man sich auf das **Tertiär** in den Aufschlüssen von Bad Freienwalde konzentrieren und vielleicht noch die Miozän - Sande von Altranft aufsuchen. Wen die **Morphologie** interessiert, der kann an mehreren Stellen die glaziale Serie in Traversen erwandern, etwa auf der Neuenhagener Insel, von Oderberg aus nach Norden in Richtung Bölkendorf oder von Eberswalde über Chorin in NNE Richtung bis Angermünde. Der **Geschiebesammler** findet in den Kiesgruben reichlich Material, der Fossilsammler wird - soweit er nicht gleichzeitig Geschiebesammler ist - vor allem im Rupelton von Bad Freienwalde sein Glück versuchen.

Bei allen Unternehmungen sollte man aber **beachten**,

- daß ein Großteil des hier beschriebenen Exkursionsgebietes **Schutzgebiet** verschiedener Art (Reservat, Naturschutzgebiet, Landschaftsschutzgebiet) ist und entsprechendes Verhalten erforderlich macht,
- daß man Aufschlüsse in ihrem geologischem Befund erhalten und jede **Zerstörung vermeiden** muß, damit sich der Besuch für immer neue Interessenten lohnt,
- daß es hier herrliche **Waldgebiete** gibt, die aber bei Trockenheit durch jede **glimmende Zigarettenkippe gefährdet** sind,
- daß auch die Aufschlüsse nicht ohne weiteres als Allgemeingut anzusehen sind, sondern sich meist in **Privateigentum** befinden, für dessen Betreten man Erlaubnis braucht, und daß einige - die wichtigsten ! - gleichzeitig **Werksgelände** sind, wo besondere Genehmigungen und spezielle Vorsichtsmaßnahmen erforderlich sein können.

1. 4 Information

Die **Verkehrsämter** der Region halten Informationen über alle Aspekte bereit, z. B. Übernachtungsmöglichkeiten, Wanderwege, Veranstaltungen.

Bad Freienwalde:	Oberbarnim-Information, Karl-Marx-Str. 25, 16259 Bad Freienwalde, Tel. 0 33 44 / 3402
Eberswalde:	Fremdenverkehrsinformation, Pavillon am Markt, 16225 Eberswalde, Tel. 0 33 34 / 2 31 68
Falkenberg:	Fremdenverkehrsamt Falkenberg / Mark, Gartenstr. 4, 16259 Falkenberg / Mark, Telefon / Fax 03 34 58 / 2 55
Oderberg:	Fremdenverkehrsamt, im Rathaus, Berliner Str. 69 16248 Oderberg, Tel. 03 33 69 / 202, 203
Regional:	Regionaler Fremdenverkehrsverband Ostbrandenburg e.V. Heinrich - Hildebrand - Str. 20 a, 15232 Frankfurt (Oder), Tel. / Fax 03 35 / 54 23 91 und 54 23 98

Abb. 1 - 2: Blick auf den Oderberger See (Abb. 5. 4. 2 - 1, S. 81) von Liepe aus. Der See ist Rest einer spätglazialen Schmelzwasserabflußbahn, die nach der tiefgreifenden Ausräumung im Bölling-Interstadial (s. Tab. 3. 2 - 2, S. 35) mit Sedimenten zugeschüttet wurde; Brose (persönl. Mitteilung) interpretiert den Südrand als delta-artige Schüttung (Foto Schroeder, 1992).

Abb. 1 - 3: Blick auf den Teufelssee (Abb. 4. 1 - 1, S. 48, Punkt 6). Dieser kleine See liegt in einer Rinne vergleichbar mit den Trockentälern südlich von Bad Freienwalde (s. Abschnitt 5. 10) (Foto Schroeder, 1993).

Zur Nutzung der Faltkarten: Die hier gewählte Anordnung der Faltkarten soll es ermöglichen, während des Lesens im Text auch Übersichtskarte mit Lokalitäten (I) und geologische Karte (III) aufzuschlagen und im Blick zu behalten.

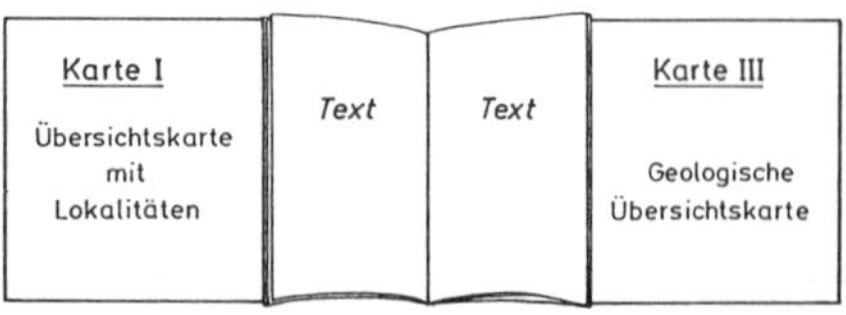

2 Präquartärer Untergrund

von Helmut Ahrens, Helmut Knape & Rolf Tessin

2. 1 Einleitung

Der **gegenwärtige Kenntnisstand** über den präquartären Untergrund Nordostbrandenburgs resultiert insbesondere aus einer Vielzahl von in den letzten 30 Jahren im Rahmen von **Such- und Erkundungsarbeiten auf Erdöl und Erdgas** niedergebrachten Tiefbohrungen sowie reflexionsseismischen Messungen, die durch den ehemaligen Erkundungsbetrieb Erdöl-Erdgas Grimmen des Kombinates Erdöl-Erdgas Gommern und den ehemaligen VEB Geophysik Leipzig durchgeführt wurden. Für die Genehmigung zur Einsichtnahme in die Schichtenverzeichnisse der im Exkursionsgebiet liegenden drei Tiefbohrungen *Oderberg 1/64, Eberswalde / Finow 1/87* und *Wriezen 3/88* (Abb. 2 - 5, S. 17) danken wir der Erdöl-Erdgas Gommern GmbH. Während die Stützbohrung *Oderberg* lediglich das Käno-Mesozoikum durchteufte, erreichten die Bohrungen *Eberswalde-Finow* und *Wriezen* das effusive Autun in etwa 4.000 bzw. 4.450 m. Die bisher unveröffentlichten Ergebnisse der genannten Bohrungen bildeten eine wesentliche Grundlage für das zusammengestellte lithologisch - stratigraphische Profil.

Der Raum Nordostbrandenburg stellt keine eigenständige geologische Einheit dar. Er gehört, bezogen auf das Tafeldeckgebirge, **zum östlichen Randbereich der Norddeutschen Senke** bzw. zum Übergangsbereich zu der sich anschließenden Polnischen Senke. Bezogen auf das Grundgebirge befinden wir uns im Übergangsbereich des variszisch gefalteten Außenrandes zum Norddeutschen Massiv, der nach Interpretation eines tiefenseismischen Schnittes durch Horst (Franke u. a., 1989) als deutliche Überschiebungszone ausgebildet ist. Nach Franke u. a. (1989) liegt die Präpermoberfläche hier in Teufen zwischen 5.000 m und 6.000 m. Die Tiefenlage der Kristallinoberfläche wird nach Ergebnissen der Reflexionsseismik zwischen 9.000 m und 10.000 m angenommen.

2. 2 Perm

Die lithologisch - stratigraphische Abfolge des Perms wird anhand eines aus mehreren Bohrungen zusammengestellten Profiles aus dem Raum Eberswalde - Bad Freienwalde (Abb. 2 - 1) veranschaulicht und im folgenden erläutert. Es wird hier die bisher allgemein gebräuchliche lithologisch - stratigraphische Gliederung für das Rotliegende benutzt.

2. 2. 1 Rotliegendes

Die unteren Partien des Rotliegenden bilden mehrere hundert Meter **mächtige Effusiva des Autun**. Im Raum Eberswalde-Finow lagert über rhyolithischen Vulkaniten direkt das Saxon mit den Rambow-Schichten, während südlich davon in Richtung Tuchener Graben als Bestandteil der Barnim-Senke sich sedimentäres Autun und darüber Parchim-Schichten der Havel-Folge einstellen. Die Verbreitungsgrenze des sedimentären Rotliegenden ist in Richtung Osten etwa in der Nähe der Oder zu suchen. Von dort ausgehend werden bis zum Zentrum des Tuchener Grabens auf relativ kurzer Entfernung ca. 900 m Gesamtmächtigkeit (Saxon und sedimentäres Autun) erreicht. Die Mirow-Schichten der Havel-Folge fehlen vermutlich im Raum Nordostbrandenburg vollständig. Der untere Teil der Elbe-Folge (Rambow-Schichten und untere Eldena-Schichten) wird als Elbe-Basissandstein ausgewiesen. Der obere Teil der Elbe-Folge (Elbe-Wechselfolge) mit den oberen Eldena-Schichten, Peckensen-Schichten und Mellin-Schichten zeichnet sich durch relativ konstante Mächtigkeiten aus. Lithologisch herrschen Wechsellagerungen von feinklastischen und tonigen Sedimenten vor. Insgesamt gesehen ist das sedimentäre Rotliegende in seinem älteren Teil differenziert verbreitet; mit Beginn der Rambow-Schichten greift dann das höhere Rotliegende transgressiv auf den westlichen Ausläufer des "Wolsztyn-Walles" (NE-Brandenburg-Schwelle) über. Nach den vorliegenden Bohrergebnissen schließt das Rotliegende mit einem ca. 1,5 m mächtigen Bleichungshorizont ab.

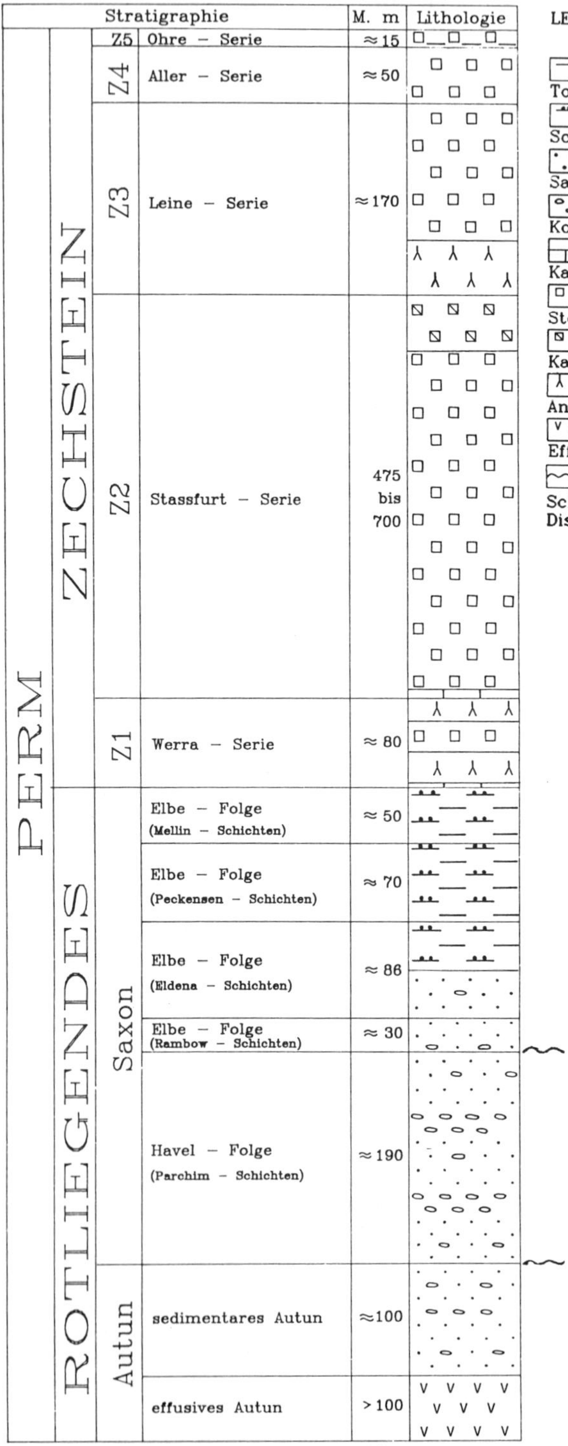

Abb. 2 - 1: Säulenprofil der Schichtenfolge des PERMS im Raum Eberswalde - Bad Freienwalde, zusammengestellt auf der Grundlage von Bohrergebnissen (Beitrag Ahrens, Knape & Tessin)

2. 2. 2 Zechstein

Mit Beginn des Zechsteins findet eine verstärkte Absenkung des Gebietes mit anhaltender Meeresüberflutung statt. Es werden marine Sedimente, vorwiegend Salzgesteine mit großen Mächtigkeiten, abgelagert. Durch halokinetische Einflüsse bedingt weist der Zechstein heute erhebliche Mächtigkeitsschwankungen auf, die sich nach Ergebnissen der Geophysik zwischen 500 und 1.200 m bewegen. Die halokinetisch nicht wirksamen Schichtenfolgen (Anhydrite, Dolomite, Kalke und Salzgesteine der Werra-Serie) machen nur ca. 100 bis 200 m der Gesamtmächtigkeit aus. **Die Werra-Serie** (**Z 1**) ist mit einer halokinetisch nicht beeinflußten gleichbleibenden Mächtigkeit von ca. 80 m vertreten.

Die **Staßfurt-Serie** (**Z 2**) ist durch große Mächtigkeitsschwankungen im Salinaranteil (Steinsalz, Kalisalze) geprägt. In den Salzabwanderungsgebieten wurde die Schichtenfolge weitgehend reduziert, während in den Akkumulationsgebieten eine überdurchschnittliche Anstauung erfolgte.

Die **Leine-Serie** (**Z 3**) ist im Durchschnitt mit 170 m Mächtigkeit vertreten, wovon ca. 125 m auf Salzgesteine entfallen.

Die **Aller-** und **Ohre-Serien** (**Z 4 und Z 5**) sind insgesamt nur ca. 65 m mächtig. Am Ende der Ohre-Serie stellen sich mit Beginn des Buntsandsteins wieder terrestrische Verhältnisse ein.

2. 3 Mesozoikum

Während des Mesozoikums ist das hier betrachtete Gebiet Teil der Mitteleuropäischen Senke und durchläuft die entsprechende paläogeologische Entwicklung. Das lithologisch-stratigraphische Profil des Mesozoikums in Nordostbrandenburg wird durch die Abbildungen 2 - 2 und 2 - 3 veranschaulicht.

2. 3. 1 Trias

Im **Buntsandstein** dominierten weitgehend fluviatile und lagunäre Bedingungen. Wiederholt fanden marine Ingressionen statt. Zu Beginn des Oberen Buntsandsteins (Röt) kam es zur Ausbildung eines Steinsalzlagers. Während des obersten Buntsandsteins, in der Myophorien-Folge, setzten sich flachmarine Bedingungen durch, die sich dann im Unteren **Muschelkalk** fortsetzten. Zur Zeit des Mittleren Muschelkalkes kam es zu Meereseinschnürungen und teilweise zur Ausbildung eines Steinsalzlagers. Im Oberen Muschelkalk herrschten wieder flachmarine Verhältnisse vor, die sich mit dem Übergang zum **Keuper** änderten und ähnlich wie im Buntsandstein waren. Der Untere Keuper (Lettenkeuper) ist weitgehend limnisch-brackisch, mit Einschaltung fluviatiler Sedimente, ausgebildet, ebenso der Schilfsandstein. Im Unteren und Oberen Gipskeuper herrschten wieder lagunäre Verhältnisse vor, wobei es im betrachteten Gebiet zu Sulfat-, aber nicht zu Steinsalzausscheidungen kam. Während des Steinmergelkeupers und des Rhät begann eine Umstellung der paläogeographischen Verhältnisse und damit der Ablagerungsbedingungen. Es wurden zunehmend klastische Gesteine (Sand-, Schluff- und Tonstein) abgelagert, wie sie dann im Jura, besonders im Lias und Dogger überwiegen.

2. 3. 2 Jura

Die limnisch-brackischen Bedingungen des **Lias** wurden von zeitweiligen marinen Vorstößen unterbrochen. Die erste bedeutende Meereserweiterung fand im Unteren Pliensbach (Carix) statt; es wurden fossilführende marine Sedimente abgelagert, die bis ins höhere Pliensbach (Domer) zu beobachten sind. Es schloß sich eine regressive Phase an, die das höhere Domer und Teile des Toarc umfaßte. Im Obertoarc fand eine abermalige Meereserweiterung statt, die bis in die Zeit des tiefsten **Doggers** (Unteraalen) reichte. Im Oberaalen zog sich das Meer wieder zurück, um im Oberbajoc erneut das gesamte Gebiet zu überfluten. Die Meeresbedeckung hielt über Bath, Callov hinaus bis in den **Malm** an. Während des Malms setzten sich wieder regressive Bedingungen durch, die zu ei-

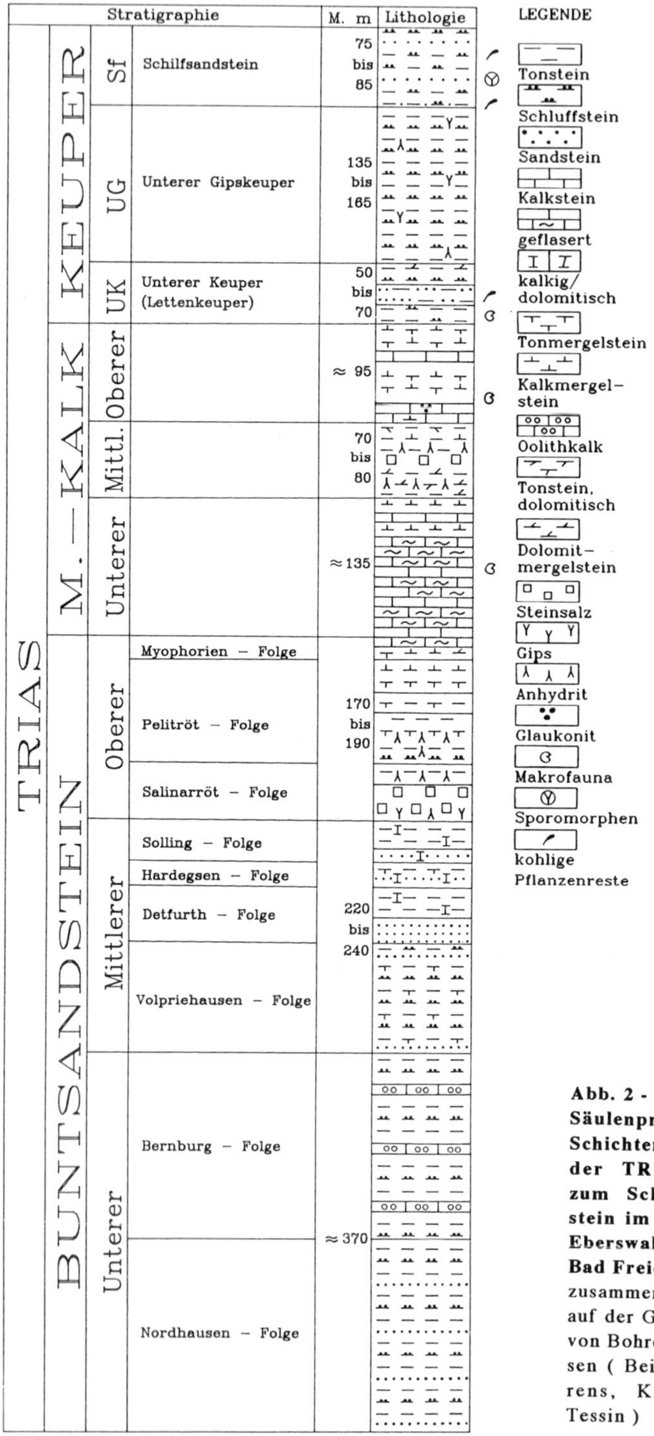

Abb. 2 - 2: Säulenprofil der Schichtenfolge der TRIAS bis zum Schilfsandstein im Raum Eberswalde - Bad Freienwalde, zusammengestellt auf der Grundlage von Bohrergebnissen (Beitrag Ahrens, Knape & Tessin)

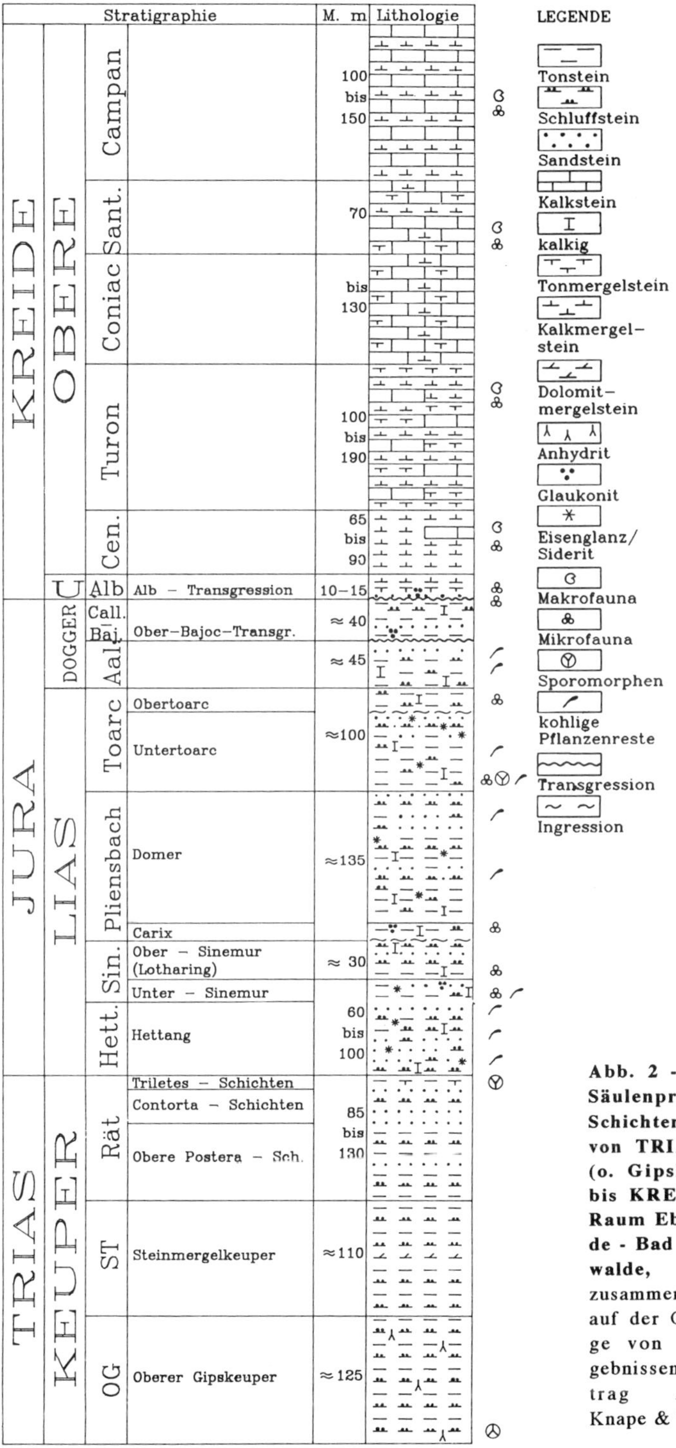

Abb. 2 - 3: Säulenprofil der Schichtenfolge von TRIAS (o. Gipskeuper) bis KREIDE im Raum Eberswalde - Bad Freienwalde, zusammengestellt auf der Grundlage von Bohrergebnissen (Beitrag Ahrens, Knape & Tessin)

nem Trockenfallen im höchsten Malm und in der Unterkreide führten. Es folgt eine Schichtlücke.

2. 3. 3 Kreide

Im Alb findet dann die weitestgehende Überflutung statt, die bis in die höchste Oberkreide angehalten haben dürfte. Im Alb kam es zunächst zu klastischen Bildungen (glaukonitisches Konglomerat und Sandsteine), später wurde tonig-karbonatisches Gestein abgelagert. Für die Oberkreide sind überwiegend karbonatische Sedimente (Tonmergel-, Mergel- und Kalksteine) charakteristisch.

2. 4 Tertiär

Das lithologisch-stratigraphische Profil des Tertiärs in Nordostbrandenburg wird durch die Abbildung 2. - 4 veranschaulicht. Im Exkursionsgebiet beginnt das Tertiär flächenhaft mit den mitteloligozänen Rupel - Schichten über Mesozoikum, im wesentlichen Oberkreide. Älteres Tertiär ist vollständig abgetragen, so daß Krutzsch & Lotsch (1958) den höchsten Teil dieses Hebungsgebietes (Raum Berlin - Frankfurt (Oder) - Angermünde) für die Prärupelzeit als Berliner Insel bezeichnet haben.

2. 4. 1 Rupel - Schichten

Die Rupel - Schichten bestehen im Gesamtgebiet aus einer durchschnittlich 0 - 5 m mächtigen sandigen, kalkfreien, glaukonitischen Basisbildung (= Rupel-Basis-Sand) und dem darüber folgenden 70 - 90 m mächtigen Rupelton. Letzterer ist wiederum in einen unteren, tonigen Abschnitt (30 - 40 m) und einen oberen schluffig-tonigen Abschnitt (40 - 50 m) teilbar. Die Foraminiferen-Fauna erlaubt eine zusätzliche Untergliederung.

Natürliche Ausbisse des autochthonen Rupeltons im Exkursionsgebiet fehlen. Die bisher bekannten Rupelvorkommen u. a. von Bad Freienwalde, Altenhof am Werbellinsee, Buckow und dem Raum Treplin-Frankfurt stellen jeweils dislozierte Schollen von Rupelton-Teilabschnitten im Quartär dar.

2. 4. 2 Cottbuser Schichten

Über dem Rupelton folgen im Exkursionsgebiet über einer Erosionsdiskordanz 5 - 10 m graugrüne schluffige Glaukonitsande der oberoligozänen Unteren Cottbuser Schichten, in Bohrungen und gelegentlich auch Aufschlüssen (Buckow) mit einer Mikrofauna des Chatt (Lotsch u. a. , 1969). Bei Einschaltung von dünnen Toneisenstein - Lagen wurde dieser Abschnitt früher auch als Stettiner Sand bezeichnet. Über den Unteren Cottbuser Schichten folgen ebenfalls flächenhaft die 30 - 40 m mächtigen Oberen Cottbuser Schichten in Form kalkfreier, mariner (Mikrophytoplankton, Glaukonitspuren, Schwermineralallagen) Glimmerfeinsande.

2. 4. 3 Mittenwalder Schichten

Mit scharfer Grenze liegen darüber die Unteren Mittenwalder Schichten A in Form von 15 - 25 m mächtigen Mittel- und Grobsanden ("Quarzsandhorizont" von Quitzow, 1953). Häufig ist der basale Grenzbereich durch ein geringmächtiges Schluffband (0,5 - 2,0 m) mit viel Glimmer, Xylitdetritus, Retinitbröckchen und einzelnen gröberen Quarzen markiert, ein typisch litorales Spülsaumsediment. Die Grobfraktion dieser "Quarzsande" führt neben Quarz eine Reihe von exotischen "nordischen Silizifikaten", die Hucke (1928) auch von Bad Freienwalde erwähnt.

Auf die überregionale stratigraphische und paläogeographische Bedeutung dieser Geröllgemeinschaft haben Ahrens & Lotsch (1976) hingewiesen. Von Funke (1973) liegt darüber hinaus eine sehr schöne sedimentologische und schwermineral-analytische Bearbeitung der Quarzsande des östlichen Brandenburg vor, die aber bisher nicht publiziert ist. Die Quarzsande wurden früher in

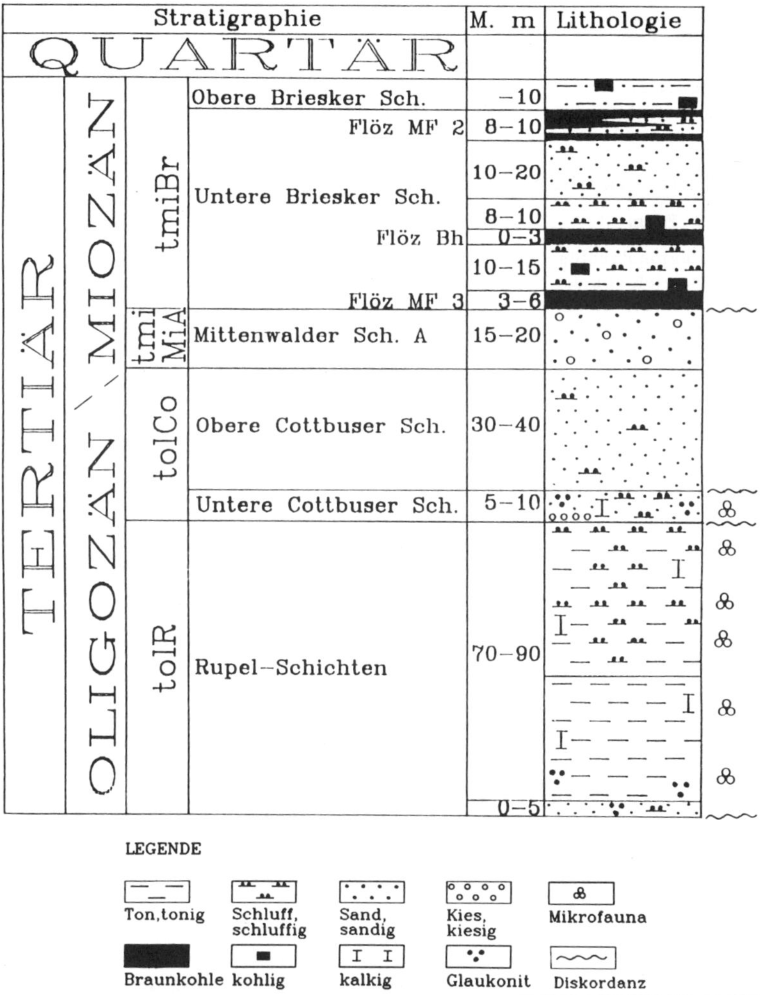

Abb. 2 - 4: Säulenprofil für die Schichtenfolge des TERTIÄRS im Raum Eberswalde - Bad Freienwalde, zusammengestellt auf der Grundlage von Bohrergebnissen; die Abkürzungen in der dritten Spalte beziehen und erschliessen sich aus der vierten Spalte (Beitrag Ahrens, Knape & Tessin).

der städtischen Grube von Bad Freienwalde abgebaut (s. Abschnitt 4. 7).

2. 4. 4 Briesker Schichten

Über den Mittenwalder Schichten A und einer weiteren Erosionsdiskordanz liegen im Exkursionsgebiet die Braunkohlen des 3. Miozänen Flözhorizontes (M F 3) von 3 - 6 m Mächtigkeit, die früher an vielen Stellen abgebaut wurden (vgl. Abschnitt 6. 1, S. 148). Darüber folgen kohlige Schluffe und Feinsande der Unteren Briesker Schichten, maximal 25 - 30 m mächtig. Diesem stratigraphischen Niveau gehörte vermutlich auch die Alaunerde an, die früher in Bad Freienwalde im Hammer- und Mariental abgebaut und verarbeitet wurde (Hucke, 1922; Abschnitt 4. 7).

In der Region lagern über den Unteren Briesker Schichten noch die Braunkohlen des 2. Miozänen Flözhorizontes (M F 2), d. h. 3 - 4 Flözbänke und schluffig-sandige Mittel von zusammen 8-10 m Mächtigkeit sowie Kohlenschluffe und Feinsande der Oberen Briesker Schichten von einigen Dekametern Mächtigkeit. Ob diese auch lokal im Exkursionsgebiet vorkommen , ist bisher nicht nachgewiesen und aufgrund der starken glazigenen Lagerungsstörungen und fehlender Aufschlüsse nur zu vermuten.

2. 5 Strukturelle Entwicklung und Lagerungsverhältnisse

2. 5. 1 Perm

Regionalgeologisch gesehen befindet sich das Exkursionsgebiet im Übergangsbereich von der Norddeutschen zur Polnischen Senke. Während der im höheren Oberkarbon einsetzenden "saalischen" Phase führten auch hier wie im übrigen norddeutschen Raum tektonische Impulse zu einer **starken vulkanischen Tätigkeit,** die im Autun (Unterrotliegenden) ihren Höhepunkt erreicht. Ergebnis dieser Entwicklungsetappe sind bis über 1000 m mächtige vulkanische Ablagerungen und ein mehr oder weniger stark ausgeprägtes Relief. In der Folgezeit wird dieses Relief eingeebnet.

In Nordostbrandenburg kommt es besonders im Bereich des Tuchener Grabens zur Ablagerung von fast 200 m mächtigen Konglomeraten. Im Oberrotliegenden (Saxon) sind **Schichtlücken bzw. Diskordanzen** an der Basis der Parchim-Schichten, Mirow- bzw. Rambow-Schichten (Mirow-Schichten fehlen im östlichen Verbreitungsgebiet) ausgeprägt. Ab obere Eldena-Schichten folgt eine zunehmend ausgeglichene Sedimentation. Der Übergang zum Zechstein, der mit fünf Salzfolgen vertreten ist, vollzieht sich kontinuierlich. Hohe Sedimentationsraten im Zechstein (ca. 200 m in 1 Mio. Jahren) weisen auf verstärkte Absenkung hin.

2. 5. 2 Mesozoikum

Die **Trias** (Buntsandstein, Muschelkalk, Keuper) zeigt eine lückenlose Entwicklung, wenn man von einigen schwach ausgebildeten Schichtlücken absieht. Nach Beutler (1991) wird ein **Bruchschollensystem** angelegt, das in der Folgezeit wiederholt aktiviert wurde. In der oberen Trias beginnt sich das Salz plastisch zu verhalten, fängt an, zu fließen und in Schwächezonen aufzusteigen; so bilden sich **Salzstrukturen**, zunächst flache, im Laufe der Entwicklung zunehmend aufgewölbte. Wo das Salz aufsteigt, drückt es darüberliegende Schichten nach oben, bildet Hochlagen, die später bevorzugt abgetragen werden und so Liefergebiete für Sedimente darstellen. Wo das Salz im Untergrund abwandert, entstehen Senken, in denen dann an der Oberfläche Sedimente abgelagert werden. **So beeinflußt der Prozeß der Salzstrukturbildung im Untergrund weitgehend Abtragung und Sedimentation an der Erdoberfläche.**

Diese Entwicklung setzte sich im **Jura** fort. Bemerkenswert sind die **Meeresvorstöße** im Pliensbach (höheres Carix), im Toarc und im Bajoc, die weit in das benachbarte Polen hineinreichten. Obwohl ganz Nordostbrandenburg im Jura Sedimentationsraum war, sind Jura-Ablagerungen heute nur noch in einigen Senken mehr oder weniger vollständig erhalten geblieben. Bis auf Liasreste wurden sie weitgehend vor der Alb - Cenoman - Transgression abgetragen. Im Bereich der Salzstrukturen fehlen sie häufig vollständig, so daß dort kretazische oder känozoische Sedimente direkt über den Bildungen der Trias lagern.

Zur Zeit der **Unterkreide** dürfte sich das Gebiet weitgehend in **Hochlage** befunden haben und somit Abtragungsraum gewesen sein. Nach der Alb-Cenoman-Transgression wurde es wieder gänzlich vom Meer eingenommen. Heute sind in den Senken mächtige Oberkreideablagerungen vorhanden; im Bereich der Salzstrukturen fehlen dagegen meist die jüngeren Bildungen der Oberkreide.

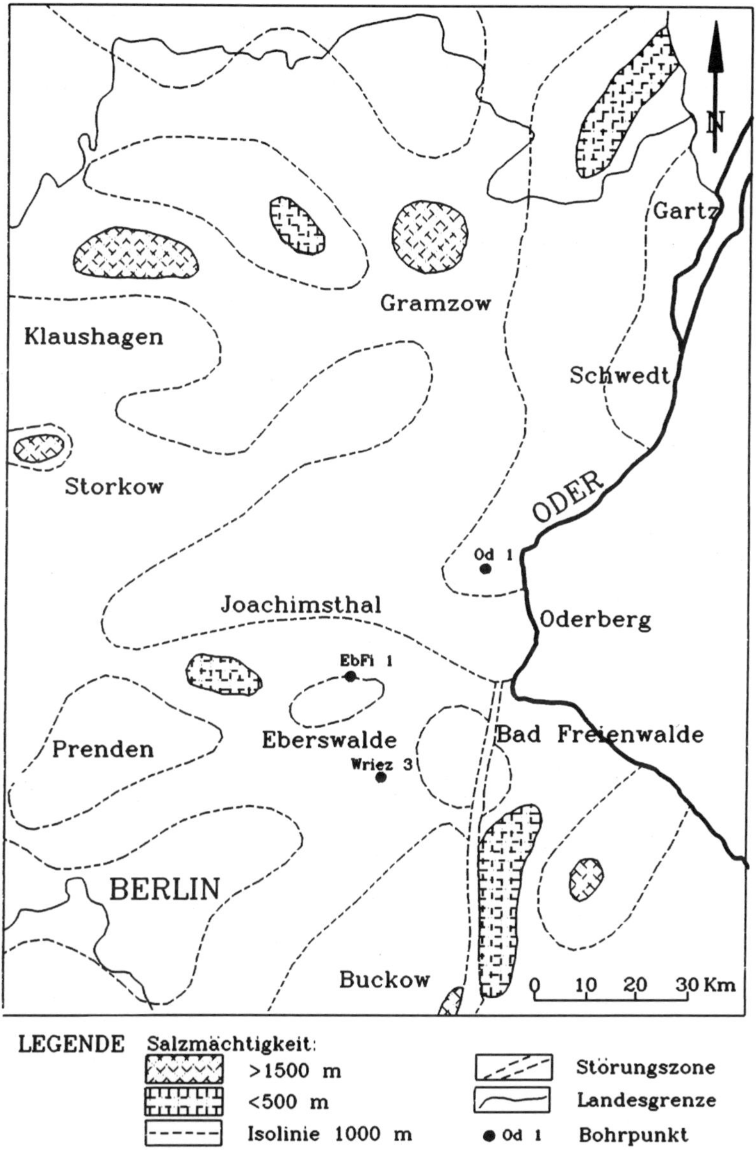

Abb. 2 - 5: Karte der rezenten Salzstrukturen (Vereinfachter Ausschnitt aus der "Komplexgeophysikalischen Strukturkarte der DDR"; nach Reinhard, 1982; Beitrag Ahrens, Knape & Tessin)

2. 5. 3 Känozoikum

Die flach über dem Mesozoikum lagernden **Tertiärschichten wurden über den Salzstrukturen angehoben**, in den dazwischen gelegenen **Salzabwanderungssenken abgesenkt**. Die Tertiärbasis (= Rupelbasis) liegt somit heute in Tiefenbereichen von 150 bis 200 m unter NN; die jüngeren Tertiärabschnitte folgen, jeweils um ihren Mächtigkeitsbetrag erhöht, darüber. Den heutigen Verlauf der Salzakkumulations- und der Salzabwanderungsgebiete veranschaulicht die Abb. 2 - 5. Die stark ausgeprägten Richtungen zeigen deutliche Beziehungen zum gegenwärtigen Oberflächenrelief sowie zu alt angelegten Störungssystemen (Buckower Störungszone).

Beachtenswert sind stark ausgeprägte **pleistozäne Erosionsrinnen**, die sich unter weichselglazialer Verdeckung zum Teil tief in den Untergrund einschneiden. Die Hauptrinne im Exkursionsgebiet ist die nördliche Fortsetzung der quartären Ausräumungszone von Storkow-Herzfelde-Wölsickendorf (vgl. Ahrens & Lotsch, 1992). Sie verläuft von Wölsickendorf in nördlicher Richtung westlich an Bad Freienwalde vorbei. Ihre weitere Erstreckung nach Norden ist unbekannt, möglicherweise wird sie in dieser Richtung flacher. Der Nachweis erfolgte durch Reflexionsseismik. Ihre Sohle erreicht Tiefen von max. 250 bis 300 m unter NN und ist damit 50 - 100 m in die Oberkreide eingetieft. Das Sohlenrelief ist unregelmäßig, die Breite an der Tertiärbasis beträgt 2 - 5 km. Das Alter kann in Analogie zum südlichen Teilstück (Raum Herzfelde - Erkner - Neuzittau) als spätelsterkaltzeitlich angenommen werden.

Für das Exkursionsgebiet ist die große Häufigkeit des Auftretens von **Tertiär- und Quartärschollen** hervorzuheben, ein besonderes Kennzeichen der Frankfurter Staffel der Weichselvereisung. Hierzu gehören u. a. auch die Rupeltonschollen von Bad Freienwalde (Siehe Abschnitt 4 u. Abb. 2 - 6).

Abb. 2 - 6: Rupeltonscholle von Bad Freienwalde, offenlässige Südgrube (Abb. 4. 1 - 1, Punkt 5, S. 48) Der SW - NE verlaufende Stoß zeigt ein mächtiges Paket Rupelton (RT) mit einem mehrere Meter mächtigen differenzierten Profil der Stettiner Sande (StS); Maßstab: Kollege links unten (Foto Schroeder, 1993).

3 Quartärer Rahmen

3. 1 Leitlinien der Oberflächengestaltung

von Klaus - Dieter Jäger & Martin Hannemann
mit Beiträgen von Bernhard Nitz & Johannes H. Schroeder

3. 1. 1 Morphologische Gliederung

Das Exkursionsgebiet verdankt seine **Oberflächenformung dem Eiszeitalter**. Dies schließt nicht aus, daß erdgeschichtlich ältere Lockersedimente an der Zusammensetzung des oberflächigen Baumaterials beteiligt sind.

Die Höhenschichtenkarte (Abb. 3. 1 - 1) weist **auf geringe Entfernungen ungewöhnlich große Höhenunterschiede** aus. So liegt nur eine Distanz von ca. 8 km zwischen den Freienwalder Höhen (maximal 157,5 m ü. NN) und dem Oderbruch (im Bruchland minimal 2,7 m ü. NN). Diese Differenzen sind auf das **Nebeneinander charakteristischer geomorphologischer Großformen** zurückzuführen. Dies sind, jeweils partiell,

- im Nordosten und Norden der in Girlanden mit nordwärts offenen Bögen gegliederte Höhenzug der **Pommerschen Eisrandlage** (s. Abschnitt 3. 1. 2) mitsamt einer Anzahl tiefgelegener Becken in ihrem Rückland;
- im Nordwesten das **Eberswalder Urstromtal** mit Talsandflächen und -terrassen, Dünen und Flugsandflächen sowie flankierenden Schmelzwasserebenen ("Sander", s. Abschnitt 3. 1. 2) im Vorland der Pommerschen Eisrandlage;
- im Südwesten die Freienwalder Höhen im östlichen Randbereich der **Barnim-Hochfläche**;
- im Südosten das **Niedere Oderbruch.**

Stellenweise sind diese **Großformen miteinander verzahnt**, zum Beispiel zwischen Oderberg und Hohenwutzen der Formenschatz der Pommerschen Eisrandlage mit der Holozänniederung, die den Übergang vom Oderbruch zum Unteren Odertal vermittelt (vgl. Scholz, 1961).

3. 1. 2 Das Konzept der glazialen Serie

Der nördliche Teil des in diesem Führer behandelten Gebietes gilt traditionell als klassisches Beispiel für die sogenannte **glaziale Serie** (heute wissenschaftlich exakter auch als "glaziäre" Serie bezeichnet). Diese Serie besteht aus dem regelhaft geordneten Formenschatz, der im Gelände Lage und Abfolge von Ablagerungen nachzeichnet, wie sie bei einem zeitweiligen Stillstand am Außenrand des Inlandeises gebildet wurden (Abb. 3. 2 - 2, S. 37). Das Bauprinzip der glazialen Serie wurde von Penck (1882) bzw. Penck & Brückner (1901-1909) im alpinen Raum erkannt und in der klassischen Monographie "Die Alpen im Eiszeitalter" beschrieben. Im nördlichen Mitteleuropa wurde das Exkursionsgebiet des vorliegenden Bandes als typisches Beispiel für die Demonstration dieses Bauprinzips angesehen und in der Form einer Reliefkarte zur Darstellung gebracht (Schneider, 1965).

Das **Bauprinzip** wurde im neueren Schrifttum u. a. durch Weber (1958) in seinen Grundzügen vorgestellt und wird in Abb. 3. 1 - 2 in einer Synthese aus verschiedenen in der Literatur zugänglichen Illustrationen geboten: **Rückgrat** des charakteristischen Anordnungsmusters von Oberflächenformen und Ablagerungen ist dabei **der Höhenzug der Endmoräne**, an dessen Aufbau vorrangig Geschiebemergel, Schmelzwasserablagerungen oder Blockpackungen beteiligt sein können, vielfach infolge von Stauchungen in gestörter Lagerung. Diesem Höhenzug **vorgelagert** sind flach geneigte bis nahezu ebene **Kies- und Sandflächen**, die auf Schmelzwasserabfluß im Vorland des Eisrandes zurückgehen. Ihre Bezeichnung als **Sander** (isländisch sandur = Schotter- und Sandflächen) nimmt auf die besondere Beschaffenheit des Untergrundes auf diesen Flächen unmittelbar Bezug.

(Fortsetzung S. 24)

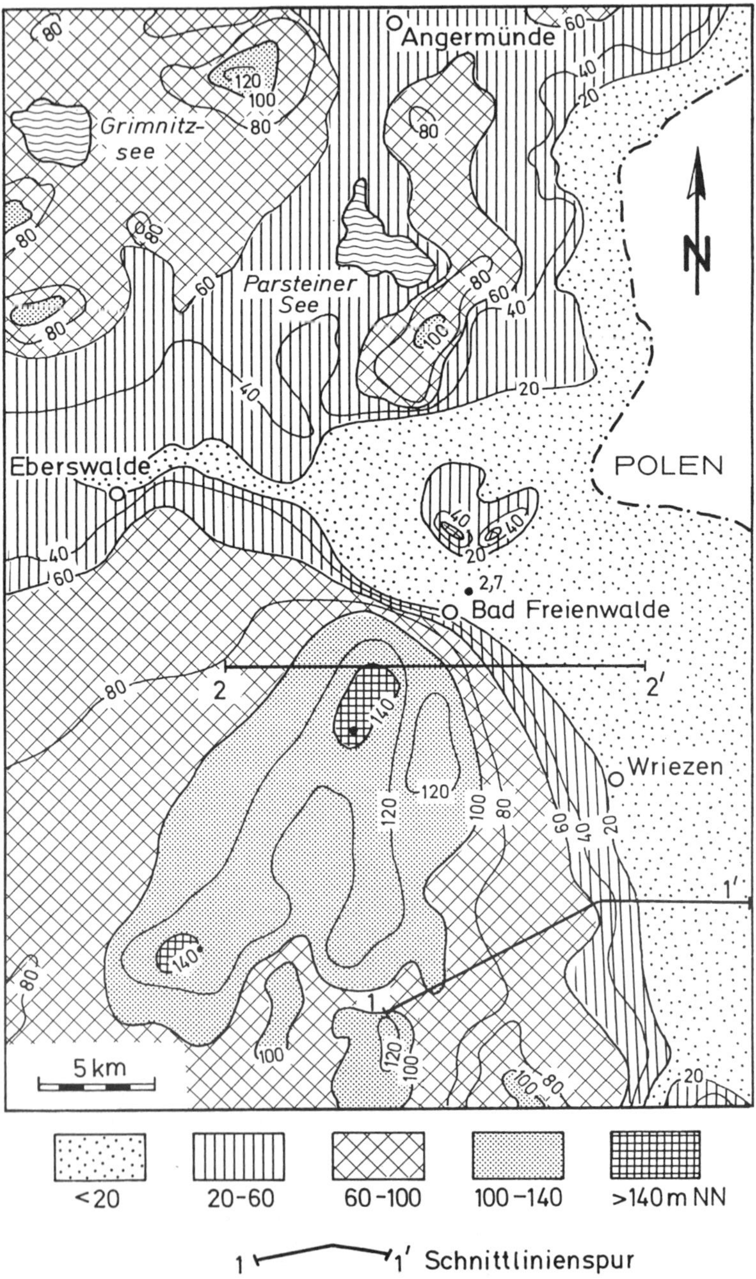

Abb. 3. 1 - 1: Höhenschichtenkarte des Exkursionsgebietes
(Beitrag Hannemann / Zeichnung Dunker)

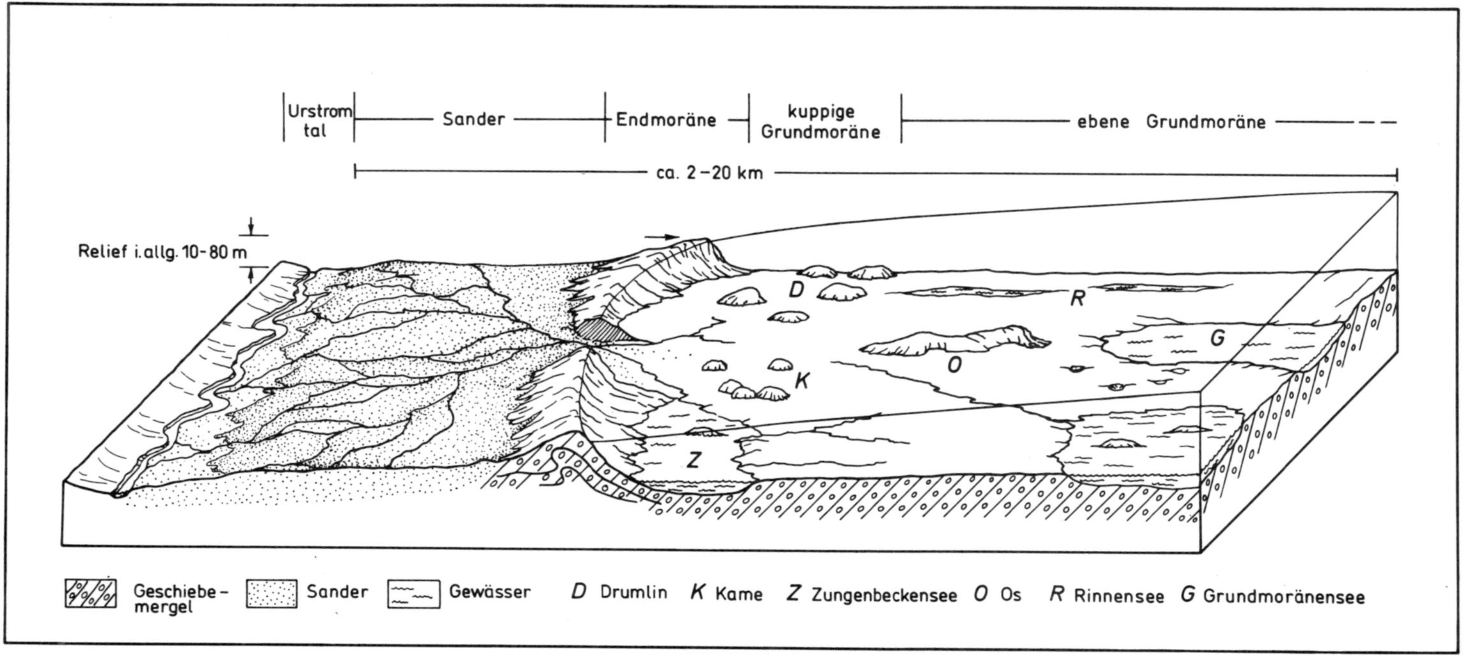

Abb. 3. 1 - 2: Die glaziale Serie - schematische Darstellung im Blockbild (aus Elementen von Schreiner,1992, Wagenbreth & Steiner, 1982, und Weber, 1958: Zusammenstellung Schroeder / Beratung Jäger / Zeichnung Dunker)

Abb. 3. 1 - 3: Blockbild mit wesentlichen morphologischen Elementen des Exkursionsgebietes (Blockbild und Erläuterung Beitrag Nitz)

Das Blockbild zeigt in stark schematischer und vereinfachter Form einen Ausschnitt aus dem klassischen Gebiet der norddeutschen Glazialforschung zwischen Eberswalde und Angermünde.

Vom unteren rechten Bildrand zieht sich in girlandenförmig geschwungenem Bogen die **Pommersche Endmoräne** bis zur großen Endmoränengabel westlich von Groß Ziethen und von dort (außerhalb des Bildes) in westlicher Richtung weiter nach Joachimsthal. Südlich dieser Endmoräne, die auf weiten Strecken lithologisch durch Blockpackungen gekennzeichnet ist, breiten sich **ausgedehnte Sanderflächen** aus, die sich von ihren Wurzelregionen bei 70 - 72 m ü. NN an der Endmoräne bis zum Eberswalder Urstromtal auf etwa 45 - 47 m ü. NN abdachen. Reste dieser Urstromtalterrasse sind am Südrand des Eberswalder Urstromtales erhalten.

Beim Rückschmelzen des Pommerschen Inlandeises entstand zwischen der Hauptendmoräne und einem jüngeren markanten Rückschmelzhalt (Angermünder Staffel) **eine Toteislandschaft**, zwischen deren niedertauenden Inlandeisresten **das Schmelzwasser der Angermünder Staffel südwärts** bis zum Eberswalder Urstromtal abfloß. Es durchbrach die kurz zuvor entstandene Pommersche Endmoräne südöstlich von Chorin und schuf in ca 52 m ü. NN eine **Lücke in der Endmoräne**, in der heute das Kloster Chorin gelegen ist. In ihrem weiteren Verlauf schnitten sich die Angermünder Schmelzwässer unter ständiger Verbreiterung in die Pommerschen Sander ein und hinterließen **deutliche Sanderstufen** von bis zu 7 m Höhe, z.B. zwischen Britzer Hochfläche und der Endmoräne bei Chorin. In einer Höhe von etwa 36 m flossen sie auf der Hauptterrasse des **Eberswalder Urstromtales** westwärts ab.

Somit liegen hier zwei Eisrandlagen hintereinander, deren Schmelzwasserbahnen ineinander verschachtelt sind. In der **nachglazialen Landschaftsentwicklung** wurde dieses klare Bild vorrangig durch flächenhaften Toteisaustau, periglaziale Talbildung sowie holozäne Verlandung und Vermoorung modifiziert.

Von den zahlreichen **Toteishohlformen** ist nur die weite Finow-Niederung im Blockbild dargestellt. Auch der Parsteiner See, dessen westlicher Teil überwiegend in den Angermünder Sander eingebettet ist, verdankt - obwohl in seiner ursprünglichen Anlage ein Zungenbecken - seine letztliche Gestaltung nachträglich ausgetautem Toteis.

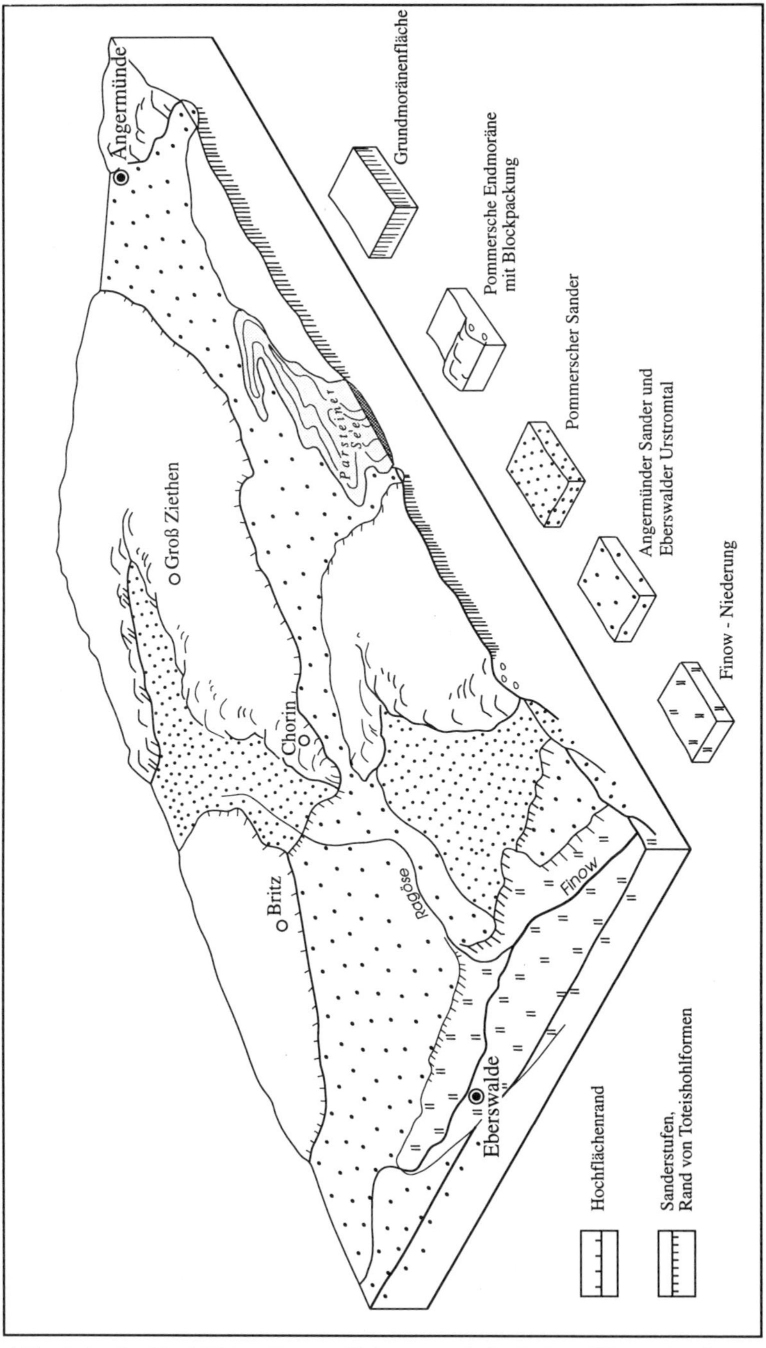

Abb. 3. 1 - 3: Blockbild mit wesentlichen morphologischen Elementen des Exkursionsgebietes (Blockbild und Erläuterung Beitrag Nitz)

Sie münden auf mehr oder minder eisrandparallele Schmelzwasserabflußbahnen, **die Urstromtäler**, aus. Diese werden als Abschluß der Serie im Vorland ebenfalls vorrangig von sandigen Schmelzwasserablagerungen aufgebaut. Im **Rückland der Endmoräne** bezeugen tiefe Ausschürfungen die einstige Lage von Gletscherzungen, nach deren Abtauen im Regelfall zunächst **Seen** die so entstandenen Tieflagen ausgefüllt haben. Danach erfolgte teils deren Auffüllung durch tonige bis schluffige Schmelzwasserabsätze im Gefolge des weiteren Eisabtauens, teils mehr oder minder weitgehend deren Verlandung unter warmzeitlichen Verhältnissen, teils der Verbleib von Restseen bis zur Gegenwart. Den Abschluß der gesamten Serie bilden weiter im Rückland die Geschiebemergelflächen von **Grundmoränenplatten**, nicht selten überschüttet durch vorgeschüttete Sande und Kiese nachfolgender jüngerer Serien von prinzipiell gleichartigem Bau.

Das traditionelle Modell der glazialen Serie ergänzt deren Formenschatz mit Begleitformen, die vor allem auf Schmelzwasserablagerungen aus der Abtauphase einer Vergletscherung zurückgeführt und mit Eisspalten und Abflußwegen zwischen bereits inaktiv gewordenen Eisfeldern in Beziehung gebracht werden. Je nach ihrer Ausdehnung (Längs- und Breitenerstreckung sowie deren Relation zueinander) werden sie als **Oser und Kames** bezeichnet.

Das Modell der **glazialen Serie** bietet den **Schlüssel zum Verständnis** für die Verteilung von Naturraumpotential und Landnutzung sowie für die Entstehungsgeschichte der gegenwärtigen Naturraumausstattung. In einer von Süd nach Nord mehrfach wiederholten Abfolge vergleichbarer Serien von Oberflächenformen und Lockersedimenten bilden sich die Grundzüge der mittel- und jungquartären Landschaftsentwicklung im Tiefland des nördlichen Mitteleuropa ab (Woldstedt, 1935; Liedtke, 1975).

3. 1. 3 Morphologische Teileinheiten der glazialen Serie am Beispiel des Pommerschen Stadiums

Endmoränenbögen

Entsprechend diesem Formeninventar zieht sich ein **schmaler und steilflankiger Höhenrücken** in zwei weit ausschwingenden und nach Nord offenen Bögen von der Oder bei Altglietzen mit genereller Tendenz von Südost nach Nordwest bis in die Umgebung von Kloster Chorin durch das Exkursionsgebiet (Abb. 3. 1 - 3). Dieser Höhenzug sowie das damit verknüpfte Formenensemble finden außerhalb des Exkursionsraumes ihre Fortsetzung sowohl im nördlichen Brandenburg, in Mecklenburg und Schleswig-Holstein wie auch weiter östlich im polnischen Tiefland, wo sie wesentlichen Teilen von Pommern ihr landschaftliches Gepräge vermitteln. Der vormalige Eishalt, dem der gesamte Formenschatz zugeordnet wird, ist danach als **Pommersches Stadium** bezeichnet worden (Woldstedt, 1925, 1927; siehe Tabelle 3. 2 - 2, S. 35).

Zungenbecken

In der glazialen Serie folgen im Rückland der Endmoräne - aber nur in deren unmittelbarer Nachbarschaft - **Tieflagen** in den vom Inlandgletscher hinterlassenen **Zungenbecken**. In diesen Hohlformen findet man noch gegenwärtig offene Wasserflächen und flache vermoorte Verlandungssäume; sie sind z. T. jedoch mit feinkörnigen, durch mehr oder weniger waagerechte Bänderung gekennzeichneten, humusfreien Ablagerungen kaltzeitlicher Seen gefüllt.

Grundmoränenflächen

Die weiten Flächen bis zur nächstjüngeren Eisrandlage werden von Grundmoränenflächen eingenommen, die zumindest teilweise von den Schmelzwassersanden und -kiesen der folgenden Vergletscherungen überschüttet sein können. Im unmittelbaren Rückland der Endmoräne zeigen die Grundmoränenflächen noch **erhebliche Höhenunterschiede und Reliefzergliederung** (der Morphologe spricht von erheblicher "Reliefenergie"): Es gibt einerseits viele Kuppen, gelegentlich Drumlins, anderseits tiefe und nicht selten vermoorte Senken und kleine

Stillwassersenken, vielfach Sölle. Weiter im Rückland nehmen Höhenunterschiede und Zergliederung ab: Mit zunehmendem Abstand von den Moränen geht die **kuppige** Grundmoränenlandschaft unter fortschreitender Verflachung über die **flachwellige** in eine **ebene** Grundmoränenlandschaft über.

Sander

Im nordwestlichen Teil des Exkursionsgebietes entspricht eine vom ehemaligen Eisrand flach nach Südwest abfallende **Sandfläche** am besten der traditionellen Vorstellung vom Sander als demjenigen Teilbereich der glazialen Serie, der durch den Schmelzwasserabfluß vom ehemaligen Eisrand geformt worden ist. Es entspricht gleichfalls dieser Vorstellung, daß sich weiter südlich, ebenfalls oberflächig von Sanden bestimmt, die ost-westlich verlaufende Schmelzwasserabflußbahn des Eberswalder Urstromtales anschließt. An dessen Formenschatz haben neben den flach gelagerten **Schmelzwasserabsätzen** und der mit ihnen verbundenen Terrassenmorphologie auch **äolisch umgelagerte Sande mit Dünenfeldern** ihren Anteil.

Urstromtal

Die **Terrassenniveaus** des Eberswalder Urstromtales lassen sich talauf bis in das Odertal und darüber hinaus weiter nach Osten verfolgen, jedoch bleibt deren Anteil an der gesamten Talbreite von etwa 10 km zwischen Bad Freienwalde und Stara Rudnica (Alt Rüdnitz) auf dem polnischen Ufer mit ca. 1 bis 1,5 km im Abschnitt Altranft / Bad Freienwalde vergleichsweise gering. Im übrigen durchströmen im Ostteil des Exkursionsraumes **Altarme der Oder**, teilweise noch als "Alte Oder" bezeichnet, die Holozänniederung des Oderbruches. In dessen ohnehin tief gelegener Bruchlandebene sind die mäandrierenden **Altwasserläufe** eingesenkt und die gleichfalls Mäander bildenden **Uferwälle** ehemaliger Altwasserbahnen aufgesetzt (Hrabowski, Jäger & Lippert, 1983). Im tiefstgelegenen Teil des Niederen Bruches bestimmen die **Stillwasserflächen** des Oderberger Sees (Abb. 1 - 2) das Bild.

3. 1. 4 Hochflächenbereich südlich des Pommerschen Stadiums: Barnim

Mit der bereits erwähnten Höhendifferenz von über 150 m flankiert im Südwesten ein Komplex steiler Abhänge das Oderbruch, die den östlichen Rand einer **hoch gelegenen Platte** bilden. Mit dieser Platte verbindet sich seit dem Mittelalter die Landschaftsbezeichnung Barnim. Sie erstreckt sich vom Rand des Odertales bei Bad Freienwalde bis in das Berliner Stadtgebiet, wo das Berliner Urstromtal ihre südliche Begrenzung bildet. Von dort in der generellen Tendenz gegen Nordost ansteigend, erreicht sie indessen im Exkursionsraum bei Bad Freienwalde ihre bedeutendsten Höhen über NN-Niveau. Nordwestlich von Bad Freienwalde erheben sich ihre **steilen Ostflanken** nahezu unmittelbar über dem fast ebenen, flachen, feuchten und tief gelegenen **Bruchland** des Oderbruches. Dagegen sind die Steilhänge im östlichen Barnim südöstlich von Bad Freienwalde in Richtung Altranft und Wriezen durch ein zwischengeschaltetes **Terrassenniveau** (Wriezener Terrasse: Brose, 1978) und **periglaziale Schwemmfächer** in Verbindung mit der Randzertalung gegliedert (Lembke, 1954)(s. Abschnitte 5. 10 und 7).

Nach den Untersuchungsergebnissen insbesondere der letzten drei Jahrzehnte bestehen **zwischen den hier angeführten Großformen** einerseits und **der Geologie des tieferen Untergrundes** (Prä-Tertiär, Gestaltung der Tertiär- und Quartärbasisflächen, Basisfläche holsteinwarmzeitlicher Ablagerungen) andererseits keine nachgewiesenen Beziehungen.

3. 2 Stratigraphie und Lithofazies

(Hierzu Karten III und IV eingelegt vor dem hinteren Umschlag)

von Alexander G. Cepek

3. 2. 1 Grundsätzliche Gliederung

Das Quartär in Norddeutschland ist gekennzeichnet durch eine **Abfolge von Kaltzeiten,** in denen es im jüngeren Teil zur Ausbreitung von Inlandeisdecken bis in das nordmitteleuropäische Tiefland kam (= Glaziale, Eiszeiten), **und von Warmzeiten**, in denen mindestens die klimatischen Verhältnisse unserer heutigen Zeit erreicht wurden (Interglaziale).

Im Verlaufe der **Ausbreitung einer Inlandeisdecke** und bei ihrem **Rückschmelzen** in einer Eiszeit kam es mehrfach zur Ausbildung einer **Eisstillstandslage** und damit zur Ausbildung der im vorhergehenden Abschnitt (3. 1) vorgestellten **glazialen Serie**. Die Stillstandslagen entstehen bei einem Gleichgewicht zwischen Eisnachschub aus dem Nährgebiet und dem Abschmelzbetrag im Zehrgebiet. Ist ein ehemaliges Vereisungsgebiet wie das Norddeutsche Tiefland wiederholt von Inlandeisdecken verschiedener Eiszeiten überzogen worden, so stellen die oft über 200 m mächtigen Ablagerungen auch in der Vertikalen eine komplizierte **Mehrfachüberlagerung von Einheiten der glazialen Serie** dar.

In einem ehemaligen Vereisungsgebiet lassen sich **soviel Inlandvereisungen nachweisen**, wie zwischen deren Ablagerungen Bildungen von Warmzeiten (= Interglazialen mit entsprechender Fauna, Flora und/oder fossilen Böden) abgrenzbar sind. Die **Anzahl der Glaziale und Interglaziale** im nordmitteleuropäischen wie auch in anderen ehemaligen Vereisungsgebieten ist umstritten. Hauptgründe für unterschiedliche Auffassungen sind der jeweilige Erforschungsgrad, Anwendung und Wichtung verschiedener Methoden sowie zahlreiche Erosionslücken. Nach den klimastratigraphischen Einheiten 1. Ordnung (Glaziale und Interglaziale - vgl. Tab. 3. 2 - 1) werden ebensolche der 2. Ordnung unterschieden: die Stadiale und Interstadiale (vgl. Tab. 3. 2 - 2). Noch niedrigere Einheiten sind durch die Endmoränenstaffeln der Eisrandlagen und ihre Abflußniveaus (Sander- und Talsandterrassen) markiert.

Glaziale

Wesentlichstes Schichtglied in einer glazialen Folge ist die Ablagerung der **Grundmoräne** der jeweiligen Inlandeisdecke, der **Geschiebemergel** (Till). Dieser besteht aus dem im basalen Bereich einer Inlandeisdecke transportierten Grundmoränenschutt, der in den skandinavischen Gebirgen, vom Ostseeuntergrund und in den baltischen Ländern vom Eis abgehobelt wurde und im Laufe des weiteren Eisvorstoßes mit einheimischen Gesteinen vermischt wurde (Fern- bzw. Nahgeschiebe). Der Wechsel der jeweiligen Vereisungszentren in Skandinavien und Baltikum im Verlaufe des Pleistozäns führte zu **unterschiedlichen Stromrichtungen** der Inlandeismassen. Es wurden daher vom Eis unterschiedliche präquartäre Gesteine überquert und erodiert,. dabei wurden also auch unterschiedliche Gesteinsfrachten aufgenommen und später in den Grundmoränen abgelagert. (Diese quantitativ belegbaren Unterschiede nutzt die Geschiebeanalyse; vgl. Abschnitt 3. 2. 2). Von echten ungeschichteten Grundmoränen (lodgement till, basal till) sind "geschiebemergelartige" Umlagerungsprodukte zu unterscheiden, die in der Regel Schichtungsmerkmale aufweisen, wie Schmelzwassertill (waterlain till), Fließtill (flow till) und Eisberg - Drift.

Begleitet wird jeder Inlandeisvorstoß von den glazifluviatilen und glazilimnischen Ablagerungen aus der Vorstoßphase (= **Vorschüttbildungen**) und der Rückschmelzphase (**Nachschüttbildungen;** vgl. Tab. 3. 2 - 1). Bei weiträumigen oder auch lokalen Oszillationen des Inlandeises, bedingt durch Wechsel im großklimatischen Geschehen (stadiale Vorstöße - s. Weichsel - Kaltzeit, Tab. 3. 2 - 2) oder durch lokale paläogeomorphologische Besonderheiten können **Wechsellagerungen von Vorschütt-, Geschiebemergel- und Nachschütthorizonten** entstehen.

Neben den unmittelbaren Ablagerungen des Inlandeises und seiner Schmelzwässer ist für jede Kaltzeit auf die zum Teil enormen Auswirkungen einer Reihe anderer Phänomene hinzuweisen: **Glazigene Störungen** bis zur

Schollenbildung (Exkursionspunkte Bad Freienwalde und Schiffmühle; Abschnitte 4 und 5. 4), **kryogene Störungen** im Periglazial - Klima (Ausbildung eines Permafrostbodens mit sommerlichem Wiederauftauboden), **äolische Aufwehungen** (Flugsande, Lößsand) und die vielfältigen **Erosionslücken**, die das Eis, dessen Schmelzwässer und die periglaziale Denudation schufen.

Übergangsphasen, jeweilige Früh- (= Ana-) glazial- und Spät- (= Kata-) glazialphasen, können am Anfang und am Ende jeder Kaltzeit anhand entsprechender Ablagerungen bzw. Veränderungen von Ablagerungen nachgewiesen werden. Es herrscht fluviatile und äolische Sedimentation vor und die vielfältigen kryogenen Prozesse im Periglazialgebiet spielen eine große Rolle. In der frühglazialen Phase wird das Inlandeis allmählich aufgebaut; das dauert mehrere Jahrzehntausende.

Interglaziale

In den Warmzeiten herrschten in unseren geographischen Breiten **ähnliche klimatische Verhältnisse wie in der heutigen Zeit;** im Klimaoptimum war es wie im Klimaoptimum des Holozäns deutlich wärmer. Die aufgrund von quantitativen Pollenanalysen aufgestellten **Pollendiagramme** zeigen für die pleistozänen Interglaziale wie für die holozäne Warmzeit grundsätzlich **vergleichbare Abläufe**: Aus der Tundra des Spätglazials der vorausgehenden Kaltzeit entwickeln sich mit der interglazialen bzw. holozänen Erwärmung Kiefern-Birkenwälder (Taiga) der borealen Phase, der die charakteristische Einwanderung der Laubbäume im zunehmend wärmeren Teil bis zum Klimaoptimum folgt (Erd, 1973). Nach dem Klimaoptimum treten wärmeliebende Elemente zurück (z. B. Linde, Ulme), es folgt wieder eine boreale Phase (Kiefern-Birkenwälder, zuerst noch mit der Fichte) und dann mit Beginn der folgenden Kaltzeit die subarktische Phase (Tundra). Die Tierwelt zeigt diesen charakteristischen Wechsel ebenfalls, zum Teil ist er sogar wie bei der Pollenanalyse quantitativ erfaßbar (z. B. Mollusken: Mania, 1973), bei den Großsäugern wird er als Folge jahreszeitlicher Wanderungen unscharf (vgl. Heinrich, 1986).

Auch das geologische Geschehen erinnert an das Holozän (vgl. Abschnitte 3. 2. 3 und 7). In jüngeren Interglazialen, denen Inlandvereisungen bis in unsere Gebiete vorausgingen, waren zahlreiche Glazialseen, d.h. Toteisrestseen, verbreitet. In diesen Seen wurden limnische Schluffe, Mudden und Torfe abgelagert. Flüsse durchzogen diese Glaziallandschaften; im Holstein-Interglazial ließen sich weitflächige fluviatile Ablagerungen nachweisen, die auf breite Stromgebiete zurückgehen: Im Berliner Raum war es die Elbe (Genieser, 1962; z. T. Paludinen - Kiese), im Raum Wriezen - Eberswalde wahrscheinlich die Oder (Thieke, 1975). Auf der Oberfläche ausstreichender Schichten entstand in Abhängigkeit von Makro- und Mikroklima, Grundwasserstand und Ausgangsgestein ein Mosaik von Bodentypen, die heute als fossile Böden, z.T. auch nur in Resten, wie Entkalkungszonen, gefunden werden.

3. 2. 2 Methoden der Quartärstratigraphie

Die Bildungen des Quartärs lassen sich anhand von **verschiedenen Kriterien charakterisieren**, abgrenzen oder miteineinander in Beziehung setzen ("korrelieren"). Dabei stehen paläontologische, lithologische, morphologische Merkmale sowie Zeitbestimmungs-Methoden zur Verfügung. Die im Exkursionsgebiet angewendeten Methoden seien hier kurz erläutert:

Biostratigraphie

Pollen: Die Interglaziale sind durch jeweils sehr charakteristische, insbesondere pollenanalytisch quantitativ nachweisbare Abfolgen von Zonen mit bestimmten Baum- und Nichtbaumpollenanteilen definiert (vgl. Tab. 3. 2 - 3), die zwar weitgehend **gleiche boreale Anfangs- und Endphasen**, im **gemäßigten Hauptteil** aber **unterschiedliche Einwanderungsfolgen** der **thermophilen** Gehölze aufweisen. Diese Pollenspektren kann man aus petrographisch sehr unterschiedlichen Sedimenten gewinnen und auch aus verschiedenen Ablagerungsbereichen bzw. Ablagerungen (Seen, Sümpfe, Flüsse und küstennahe marine Bereiche bzw. Löße und Böden). Man isoliert die Pollen aus dem Sediment, um sie mit Hilfe des Mikroskopes zu bestimmen und zu zählen. Die große praktische Bedeutung dieser Methode liegt in dem Fakt, daß bei entsprechend engem Probenabstand (ca. 1-10 cm) und ausreichender Pollenerhaltung detaillierte klimastratigraphische Aussagen bei sehr kleinen Probenmengen getroffen werden können.

Lithostratigraphie

Kleingeschiebe: Das häufige Vorkommen von Geschiebemergeln, in der Regel als echte Grundmoränen pleistozäner Inlandvereisungen, in Bohr- und Aufschlußprofilen veranlaßte Cepek (1969, 1973, 1991) zu detaillierten **Analysen des Geschiebebestandes,** insbesondere auch der Sedimentärgeschiebe und - nach Eichung der Geschiebespektren an entsprechenden Richtprofilen mit Interglazialen und Geschiebemergelhorizonten - zum Aufbau einer **Grundmoränenstratigraphie**. Mit dieser lithostratigraphischen Methode konnten auch im Untersuchungsgebiet aufgrund der charakteristischen Zusammensetzung der Geschiebefraktion 4 - 10 mm die Grundmoränen der Vereisungen Elster I und II, Saale I, II und III sowie Weichsel unterschieden werden (Lippstreu in Cepek et al., 1975; E. Heßmann, 1980, 1982). Voraussetzungen sind eine gute Durchmischung des Grundmoränenschuttes sowie eine ausreichende Probenmenge (ca. 5 - 8 kg mit ca. 200 - 500 Kleingeschieben). Die Geschiebemergel des Elster - Komplexes führen hohe Gehalte an unverwitterten, nicht abgerollten Feuersteinen (Ffr), die des Saalekomplexes hohe Gehalte an paläozoischen Kalksteinen (PK) und die der Weichselvereisung solche an paläozoischen Schiefern (PS). Der Saale II - Geschiebemergel zeichnet sich durch extrem hohen PK - Anteil, durch Dolomitgesteine aus dem baltischen Old Red sowie niedrige Sandstein/Quarzit - Gehalte aus. Anwendungsbeispiele dieser Methode enthalten die Abschnitte 5. 2 und 5. 4. 4 / Abb. 5. 4. 4 - 5.

Schwerminerale: Mit der quantitativen **Schwermineralanalyse** sind fluviatile Ablagerungen aus dem Holstein-Komplex in Bohrungen zwischen Wriezen und Eberswalde nachgewiesen worden (Flußsande einer Ur-Oder, Thieke 1975). Derartige Flußsande aus den inlandeisfreien Zeiten des Quartärs können bei entsprechend sorgfältiger Beobachtung von Aufschlüssen und Bohrprofilen sicher häufiger erkannt werden. Ferner kann man aufgrund des festgestellten Unterschiedes im Pyroxengehalt zwischen den liegenden Interglazialschichten (ca. 2 %) und den darüber folgenden Anaglazialschichten (ca. 18 %) auf warmzeitliche Verwitterung schließen. Damit ist ein wesentlicher Fortschritt in der klimastratigraphischen Differenzierung solcher Flußablagerungen erzielt worden.

Morphostratigraphie

Wesentliche morphologische Kriterien für die Charakterisierung und Korrelation von glazialen Ablagerungen sind **Sander- und Talsand-Terrassen sowie Erosionsgrenzen** ("Unterschneidungskanten"; Beispiele dafür siehe unter "Weichselkaltzeit", Abschnitt 3. 2. 3).

Geochronologie

Warven: Die Methode der **Jahresschichtenzählung** in glazilimnischen Bänderschluffen und -tonen (= Warvenchronologie) mißt und zählt die hellen feinsandigeren Sommerlagen und die dunklen, tonigeren Winterlagen (jeweils 1 Sommer- + 1 Winterlage = 1 Warve = 1 Jahr). Innerhalb dieser kommen "Tageswarven" vor (z.T. nur Bruchteile von mm mächtig). Bei sorgfältiger Unterscheidung von Jahres- und sogenannten "Tageswarven" (letztere können auch größere Zeitabschnitte des Sedimentationsgeschehens abbilden) kann man daher die Sedimentationsdauer entsprechender Ablagerungen bestimmen. Die Methode setzt voraus, daß die Vorkommen ausgezählter Warvensedimentprofile tatsächlich zu dem gleichen stratigraphischen Horizont gehören.

Baumring - Datierung (Dendrochronologie): Die **jährlichen Wachstumsringe** von Bäumen lassen sich hinsichtlich ihrer Breite, die insbesondere von jahreszeitlichen Witterungsunterschieden abhängt und sich innerhalb begrenzter Gebiete gleichartig entwickelt, sowie ihrer Anzahl zu einem geologischen Kalender mit Jahresgenauigkeit nutzen. Jeder Baum bietet eine charakteristische Abfolge von unterschiedlichen Jahresringen, die seine Lebensdauer belegt. Um einen möglichst langen Zeitmaßstab zu bekommen, wählt man eine relativ **langlebige Baumart** aus und setzt, angefangen beim lebenden Baum, die **Jahresringfolgen immer älterer Bäume** zusammen; dabei müssen sich die Folgen überlappen, um eine eindeutige und verläßliche **Gesamtfolge** zu ergeben. Ein fossiles Holz, das mit seiner Position in dieser Gesamtfolge datiert wird, gibt Information über das Alter der jeweils einbettenden geologischen Schichten. Gezählt werden die Baumringe an Baumscheiben, bei fossilen Hölzern auch an mikroskopisch vermessenen Dünnschliffen, da die Baumringe mit zunehmendem Alter immer dünner werden.

In Mitteleuropa konnte die **Eichen** - Dendrochronologie durch Überlappung mit der **Kiefern** - Dendrochronologie über die Holozän-Untergrenze bis in das Weichsel-Spätglazial zurückverfolgt und mit ^{14}C - Datierungen (s. unten) bis ca. 16.000 Jahre vor heute verglichen werden (Stuiver et al., 1991; Becker, im Druck).

Radiokarbondatierung (= ^{14}C - Methode, Libby, 1952): Diese Methode beruht auf der Anteilsermittlung der **Kohlenstoff - Isotope** ^{12}C, ^{13}C und ^{14}C in organischen Substanzen wie Torfen, Mudden, Hölzern, Zähnen, Knochen, Muscheln u. a. Während zu Lebzeiten in tierischen und pflanzlichen Organismen die Anteile der drei C - Isotope ± konstant bleiben, zerfällt nach Absterben das **^{14}C - Isotop** relativ schnell zu ^{14}N; damit verändern sich die jeweiligen Anteile der genannten Kohlenstoffisotope. Der Zeitraum, in dem die Hälfte des vorhandenen ^{14}C zerfällt, die Halbwertszeit, beträgt nach neueren Untersuchungen **5730 ± 30 Jahre**. Verläßliche Datierungen sind daher nur bis etwa 40.000 Jahre vor heute (= BP = before present; nach Konvention vor 1950) möglich. Mit Hilfe von Anreicherungsverfahren (zuerst Labor Groningen) oder ^{14}C-Atomeinzelmessungen (Beschleuniger-Massenspektrometrie, z. B. Batten et al., 1986) kann man den Datierungszeitraum verdoppeln und C - arme Proben einer Datierung zugänglich machen; diese Verfahren sind jedoch noch außerordentlich teuer.

Für die normale Datierung müssen 4 - 5 g Kohlenstoff zur Verfügung stehen, am günstigsten ist daher fossile Holzkohle. Die Gefahr von Verunreinigungen vor und bei der Probennahme sowie bei der Aufbereitung ist zu beachten: Das Eindringen von jüngeren Wurzeln oder von organischen Säuren resultiert ohne Reinigung der Probe in zu jungen Altern. Dagegen bewirken Anteile kohliger Substanzen aus dem Tertiär oder aus älteren Kalksteinen stammendes, gelöstes Bikarbonat, das von Wasserpflanzen aufgenommen wurde, ein zu hohes "Durchschnittsalter" (Kohl, 1977; Kohl et al., 1987).

Vergleich Dendrochronologie - Radiokarbondatierung: Beim Vergleich historisch datierter altägyptischer Funde sowie von Baumringzählungen extrem langlebiger Arten wie die amerikanische Borstenkiefer mit ^{14}C - Datierungen hat man Abweichungen von mehreren Jahrhunderten feststellen müssen. Es ist daher wahrscheinlich, daß der ^{14}C - Gehalt der Atmosphäre bereits in den letzten Jahrtausenden Schwankungen unterworfen war, z. B. durch Veränderungen der kosmischen Strahlung, auch im Zusammmenhang mit Sonnenfleckenzyklen. Die **Eichung der ^{14}C - Daten durch die Dendrochronologie** ist also unbedingt erforderlich.

3. 2. 3 Ablauf und Schichtenfolge

Die folgende **Übersicht** über die im Untergrund und an der Oberfläche vorwiegend verbreiteten glazialen Bildungen wird nach den Lithofazieskarten Quartär im Maßstab 1 : 50.000 gegeben (Gesamtleitung Cepek; Blatt Bad Freienwalde: Hellwig, Lippstreu & Ziermann, 1977; Blatt Eberswalde, E. Heßmann, 1980; Blatt Wriezen, E. Heßmann, 1982.).

Präglazial

Präglaziale Ablagerungen (Ältest- bis Altpleistozän) sind im Untersuchungsgebiet nicht bekannt; früher für Pliozän gehaltene Quarzsande und -kiese mit Verkieselungen aus dem baltischen Paläozoikum (Hucke, 1922, u. a.) werden heute in das Miozän gestellt (Ahrens & Lotsch, 1976) - so auch die "Normensande" von Bad Freienwalde.

Elster-Komplex

Die Schmelzwasser-Ablagerungen mit der Grundmoräne Elster I sind nur lokal von der nachfolgenden Erosion verschont geblieben (z. B. auf dem Barnim südöstlich von Falkenberg; bei Klein Ziethen), teilweise wurden sie in Bohrungen gar nicht erreicht (z.B. eingestellt bei - 110 m NN in der Mönchsheide oder zwischen Gellmersdorf und Stolpe in einer pleistozänen Rinne, die über Brodowin und Bölkendorf in SW-NE-Richtung verläuft).

Die glaziale Folge mit der Grundmoräne Elster II ist dagegen großflächig im Gebiet verbreitet (gl, gf EIIv, g EII, gf und gl EIIn). In dieser örtlich bis 120 m mächtigen Folge treten bis zu **vier**, oft geschiebeanalytisch untersuchte Geschiebemergelbänke auf, die im Gebiet Schiffshebewerk Niederfinow - Südteil der Neuenhagener Oderinsel (vgl. Aufschluß 5. 4. 4 Schiffmühle) - Bad Freienwalde häufig mit Miozän- und Rupelton - Schollen verknüpft sind und daher zumindest im genannten Gebiet kräftige glazigene Deformationen anzeigen .

Holstein-Interglazial

Großflächige Vorkommen aus einem inzwischen glazial verschütteten Flußgebiet **im Untergrund** (Ur - Oder) konnten bei der Erarbeitung der Litho fazieskarten Quartär abgegrenzt werden (s. Karte IV vor dem Rückumschlag). Die fluvialen Sande (Thieke, 1975) mit Einlagerungen von Altwassersedimenten (Schluffe und Mudden) sind aus dem Gebiet von Eberswalde, bei

Anmerkungen zu Tabelle 3. 2 - 1

1. Bei den Gliederungen sind die Interglaziale / Warmzeiten *kursiv* , die Glaziale / Kaltzeiten normal gedruckt.
2. **Quellen** für die Allgemeine Gliederung: Keilhack, 1910; Woldstedt & Duphorn, 1974. Quellen für die Detaillierte Gliederung, die unter Fachleuten noch kontrovers diskutiert wird: Cepek,1975, 1992; Erd, 1973, 1978, 1987; Fuhrmann, 1976, 1989; Cepek & Nowel, 1991, u a. ; sie wurde ergänzt nach Empfehlungen der INQUA-SEQS Tagung, Halle, 1992, insbesondere in bezug auf die Untergrenze des Saale-Komplexes und regional - stratigraphische Termini.
3. **Altersangaben** sind gerundete bzw. interpolierte Werte aus verschiedenen Quellen; für die Grenze Älteres Pleistozän / Elster divergieren die Meinungen der Fachleute so weit, daß die Angabe nur einen Anhalt geben kann.

* Das Alter von 10.000 Jahren entspricht der gültigen INQUA-Konvention; nach neuerem Forschungsstand (^{14}C - Datierungen) liegt die Grenze im Bereich von 10.100 - 10.300 Jahren.

** Die detaillierte Gliederung der Weichsel-Kaltzeit wird in Tabelle 3. 2 - 2. geboten.

*** Alle bisher bekannten Weichsel-Ablagerungen in diesem Raum sind nicht älter als 25.000 Jahre

Schlüssel zu den in Tabelle 3. 2 - 1. wie auch in Text und Abbildungen verwendeten Symbolen

g - glazigen	i - interglazial
ge - glazigen im Zuge der Endmoräne	
b - Blockpackung	
a - früh- (= ana-) glazial	k - spät- (= kata-) glazial
f - fluvia(ti)l	l - limnisch
gf - glazifluvia(ti)l	gl - glazilimnisch
v - Vorschütt-	n - Nachschütt-
u - im Urstromtalbereich	d - deluvial
ht - Auelehme	hf - Flachmoortorf
e - äolisch	ed - Düne
α - Abschlämmassen	

Die **stratigraphischen** Kürzel ergeben sich aus den Anfangsbuchstaben der Namen von Glazialen und Interglazialen, z. B.

W - Weichsel
S - Saale
E - Elster

zusätzlich

Ho - Holozän
TT 4 bzw. M - Miozän
TT 3 - Oligozän

Tabelle 3. 2 - 1: Stratigraphische Abfolge der Pleistozän - Bildungen im Raum Bad Freienwalde - Eberswalde - Parsteiner See - Unteres Odertal (Zusammengestellt von Cepek, Stand 1993)

Allgemeine Gliederung Norddeutschland	**Detaillierte Gliederung Nordostdeutschland**	**Alter** Jahre vor heute	**Symbol**	**Wesentliche Ablagerungen** ohne (...) = im Aufschluß; mit (...) = nur in Bohrungen; - - - = im Gebiet unbekannt; - - = nur in der Nähe des Gebietes gefunden
		10.000*		
			gf-fuW2,W3	Talsandterrassen
			gl W2n	Bänderschluffe
			gf W2n	Nachschütt- einschl. Sandersande
			(b)ge W2	Blockpackungen
WEICHSEL	Weichsel **		g W2	Geschiebemergel
			gf,gl W2v	Vorschüttsande
			gf,gl W1n	Nachschüttsande & Bänderschluffe
			g W1	Geschiebemergel
		***	gf,gl W1v	Vorschüttsande
		115.000		
EEM	*Eem*		l iE	Limnische Mudden & Seekalke
		128.000		
			l SIIIk	- - (Limnische Schluffe: Vevais)
	Lausitz		gf SIIIn	Nachschüttsande & Bänderschluffe
	(Saale III)		g SIII	Geschiebemergel
			gf,gl SIIIv	Vorschüttsande& Bänderschluffe
		230.000		
	Rügen		iR	- - -
		240.000		
	Fläming		gf,gl SIIn	Nachschüttsande & Bänderschluffe
	(Saale II)		g SII	Geschiebemergel, mehrere Bänke
SAALE-			gf,gl SIIv	Vorschüttsande & Bänderschluffe
		320.000		
KOMPLEX	*Uecker*		l iUe	- - (Limnische Mudden: Röpersdorf)
		330.000		
	Saale		gf,gl SIn	(Nachschüttsande & Bänderschluffe)
	im engeren		g SI	(Geschiebemergel)
	Sinne		gf,gl SIv	(Vorschüttsande & Bänderschluffe)
	(Saale I)		f SIa	(Fluviatile Sande, frühglazial)
		410.000		
	Dömnitz		iD	- - -
		420.000		
	Fuhne		f F	(Fluviatile Sande)
		480.000		
HOLSTEIN	*Holstein*		l, f iH	(Limnisch - fluviatile Tonschluffe, Mudden & Sande)
		500.000		
			f EIIk	(Fluviatile Sande, spätglazial)
	Elster II		gl EII	Beckensande & -schluffe
			gf EIIn	Nachschüttsande
ELSTER-			g EII	Geschiebemergel, mehrere Bänke
			gl,gf EIIv	(Vorschüttttsande } (überwiegend Beckenschluffe
KOMPLEX	-----??? -----		-------------	
			gl,gf EIn	(Nachschüttsande } z.T.Warven)
	Elster I		g EI	(Geschiebemergel)
			gl,gf EI	(Vorschüttsande & - schluffe)
		670.000		
Älteres Pleistozän	Älteres Pleistozän			Große Erosionslücke

Werbellin, Wölsickendorf und NW Wriezen bekannt. Wissenschaftshistorisch interessant ist die Umstufung des ursprünglich für letztinterglazial (= Eem; Krause, 1928, 1941) gehaltenen Interglazialvorkommens dicht südlich Eberswalde durch pollenanalytische Untersuchungen von Erd (1960) in das Holstein-Interglazial.

Saale-Komplex

Diese stratigraphische Einheit umfaßt **drei große Inlandeisvorstöße** (Tab. 3. 2 - 1). Die sie trennenden Warmzeiten und damit auch der stratigraphische Rang der Inlandeisvorstöße, nämlich ob Glazial oder Stadial, sind noch umstritten (s. Abschnitt 3. 2. 1). Für Fragestellungen der geowissenschaftlichen Praxis ist wesentlich, daß aufgrund der **in charakteristischer Weise wechselnden Kleingeschiebezusammensetzung** der Grundmoränen g SI, g SII und g SIII das Inlandeis bis weit in den östlichen Ostseeraum zurückgewichen sein muß; in den eisfreien Zwischenzeiten sind daher zumindest glazifluviatile und -limnische Ablagerungen weitflächig verbreitet.

Aus der "Saale I / II" - = Uecker-Warmzeit wurden nördlich des Exkursionsgebietes aus einem Hohlweg bei Röpersdorf südlich Prenzlau interglaziale limnische Ablagerungen beschrieben (Cepek, Diebel & Erd, 1975), die nach den detaillierten pollenanalytischen Untersuchungen von Erd (1987) als Stratotyp für ein eigenständiges Uecker-Interglazial gelten.

Im Exkursionsgebiet ist die **Saale I - Glazialfolge nur in lokalen Erosionsresten** erhalten geblieben (z. B. im Raum Stolpe sowie bei Klein Ziethen, jeweils ca. 40 m Geschiebemergel). Dagegen ist der auf einer Erosionsdiskordanz übergreifende **Saale II - Geschiebemergel wesentlich häufiger und in größeren zusammenhängenden Flächen** verbreitet, oft auch geschiebeanalytisch untersucht. Bis zu drei Geschiebemergelbänke wurden beobachtet (pleistozäne Sand- und Schluffmittel = z.T. Schollen ?; Miozän-Schollen SE Herzsprung und SE Gellmersdorf).

Auch die glaziale Folge mit der **Saale III-Grundmoräne ist in relativ großen Flächen** zumindest mit erosionsbedingten Restmächtigkeiten überliefert (Gebiete um Groß und Klein Ziethen, Neukünkendorf, Stolpe, Mönchsheide, Hohensaaten - Lunow, Nordteil Barnim-Hochfläche).

Die Vor- und Nachschüttbildungen dieser drei Inlandeisvorstöße sind in sehr wechselnder Verbreitung, Ausbildung und Mächtigkeit erhalten, wie die geologischen Profilschnitte zeigen (Abb. 3. 2 - 2). In einigen Gebieten, in denen Horizonte ganz auskeilen, kann z. B. der SII-Geschiebemergel flächig direkt auf dem SI - Geschiebemergel lagern.

Eem-Interglazial

Diese Warmzeit ist in Brandenburg durch zahlreiche Vorkommen in ehemaligen Saale III - Toteisrestseen sowie aus dem fluviatilen Bereich belegt und palynologisch gesichert (Cepek, 1967; Erd, 1973). Aus dem Exkursionsgebiet sind jedoch **keine derartigen Ablagerungen** bekannt; nur nahe dem SE-Rand des Gebietes gibt es die limnischen Schluffe, Süßwasserkalke und Mudden von Vevais bei Wriezen (Korn, 1915; Brose, 1971; Karte IV).

Das weitflächige Fehlen dieser ursprünglich auch im Exkursionsgebiet wahrscheinlich häufig verbreiteten Ablagerungen ist einmal durch die glaziale Erosion und Exaration der weichselzeitlichen Inlandeisvorstöße verursacht, zum anderen bestehen noch Kenntnislücken.

Weichsel-Kaltzeit

Die Verbreitung der beiden **unteren glazialen Folgen (Stadiale)** der Weichsel-Vereisung ist durch **zahlreiche Bohrungen** bekannt; die Ergebnisse der Geschiebeanalysen stützen die glazialmorphologischen Befunde. Im Bereich des Pommerschen Stadiums wurden bei Detailaufnahmen zwei glaziale Folgen festgestellt mit je einer weitflächig verbreiteten Grundmoräne (Brandenburger sowie

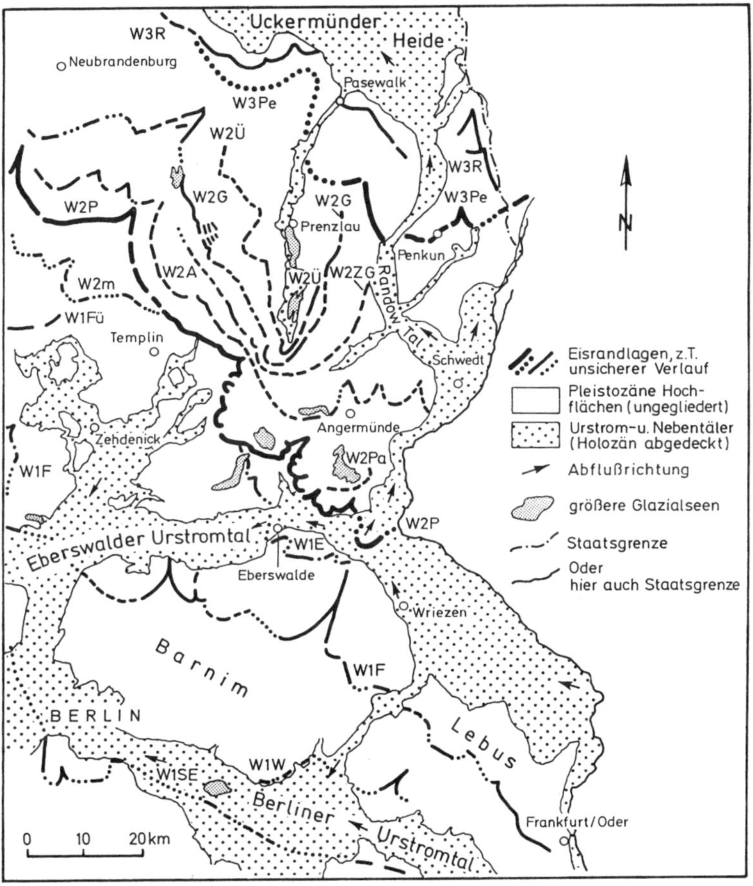

Eisrandlagen

W2P	- Pommersche Staffel	W3R	- Rosenthaler Staffel
W2m	- Pommerscher Maximalvorstoß (Seenstaffelzone II)	W3Pe	- Penkuner Staffel
W1E	- Eberswalder Staffel (=? W1Fü - Fürstenberger Staffel)	W2Ü	- Uecker - Staffel
W1F	- Frankfurter Staffel	W2G	.- Gerswalder Staffel
W1W	- Woltersdorfer Staffel	W2ZG	- Zichow - Golmer Staffel
W1SE	- Spandau - Erkner - Staffel	W2Pa	- Parsteiner Staffel
		W2A	- Angermünder Staffel

Abb. 3. 2 - 1: Das Jungmoränengebiet von Nordostbrandenburg - Eisrandlagen, Hochflächen und Urstromtäler: Regionaler Rahmen des Exkursionsgebietes. [Nach Karten von Keilhack (1921), W. Schulz (1965), Cepek et al. (1973), Chrobok, Markuse & Nitz (1982), Rühberg (1987), u. a.; Zusammentsellung Cepek; Stand 1993]

Pommersches Stadium), im Gebiet des Brandenburger Stadiums jedoch nur die Grundmoräne dieses Stadials (Cepek, 1972; Cepek & Lippstreu, 1975; Hellwig, Lippstreu & Ziermann; 1977).

Die Eisrandlagen innerhalb dieser Stadiale (z. B. Frankfurter Staffel, Fürstenberger Staffel im Brandenburger Stadium; Angermünder Staffel, Gerswalder Staffel u. a. im Pommerschen Stadium) **sind nur Rückschmelzhalte**, innerhalb derer es zu Oszillationen von ein paar hundert Metern oder auch ca. 1 - 2 Kilometern kam, aber nicht zu bedeutenden Rückschmelzbeträgen etwa bis in das Ostseebecken, wie zwischen dem Brandenburger Stadium und dem Pommerschen Stadium. Innerhalb der jeweiligen Oszillationsgebiete kann es durch Eisschmelzen und Wieder-Vorstoßen des Eisrandes zur Verdoppelung und weiteren Vervielfachung der glazialen Schichten - auch der Geschiebemergel - kommen, zu ähnlichen Profilen aber auch durch Verschuppungen und Schollenbildungen (s. Gripp, 1929 und später).

Das Exkursionsgebiet ist ein klassisches Gebiet für die Notwendigkeit der Beachtung **morphostratigraphischer** Gegebenheiten. Liedtke (1956 / 57) konnte nachweisen, daß Keilhacks (1899) einfache Verknüpfung der Pommerschen Haupteisrandlage mit dem südlich vorgelagerten Eberswalder Urstromtal nicht der Realität voll entspricht. Die von der Pommerschen "Haupteisrandlage" geschütteten Sander (hier Schorfheide-, Bugsin-, Ragöse- und Amtsweg- Sander) sind von der "Hauptterrasse" des Eberswalder Urstromtales (36 m ü. NN) erosiv angeschnitten mit Unterschneidungskanten von mehreren Metern; in diese Hauptterrasse münden die Sander der **Angermünder Staffel** (s. Karte III; Abb. 3. 2 - 1, Tab. 3. 2 - 2). Reste des Abflußniveaus der o. g. Sander findet man am Urstromtalsüdrand in der 47 - m - Terrasse westlich Spechthausen bei Eberswalde; erst von hier aus war in Richtung Westen ein Eberswalder Urstromtal zur Zeit der Maximalausdehnung im Pommerschen Stadium in Funktion.

Die 40 - m - Terrassenfläche bildet das Abflußniveau der Schmelzwässer der Parsteiner Staffel (Brose, 1978). Von den nördlich der Angermünder Staffel folgenden **Rückschmelzstaffeln** sind nur schmale Sanderrinnen zum Eberswalder Urstromtal erhalten, die Uecker-Staffel besaß wegen der vor ihr hoch aufragenden Gerswalder Staffel keinen Abfluß ins Vorland (Chrobok, Markuse & Nitz, 1982). Die auf der Oderinsel und NE Oderberg - Hohensaaten gut ausgebildete 32 m - und die 25 - 22 - m - Terrasse (vgl. Abb. 5. 4. 1. - 1, S. 78; 5. 7. - 3, S. 113) zeigen deutliche Schüttungsrichtungen nach Norden. Sie stellen Abflußbahnen von weiter im Osten anfallenden Schmelzwässern von jüngeren, in unserem Gebiet vom Weichsel 3 - Vorstoß (= Mecklenburger Stadium) **überfahrenen Eisrandlagen** dar. Dieser erneute Eisvorstoß mit einer eigenen Grundmoräne hat unser Gebiet nicht mehr erreicht (Rühberg, 1987; vgl. Karte 3. 2 - 1), seinen Rückzugsstaffeln verdanken wir aber den jüngeren Teil der ausgeprägten Terrassentreppen auf der Oderinsel und im Raum Hohensaaten, die durch das Netze - Randow - Urstromtal und das Odertal zu nördlicher gelegenen Abflußbahnen ("Haffstausee", Tollense -, Peene- und Strelasund-Urstromtäler) entwässerten (vgl. Tab. 3. 2 - 2).

Das **Weichsel - Spätglazial** beginnt nach heutiger Vorstellung mit dem **Meiendorf - Interstadial** vor ca. 12.800 Jahren (vgl. Tab. 3. 3 - 2), früher hatte man den Zeitabschnitt seit dem Eisabschmelzen von der Pommerschen Hauptendmoräne dazu gezählt. Im Exkursionsgebiet ist die tiefe Einschneidung (bis - 40 m NN) im Stolper Bogen des Unteren Odertales im Bölling als Folge der glazialeustatischen Meeresspiegelabsenkung bemerkenswert, der eine Aufschotterung mächtiger Oderkiessande folgte (Brose, 1972). **Meiendorf - Interstadial und Bölling - Interstadial** wurden früher nicht eindeutig unterschieden. Heute ist das dank der geringen Abweichung von nur ± 100 bis 200 Jahren bei Radiokarbondatierungen möglich.

Das **Bölling** ist wahrscheinlich nur eine Frühphase des **Alleröd - Interstadials** (Bock et al., 1985; Usinger, 1985). In Torfvorkommen ist das Alleröd pollenanalytisch abgegrenzt und darin der vulkanische **Laacher See - Tuffhorizont** als mm - dünnes Band nachgewiesen worden (Müller, 1965), so auch im Mudde - Torf - Profil von Serwest (westlich vom Parsteiner See), wo Müller (1967) eine lückenlose Pollenzonen - Abfolge von der Ältesten Dryas bis zur Jetztzeit nachweisen konnte. Zwischen Postluch und "Postdüne" SW Finow **verzahnen** sich diese **Alleröd - Tuffe mit Flugsanden**, die einen fossilen Boden dieser Zeit, den Finow-Boden, enthalten (Schlaak, 1993).

Tabelle 3. 2 - 2: Korrelation der Endmoränenstaffeln und Abflußniveaus im Weichsel - Kaltzteit im Raum Bad Freienwalde - Eberswalde - Parsteiner See - Unteres Odertal

(Zusammengestellt von Cepek, Stand 1993)

Klima-stratigraphie *Interstadial* bzw. **Stadial** mit entsprechender Grundmoräne	**Alter vor heute** (^{14}C)	**Eisrandlagen bzw. spätglaziale Bildungen** (limnisch / äolisch)	**Fluviale Bildungen** Urstromtäler (= **UT**) bzw. Terrassen (= **Terr.**) im Raum Neuenhagen - Hohensaaten --> Abflußrichtung im Gebiet (...) = keine Ablagerungen im Gebiet bekannt
	10.200		
Jüngere Dryas (Stadial)		Mudden & Torfe / Flugsand & Dünen	Sande & Schluffe
	11.200		
Alleröd - Interstadial		Torfe m.vulk. (Laacher See-)Tuff; Finow-Boden	Sande ?
	11.400		
Ältere Dryas (Stadial ?)		Mudden & Torfe	Oderkiessande von Stolpe --> N
	11.700		
Bölling - Interstadial		Mudden & Torfe	Erosion bis ca 40 m unter NN
	11.900		
Älteste Dryas (Stadial)		Schluffe, Mudden & Torf / Flugsand	4 - m - Terr.
	12.000		
Meiendorf - Interstadial		Im Exkursionsgebiet keine Bildungen bekannt	
	12.800		
Mecklenburger Stadium (W3 - Grund-moräne)		? ? Zinnowitzer Staffel Velgaster Staffel Franzburger Staffel Rosenthaler Staffel Penkuner Staffel	8 - m - Terr. --> N 10 - 12 - m -Terr. --> N 15 - m - Terr. --> N 18 - m - Terr. --> N (Randow UT --> S) (Randow UT --> S)
Interstadial ?		Im Exkursionsgebiet keine Bildungen bekannt	
Pommersches Stadium (W2 - Grund-moräne)		(Eisrandlagen von W3 - Vorstoß zerstört) Uecker-Staffel Gerswalder Staffel Zichow - Golmer St. Angermünder Staffel Parsteiner Staffeln I-III Pommersche Staffel	25 - 22 m - Terr. --> N 32 - m - Terr. --> N (Eberswalder UT) --> W (Eberswalder UT) --> W 36 - m-Terr. Ebers- --> W 40 - m-Terr. walder --> W 47 - m-Terr. UT --> W
Blankenberg-Interstadial (?)		Im Exkursionsgebiet keine Bildungen bekannt	
Brandenburger Stadium (W1 - Grund-moräne)	Max. Aus-dehng. 20.000 27.000	Eberswalder Staffel (Rheinsberger St.) Frankfurter Staffel (weitere ca. 7 Endmoränenstaffeln bis zur südlichen Maximalausdehnung)	Berliner UT; Haupt-Terr.->W ? Berliner UT ? Berliner UT; Höh.Terr. -->W (hier nicht differenziert) Baruther UT -->W

Quellen: Bock et al, 1985; Brose & Präger, 1983; Cepek,1993; Chrobok, Markuse & Nitz, 1981; Liedtke, 1956/7; Menke, 1992; Rühberg, 1987; Usinger, 1985

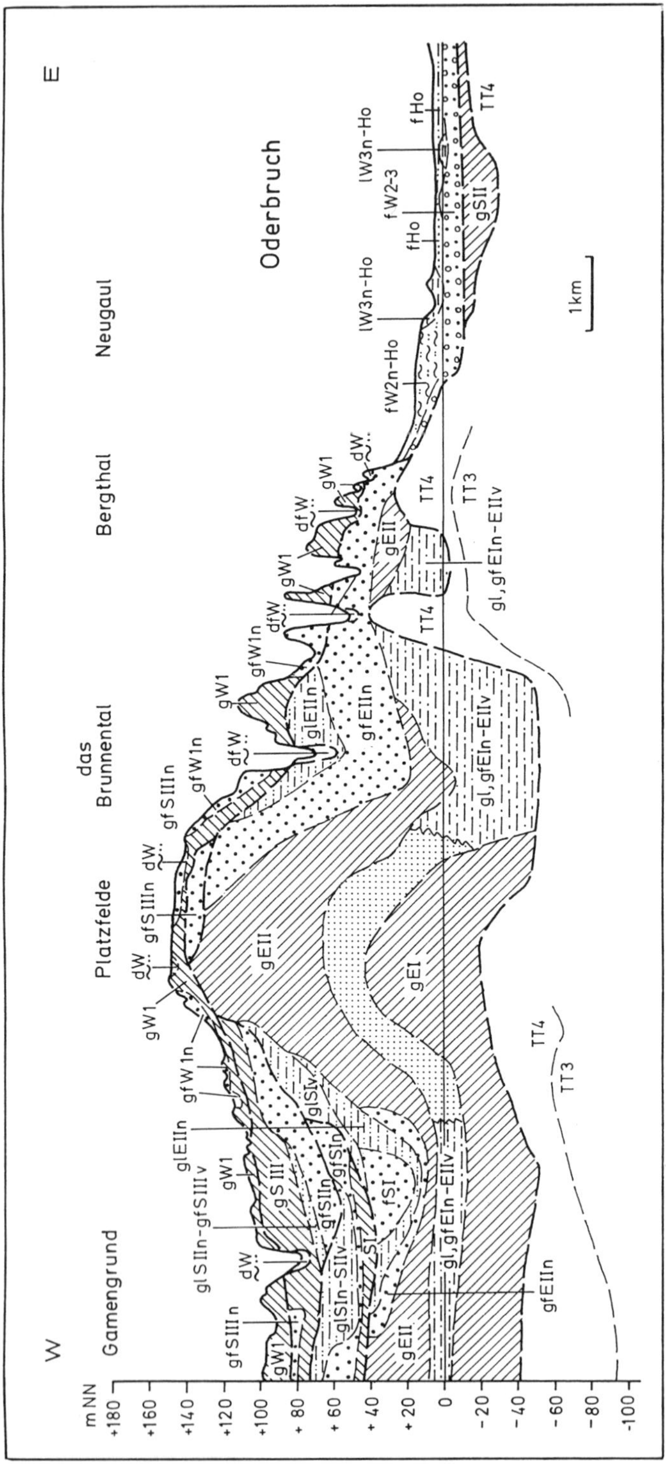
W
E
Gamengrund
Platzfelde
das
Brunnental
Bergthal
Neugaul
Oderbruch
m NN
+180
+160
+140
+120
+100
+ 80
+ 60
+ 40
+ 20
0
-20
-40
-60
-80
-100
gW1
gfSIII n
dW
glSIIn-gfSIII v
gW1
glEIIn
gfW1n
gW1
dW
gfSIIIn
gfSIIIn
gfW1n
dfW
gW1
gfW1n
dfW
gW1
dfW
gW1
dW
fW2n-Ho
lW3n-Ho
fHo
fW2-3
lW3n-Ho
fHo
gSIII
gfSIIn
glSIn-SIIv
SI
fSI
gfSIn
glSIn
glSIv
gEII
gl, gfEIn-EIIv
gfEIIn
gEII
gEI
TT4
TT3
glEIIn
gfEIIn
gl, gfEIn-EIIv
TT4
gEII
TT4
TT3
gl, gfEIn-EIIv
gSII
TT4
1km

Legende

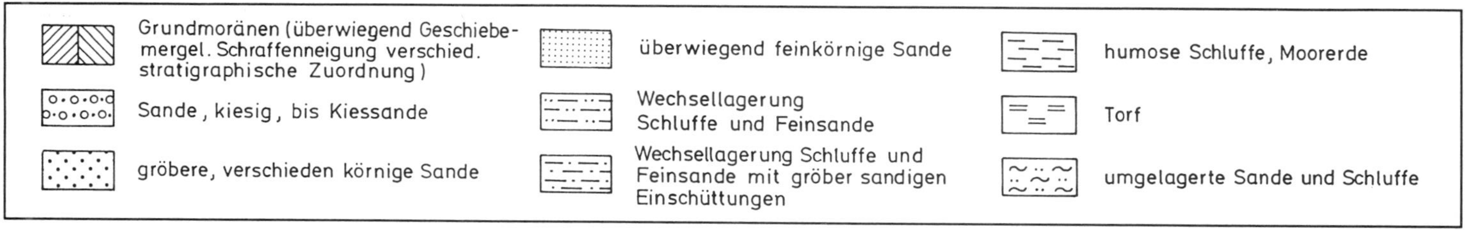

Abb. 3. 2 - 2: Geologischer Schnitt südlich Bad Freienwalde von den Freienwalder Höhen zur Oderaue (Abb. 3. 1 -1: Schnittlinienspur 2 - 2'). Man beachte im **Hochflächenbereich** die glazigene Aufpressung bis Aufschuppung der Schichten des Elster - Komplexes, den Erosionsrest von Saale I - frühglazialen Flußsanden (f SI), den kräftigen Abfall der pleistozänen Schichten zum Oderbruch, verbunden mit einer Erosionsdiskordanz über solchen des Elster-Komplexes; im **Oderbruch** Tiefenlage des SII-Geschiebemergels und eine Erosionsdiskordanz unter den W2-3- Flußsanden ("Talsande"); im **Hangbereich** von der Hochfläche zum Oderbruch: tiefe weichsel-periglaziale Zertalung (das Brunnental und östlich davon; s. Abschnitt 5. 10) (Ausschnitt aus der Lithofazieskarte Quartär 1 : 50 000, Blatt Wriezen von E. Heßmann, 1982; Geologische Symbole siehe Tabelle 3. 2 - 1; Beitrag Cepek / Zeichnung Amlow & Dunker)

[*Anmerkung des Herausgebers:* Ein Vergleich dieses Profiles mit dem in Abb. 3. 3 - 1 gezeigten Profil, dessen Schnittspur nur wenig südlich liegt, zeigt deutliche Unterschiede, die einerseits auf tatsächlich unterschiedliche Vorkommen und Lagerung der betreffenden Schichten auf kurze Entfernung, andererseits aber auch auf die jeweils unterschiedliche Informationsbasis, z. B. hier auf neuere Bohrungen, und drittens auf unterschiedliche Kriterien und Interpretationen der Autoren zurückzuführen sind.]

Tabelle 3. 2 - 3: Gliederung und wesentliche Ereignisse des Holozäns im Raum Bad Freienwalde - Eberswalde - Parsteiner See - Unteres Odertal (Zusammengestellt von Cepek, Stand 1993)

Klima-stratigraphie (Blytt, 1876, 1882; Sernander, 1909, 1910; Firbas, 1948; Jäger, 1969)		**Alter** Jahre vor heute (^{14}C)	**Pollen-zonen** (Firbas, 1949, 1952)	**Wälder**	**Klima**	**Ablage-rungen im Unteren Odertal** (Brose & Präger, 1983)
Sub-atlantikum (Nach-warme-zeit)	Jüngeres	250	X b	Kulturforsten	kühler, feuchter	Sande Auelehm
		1.100	X a	Eichenmischwald mit Rot- u. Weißbuchen-optima	Mittel-alterliche Wärmezeit	Sande (Erosion)
	Älteres	2.700	IX	Eichenmischwald mit Buchen	kühler, feuchter	Mudden & Torfe Auelehm
Subboreal (Späte Wärme-zeit)	Jüngeres= Subboreal i. e. S.	3.300	VIII	Eichenmischwald (gegen Ende beginnende Buchen - Ausbreitung)	ab-kühlend, mit trockene-ren Perioden	Sande (Erosion) Auelehm
	Älteres = Epi-atlantikum	5.000				
Atlantikum (Mittlere Wärmezeit)	Jüngeres	6.000	VII	Eichen-misch-wald mit Linde	warm und feucht, Klima-optimum	Mudden & Torfe; Schlick mit Pflanzen-resten
	Älteres	7.500	VI	Eichen-misch-wald mit Hasel mit Ulme & Linde		
Boreal (Frühe Wärme-zeit)	Jüngeres	8.500	V b	Kiefer mit Hasel-Maximum & Eichen-mischwald-Ausbreitg.	warm und trocken (konti-nental)	(Erosion)
	Älteres	9.000	V a	Kiefer mit Hasel		Sande
Präboreal (Vorwärmezeit)		10.200	IV	Birke & Kiefer mit wechselnder Dominanz	rasche Erwärmung kühl	(Erosion) Mudden & Torfe
Jüngere Dryas (Stadial der Weichsel - Kaltzeit; s. Tabelle 3. 2 - 2)			III	Parktundra	kalt (subark-tisch)	Sande & Schluffe

Holozän

Die sich im Präboreal rasch ausbreitende **Vegetation** (zunächst dichte Kiefern- und Birkenwälder, im Boreal Einwanderung von Laubbäumen, vgl. Tab. 3. 2 - 3) **legte die riesigen Sanderflächen** aus der Abschmelzphase der letzten Vereisung rasch **fest**. Jüngere Flugsandverwehungen und Dünenbildungen konnten nur dort entstehen, wo infolge natürlicher Kräfte (z. B. Waldbrand) oder durch den Menschen (Rodung) wieder ungeschützte Sandflächen zur Verfügung standen.

Mit der sich rasch durchsetzenden Erwärmung **schmolzen** die letzten begrabenen **Toteisblöcke** und ließen mit den vielen **Glazialseen** in dieser Landschaft zahlreiche limnische Sedimentationsräume entstehen. Am Rande dieser Seen und Niederungen entstanden in **unterschiedlichen Moortypen** (Succow &

Jeschke, 1986) ausgedehnte Torfvorkommen. Eine intensive warmzeitliche **Bodenbildung** veränderte die oberflächig ausstreichenden Gesteine (s. Abschnitt 3. 5). Die das Exkursionsgebiet charakterisierenden größeren Höhenunterschiede haben auch im Holozän zu fluvialer Erosion und Ablagerung von Abschlämmassen und Schwemmkegeln, insbesondere im niedrig gelegenen Odertal, geführt. Dabei wurde das weichselperiglazial entstandene Trockentalnetz (s. Abschnitt 5. 10) aber nicht wesentlich verändert. Im breiten Strombett der Oder wechselten Akkumulation und Erosion (Brose & Präger, 1983; s. Abschnitt 7, S. 152); auch die Eindeichung hat noch nicht vollends zur Stabiliesierung geführt (vgl. Tab. 3. 2 - 3).

Das **Klimaoptimum** der holozänen Warmzeit war im Atlantikum. Zu dieser Zeit erreichte der glazialeustatisch bedingte Meeresspiegel der Ostsee seinen Höchststand (Litorina-Transgression in mehreren Phasen; Kliewe, 1983). Im Exkursionsgebiet führte der dadurch bedingte Rückstau im Odertal zur Bildung des Oderberger Sees (vgl. Karte III).

In den jüngeren Abschnitten des Holozäns ist der **Mensch** als geologischer Faktor, als verändernde Kraft, wirksam: Durch Rodung, Mühlenstaue, Kanalbauten, Melioration, Rohstoffgewinnung und Verkehrsbauten beeinflußt er zunehmend das rezente Akkumulations- und Erosionsgeschehen (vgl. Abschnitt 7).

3. 3 Struktur
von Martin Hannemann

3. 3. 1 Vorbemerkung

Nach der Vorstellung des Formenschatzes der glazialen Serie in Abschnitt 3. 1 und seiner genetischen Deutung, die in Abschnitt 3. 2 vertieft ist, werden hier zunächst die entsprechenden Ablagerungen lithologisch, dann deren Lagerungsverhältnisse angesprochen.

3. 3. 2 Ablagerungen

Am meisten treten im Untergrund des Exkursionsgebietes, wie generell im norddeutschen Vereisungsgebiet, die quartären Ablagerungen **Geschiebemergel** sowie **glazifluviatile** und **glazilimnische Bildungen** auf.

Das **Gletschereis** als Gesteinsbildner formt seine Ablagerungen anders als das fließende oder stehende Wasser und anders als der Wind: Der Gesteinsschutt wird nicht nach der Korngröße getrennt; es fehlt ihm die Schichtung. Die Grundmoränen enthalten daher ein Sediment mit allen Komponenten von den kleinsten Korngrößen bis zum größten Findlingsblock, den **Geschiebemergel**. Unter dem Einfluß der Scherbewegungen im Gletschereis orientieren sich die Längsachsen der Geschiebe parallel zur Eisbewegung, eine Erscheinung, die in der Glazialforschung mit zur Rekonstruktion der örtlichen Gletscherfließrichtung verwendet wird.

Vor den Gletscherrändern entstanden durch Auswaschungen aus dem Moränenmaterial **glazifluviatile Ablagerungen,** mehr oder weniger große und mächtige, meist geschichtete und innerhalb der Schichten gut sortierte Sand- und auch Kies-Schotter-Körper, die Sander. Die abfließenden Schmelzwässer vereinigten sich in Tälern ("Urstromtäler"), flossen generell in südlicher und westlicher Richtung ab, und erreichten im Raum der damals anders figurierten Nordsee das Meer. Auch diese glazifluviatilen Ablagerungen - wiederum Sand-, Kies- / Schotterkörper - in den Urstromtälern erreichen große Verbreitung und Mächtigkeiten. Die jüngeren (weichselkaltzeitlichen) Sander- und Urstromtalbildungen treten auch im Exkursionsgebiet auf und sind geomorphologisch abgrenzbar.

Glazilimnische Ablagerungen sind in Gletscherseen abgelagerte, meist gut geschichtete Tone, Schluffe und Feinsande.

3. 3. 3 Lagerungsverhältnisse

Ungestörte Lagerung

Im Exkursionsgebiet lagern lediglich die oberflächennah und im allgemeinen geringmächtigen **holozänen Bildungen** und die **periglazialen Schwemmkegelbildungen** sowie der größte Teil der weichselkaltzeitlichen Ablagerungen söhlig. Söhlig lagernde weichselkaltzeitliche Ablagerungen gibt es fast nur in Niederungen als Talsande: im Eberswalder Urstromtal einschließlich Oderbruch, im Gebiet der Neuenhagener Insel, im Raum Hohensaaten und in geringer Ausdehnung am westlichen Oderbruchrand (Wriezener Terrasse). Sie sind hier glazigen ungestört und erreichen Mächtigkeiten bis etwa 20 m.

Weichselkaltzeitliche Sande unterschiedlicher Entstehung bedecken die höher gelegenen Gebiete recht unvollkommen; sie fehlen vielfach oder sind nur geringmächtig. Weichselkaltzeitlicher **Geschiebemergel** ist ebenfalls vergleichsweise geringmächtig ausgebildet bzw. lückenhaft erhalten. Er wie die zugehörigen Vor- und Nachschüttsande liegen hier entweder söhlig oder folgen stark den Konturen der Geländeoberfläche.

Störungen der ursprünglichen Lagerungsverhältnisse

Ursprünglich lagerten auch die älteren Sedimente des Quartärs (saalekaltzeitlich und älter) und zum Teil des Tertiärs **söhlig** oder annähernd söhlig. Heute weichen sie im Exkursionsgebiet meistens in ihrer Lagerung von der Horizontalen ab, sind also **vielfältig gestört** (s. Abb. 3. 3 - 1).

Das ist nicht (wie verbreitet in Gebirgen mit anstehendem Festgestein) das Ergebnis tektonischer (= innenbürtiger) Vorgänge, sondern das **Resultat glazigener Dynamik**, d. h. gletscherbedingter Bewegungen im Verlauf der verschiedenen quartären Vereisungen. Dabei führen **plastische Verformungen** zu Faltungen der Schichten, **starre Verformungen** mit Störungsflächen zu Auf-, Ab- und Überschiebungen und zu Schollen. Häufig treten beide Arten der Verformung nebeneinander auf.

Gebiete mit gestörten Lagerungsverhältnissen sind im Exkursionsgebiet weit verbreitet; die Störungen sind hier besonders intensiv, aber auch im ehemals vergletscherten Norddeutschen Tiefland sowie in westlich und östlich angrenzenden Gebieten häufig zu finden. Die **Störungen verlaufen nicht** oder meistens nicht **konform mit geomorphologischen Elementen**, sie sind nicht mit dem Kräfteplan der letzten Vereisung zu verbinden. Gelegentliche Konformität zwischen Gletscherrandlagen oder Endmoränen einerseits und Strukturverlauf anderseits lassent nicht zwangsläufig auf die Entstehung während ein und derselben Vereisung schließen. Die Lagerungsverhältnisse sind kompliziert und nur über Bohrungen und Detailuntersuchungen zu ermitteln.

Tektonische Ursachen oder Einflüsse auf die Intensität und Lage der Stauchungen werden nach wie vor diskutiert. Es können die tiefreichenden, im Nordwesten des Exkursionsgebietes vorhandenen quartären Ausräumungen ferner die Nord-Süd verlaufenden glazigenen Stauchungen sowohl in ihrer Richtung wie auch in ihrer Intensität durch reliefwirksame endogen-tektonische Hebungen am Ende des Tertiärs vorgezeichnet oder (und) beeinflußt worden sein. Dafür sprechen aus dieser Zeit nachgewiesene regionaltektonische Einheiten mit unterschiedlicher Hebungs- und Abtragungsintensität (Ahrens, Lotsch & Schwab, 1982).

Im Nordwesten (Raum Eberswalde - Parsteiner See) erreichen die quartären Schichten in tiefreichenden **Ausräumungszonen** Mächtigkeiten bis zu 180 m (Hannemann, 1964). Im Südosten (Raum Bad Freienwalde - Wriezen) sind sie bedeutend geringmächtiger; in einigen Gebietsteilen fehlen quartäre Ablagerungen gänzlich. Die quartären Ausräumungszonen sind im gesamten ehemals vergletscherten Gebiet des norddeutschen und polnischen Flachlandes verbreitet. Den "nur" **bis rund 180 m mächtigen pleistozänen Ablagerungen** im Exkursions-

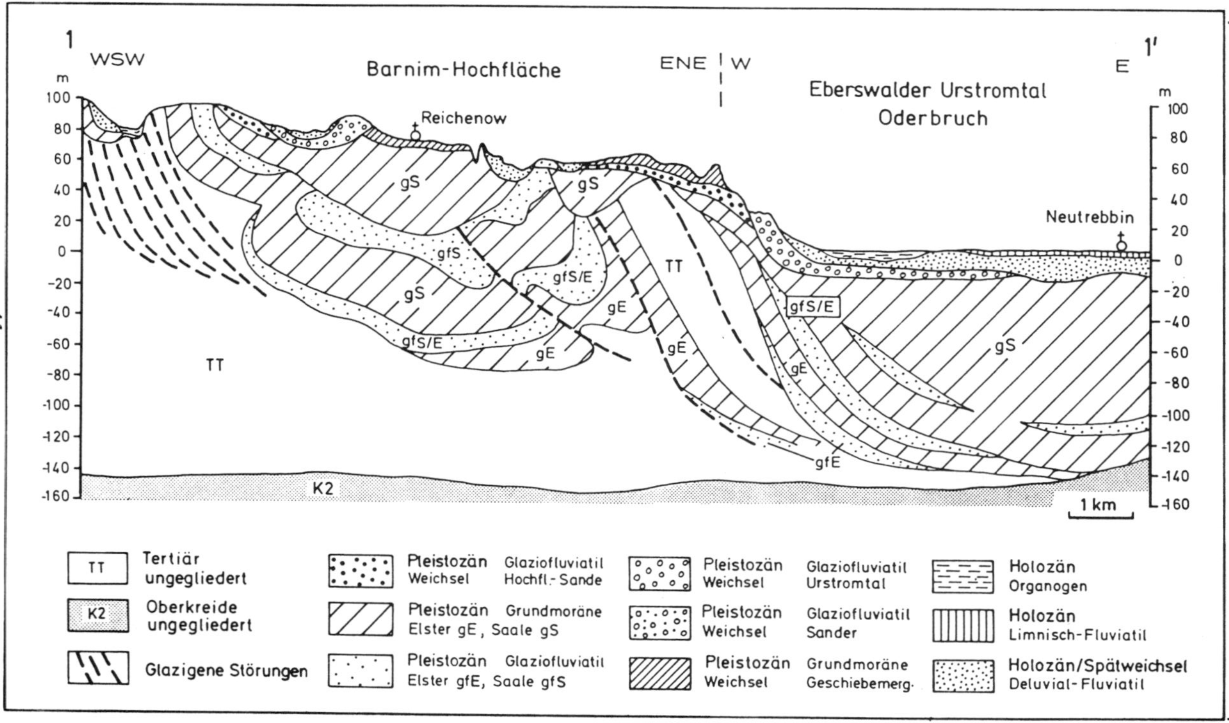

Abb. 3. 3 - 1: Vereinfachter Schnitt von der Barnim - Hochfläche in das Eberswalder Urstromtal (Odertal) südlich von Bad Freienwalde (Schnittlinienspur 1 - 1' in der Höhenschichtenkarte Abb. 3. 1 - 1).

Man erkennt deutlich die Tertiärscholle inmitten deformierter Pleistozänschichten. Zu beachten ist hier, daß weichselzeitliche Ablagerungen nicht mehr in die Deformation mit einbezogen waren.

Man beachte, daß die Lagerungsverhältnisse sich auf kurze Entfernung erheblich unterscheiden können.

(Beitrag Hannemann / Zeichnung Dunker)

gebiet stehen in anderen Gebieten (insbesondere Brandenburgs und Norddeutschlands) maximale Mächtigkeiten um 500 m gegenüber.

3. 4 Hydrogeologie und Wasserversorgung von Martin Hannemann

Die **Niederschlagsverhältnisse**, die **Sickereigenschaften** der oberflächennahen Bodenschichten, der **geologische Aufbau** des Untergrundes sowie die **Grundwasserchemie und - fließrichtung** bestimmen zusammen die hydrogeologischen Verhältnisse.Von ihnen hängt u. a. die Menge des konzentriert und ständig gewinnbaren Grundwassers ab. Mögliche Förderungen, Fassungsstandorte sowie ökologische Unbedenklichkeit müssen durch aufwendige hydrogeologische Erkundungsmaßnahmen nachgewiesen werden.

Im **quartären Untergrund** des Raumes Bad Freienwalde - Parsteiner See treten grundwasserleitende Schichten (Sand, Kies) und grundwasserstauende Schichten (Geschiebemergel, Ton , Schluff) etwa zu gleichen Anteilen auf. Der Geschiebemergel ist unter den grundwasserstauenden Schichten am meisten vertreten. Weil er verhältnismäßig sandig ausgebildet und häufig geklüftet ist, ist er zwar schwer-, aber nicht wasserundurchlässig. Für die Grundwasserneubildung hat das große Bedeutung. Weitgehend undurchlässig sind dagegen Tone (vgl. Abschnitt 4. 3).

Etwa am Westrand des Gebietes verläuft die **Hauptwasserscheide** Elbe / Oder, die auch etwa der Hauptgrundwasserscheide entspricht. Der Raum Bad Freienwalde - Parsteiner See selbst liegt im Einzugsgebiet der Oder. Er gehört zu den niederschlagärmsten Gebieten Deutschlands: um 550 mm/a, im Oderbruch lediglich etwa 500 mm/a. Das nur schwach ausgebildete **Gewässernetz** - soweit es nicht meliorativ entstanden bzw. verändert wurde (z. B. im Oderbruch) - entspricht der im Jungmoränengebiet typischen Jugendlichkeit der Landschaft: die Flüsse haben einen unregelmäßigen Lauf und ein unregelmäßiges Gefälle, benachbarte Seen zeigen sehr unterschiedliche Spiegelwerte.

Die für die Wasserversorgung bedeutungsvollsten **Grundwasserleiter** sind wechselnd, aber im wesentlichen durchgehend mit wasserstauenden Schichten bedeckt und gehören in die Saale-Kaltzeit (SI und SII). Elsterkaltzeitliche Sande sowie Sande aus dem Liegenden des Quartärs (miozäne Quarzsande) sind weniger in die Nutzung einbezogen. Die Lagerung dieser älteren quartären wie auch vielfach der tertiären Schichten ist vor allem infolge glazigener Beanspruchung ungewöhnlich wechselhaft. Die **geologischen Schichtenfolgen ändern sich auf kurze Entfernungen** hin; eine Grundwasser-Stockwerksgliederung ist deshalb nur in sehr beschränktem Maße möglich.

Im Bereich des Eberswalder Urstromtales bilden die **weichselkaltzeitlichen** Talsande (bis etwa 28 m mächtig) und im nördlichen Oderbruch die weichselkaltzeitlichen bis holozänen Tal- und Beckensande ein oberstes unbedecktes bis halbbedecktes Grundwasserstockwerk. Im tieferen Untergrund des Oderbruchs lagert mächtiger Geschiebemergel; nutzbare Grundwasserleiter fehlen hier.

Alle **saalekaltzeitlichen** und jüngeren Grundwasserleiter im Raum Bad Freienwalde - Parsteiner See führen - soweit heute bekannt - Süßwasser. Salzwässer (> 1000 mg / l Cl) treten in größerer Tiefe, insbesondere im Liegenden des ungestörten mitteloligozänen Rupeltons auf. Nur bei konzentrierten unvertretbar hohen Grundwasserentnahmen besteht die Gefahr des Salzwasseraufstieges.

Im **gesamten Gebiet** ist nicht nur die ältere quartäre, sondern auch die tertiäre **Lockergesteinsfolge durch Gletscherschub verformt** und z. T. verlagert. Die tiefreichenden Falten und Überschiebungsflächen streichen hauptsächlich N - S und sind auf eine E - W gerichtete Gletscherbewegung zurückzuführen. Demzufolge sind Grundwassereinzugsgebiete größtenteils geologisch und nur z. T. hydraulisch begrenzt. Das beste Beispiel hierfür gibt das Wasserwerk Bad Freienwalde

(s. Abb. 4. 3 - 1 und 2 in Abschnitt 4. 3).

Weitere größere Wasserwerke mit derzeitigen Fördermengen zwischen 4.000 und 10.000 m^3 pro Tag befinden sich erst in der Umgebung, nämlich in Eberswalde (WW I und WW II) und in Wriezen. Sie versorgen nahegelegene Ortschaften z.T. mit. Im Eberswalder Urstromtal und im Oderbruch werden die **weichselkaltzeitlichen bis holozänen Sande** für örtliche Wasserversorgungen genutzt (häufig Einzelbrunnen). Vor allem wegen hoher Eisengehalte und / oder wegen erfolgter oder drohender anthropogener Kontaminationen erfolgt die Versorgung zunehmend von den größeren Wasserwerken Bad Freienwalde, Eberswalde und Wriezen aus.

Die **Qualität des Grundwassers** entspricht den Erfahrungswerten im Norddeutschen Tiefland. Das Wasser ist überwiegend mittelhart bis hart. Die meist auftretenden Eisen- und Mangangehalte sind das Ergebnis von Wechselwirkungen mit organischen Stoffen (extrem hoch im Oderbruch); sie sind jedoch hygienisch unbedenklich und in Wasserwerken durch Belüftung im Zuge der Wasseraufbereitung i. a. leicht zu entfernen. Erhöhungen von Ammonium und anderer Stickstoffverbindungen sowie des CSV - Mn (chemischer Sauerstoffverbrauch, Maß für organische Inhaltsstoffe) haben ihre Ursache teils in geogenen Einflüssen, teils aber in bedenklichen anthropogenen Kontaminationen.

Insbesondere aufgrund unsachgemäßer Düngung, konzentrierten Gülleauftrags, fehlender oder unzureichender Abwasserbehandlung, aber auch infolge von Schadstoffhavarien verschiedener Art gibt es zahlreiche, mehr oder weniger lokale **Grundwasserkontaminationen**. Ihrer Beseitigung bzw. Beherrschung muß in Zukunft viel Aufmerksamkeit gewidmet werden.

3. 5 Böden

(s. Karte II, eingelegt vor S. 9)

von Dietrich Kopp

Die **Bodenkarte** ist räumlich und inhaltlich ein Auszug aus der Naturraumkarte 1 : 100.000, Blatt Eberswalde. Darin hat neben den Naturraumkomponenten Klima, Relief und Substratwasser (sowie Vegetation) der Boden eine beherrschende Stellung. Die in der Karte abgebildeten Areale sind **Bodenmosaike**, d. h. gesetzmäßige **Vergesellschaftungen von Bodenformen**. Jedes Areal wird durch eine fünfstellige Arealnummer bezeichnet und durch ein Symbol für den Haupttyp des Bodenmosaiks. Das Symbol für den Haupttyp des Bodenmosaiks wird am Kartenrand erklärt; auf diese Haupttypen bezieht sich die nachfolgende Erläuterung. Die Arealnummer vermittelt zu einem Legendenband, in dem arealweise eine Feinkennzeichnung des Naturraummosaiks und somit auch des Bodenmosaiks enthalten ist. Diese Feinkennzeichnung entfällt aber hier.

Beherrschend im Kartenausschnitt sind die **Bodenmosaike der weichselkaltzeitlichen Grund- und Endmoränen:**

- anhydromorphe **Sand- Geschiebelehm - Mosaike** (Symbol SL) mit Sand - Braunerde, Sand - Bänderbraunerde und Tieflehm - Fahlerde als Leitbodenformen;

- anhydromorphe **Geschiebelehm - Sand- Mosaike** (Symbol LS) mit Tieflehm - Fahlerde, Lehm - Fahlerde, Sand - Bänderbraunerde und Sand - Braunerde als Leitbodenformen.

In geringem Anteil sind eingestreut:

- anhydromorphe **Sand - Mosaike** (Symbol S) mit Sand - Braunerde und Sand-Bänderbraunerde als Leitbodenformen;

- anhydromorphe **Geschiebelehm - Mosaike** (Symbol L) mit Lehm- und Tieflehm - Fahlerde als Leitbodenformen (mit nur einem Areal).

Die genannten Haupttypen des Bodenmosaiks sind verknüpft mit den Haupttypen des Reliefmosaiks "**in flachen Platten**", die im wesentlichen den Grundmoränenebenen entsprechen, "**im Kuppenrelief**", die der kuppigen Grundmoräne entsprechen sowie mit "**Vollrelief**", dem Reliefmosaik der Endmoräne. Primär natürlich, d.h. vor wesentlichen Eingriffen des Menschen (etwa vom Neolithikum an) befinden sich - mit Ausnahme hydromorpher Senken und Entwässerungsbahnen - alle Böden in Substraten mit periglazialer Oberfläche. Die zuvor genannten **Leitbodenformen** haben ihre **wesentlichen Merkmale** bereits im Dauerfrostbodenmilieu am **Ende des Spätglazials** erhalten (Kopp,1970; Kopp & Jäger,1972). In ununterbrochen bewaldeten Naturraumteilen sind diese primär natürlichen Bodenmosaike erhalten geblieben, auch an stärker geneigten Oberflächen im Kuppen- und Vollrelief. Dagegen hat sich in entwaldeten Naturraumteilen, besonders im Kuppen- und Vollrelief, eine extraperiglaziale Überformung vollzogen mit Abtrag von den Kuppen und an Hängen und mit Auftrag von Bodensediment in den Mulden und anderen Zufuhrlagen. In den Abfuhrlagen sind durch Kappung Sand-Rumpfrosterde oder Lehm-Rumpffahlerde entstanden, bei starker Kappung sogar Sand-Ranker (oder Kalksand-Ranksina) oder Kalklehm-Rendsina. Die Zufuhrlagen tragen Klocksand - , selten Klocklehm - Kolluvialerde über begrabenen primär natürlichen Böden der periglazialen Oberfläche. Besonders wenn die begrabenen Böden Lehmsubstrat haben, ist die aufgelagerte Kolluvialerde meist halbhydromorph und wird als Staugleykolluvialerde kartiert.

Je bewegter das Reliefmosaik um so größer ist die Anzahl eingesprengter hydromorpher Mineralböden und Moorböden in Senken und Entwässerungsbahnen. Die Bodenmosaike des Pommerschen Stadiums der Weichsel - Kaltzeit sind lithochemisch etwas reicher als sonst substratgleiche Mosaike des Brandenburger Stadiums. Sonst zeigen sich keine stadienspezifischen Unterschiede. Das bioökologische Potential der Bodenmosaike in den weichselkaltzeitlichen Grund- und Endmoränen ist, abhängig vom Lehmanteil, gut bis mittel.

Einen erheblichen Anteil haben die Bodenmosaike der **Sander und Beckensande**. Sie sind anhydromorphe Sand-Mosaike in flachen Ebenen. Leitbodenformen sind Sand-Braunerde, Sand-Bänderbraunerde, teilweise außerdem Grand-Braunerde. Primär natürlich, d.h. an periglazialen Oberflächen, haben auch hier alle Leitbodenformen ihre wesentlichen Merkmale im periglazialen Milieu des Spätglazials erhalten. Der Anteil extraperiglazial überformter Böden ist wegen des flachen Reliefs auch in unbewaldeten Naturraumteilen gewöhnlich nur gering. Das bioökologische Potential liegt vorwiegend in der mittleren Stufe.

Einen ähnlich erheblichen Anteil haben die Bodenmosaike der **höheren Talsandterrassen** im Eberswalder Urstromtal, einschließlich des Areals 39008 auf der Oderterrasse bei Hohensaaten (Diese wie die folgenden Areal-Nummern beziehen sich auf Karte II). Das Bodenmosaik wird einseitig von der Sand - Braunerde als Leitbodenform beherrscht. In den Arealen 38077 und 39008 kommen mit wesentlichem Anteil Grand-Braunerden hinzu.

Die zuvor genannten Leitbodenformen entstammen dem periglazialen Grundrelief. In **extraperiglazial überformten Teilen** herrscht der Sand - Ranker verbunden mit kupstigem Relief vor, in Abtragslagen als Neubildung in gekapptem Sandsubstrat, in Zufuhrlagen über begrabenen Böden des periglazialen Grundreliefs. Das bioökologische Potential liegt im Bereich "mittel" bis "ziemlich arm".

In größeren **Senken der Grund- und Endmoränen** sind Mosaike, in einem Fall auch ein hydromorphes Mineralbodenmosaik, zu finden. Das letztgenannte ist das Areal 38108 mit einem stark hydromorphen Sand-Mosaik in einer Moräneneinsenkung innerhalb eines Sand - Geschiebelehm - Mosaiks (Areal 38107). Leitbodenformen sind Sand - Humusgrundgley, Sand - Grundgleypodsol und Sand - Grundgleybraunerde. Das Mosaik führt flurnahes Grundwasser nach geringer Entwässerung. Das bioökologische Potential ist infolge guter Wasserversorgung bei mittlerer Nährkraft ziemlich hoch. Gewöhnlich sind die abzugslosen Senken aber mit Moormosaiken, Verlandungs- und Kesselmooren, ausgefüllt. Die meisten

Moormosaike sind entwässert und haben somit Wald als rezent natürliche Vegetation. Nur das Plagefenn (Areal 38080) ist noch annähernd im primär natürlichen Status mit einer offenen Vegetation. Das bioökologische Potential ist je nach Nährkraft hoch bis gering.

Hydromorph sind die Bodenmosaike auch in den **niederen Talsandterrassen**. Innerhalb des Kartenausschnittes sind dies überwiegend **Moormosaike** als Verlandungsmoor (38074), Versumpfungsmoor (38094) und Durchströmungsmoor (38096). Westlich außerhalb des Kartenausschnittes kommen außerdem voll- und stark hydromorphe Sand-Mosaike in Jungniederungen vor. Alle diese Bodenmosaike haben eine extraperiglaziale Oberfläche; es fehlen die periglaziale Perstruktionsserie und die braunerdeartigen Böden als Merkmale des periglazialen Grundreliefs. Das bioökologische Potential ist vorwiegend hoch.

Die letzte Gruppe sind die **Bodenmosaike der Oderaue**. Im Areal 39017 ist es ein mäßig hydromorphes **Auenlehm - Mosaik,** im Areal 38100 ein stark hydromorphes. Das an das Durchströmungsmoor des Finowtales anschließende Areal 38099 ist ein Überflutungs-Durchströmungsmoor, das von Überflutungswasser der Aue in Verbindung mit dem Drängewasser der einfassenden Moränen gespeist wurde. Alle Böden sind erst im extraperiglazialen Milieu des Holozäns entstanden, und alle haben ein hohes bioökologisches Potential.

Betrachtet man **zusammenfassend** die **Hydromorphiegrade** der Bodenmosaike in ihrer **geomorphologischen Bindung**, so bedecken die anhydromorphen Mosaike die Grund- und Endmoränen sowie die Sander und höheren Talsandterrassen. Ihrer primär periglazialen Oberfläche entsprechend tragen sie primär Braunerde, Bänderbraunerde und Fahlerde in periglazialer Perstruktionsserie als Merkmale ihrer Entstehung im periglazialen Milieu. Hydromorphe Bodenmosaike einschließlich der Moormosaike füllen die Senken der Moränen, die Entwässerungsbahnen, die niederen Terrassen im Talsand und die Auen. Alle diese Böden sind an extraperiglaziale Oberflächen des Holozäns gebunden, und sie zeigen daher keine Merkmale periglazialer Entstehung.

4 Exkursionsziel Tertiär: Die Tertiärscholle von Bad Freienwalde

4. 1 Lithologie und Struktur

von Alexander Hultzsch

4. 1. 1 Einführung: Lokalität, Morphologie, geologische Situation

Die Aufschlüsse liegen im NE des Landes Brandenburg, im Großkreis Barnim und im Landschaftsschutzgebiet Bad Freienwalde. Man findet sie auf dem Meßtischblatt 3250 - Bad Freienwalde (s. Abb. 4. 1 - 1). Die Typuslokalität ist über die B 167 von Bad Freienwalde in Richtung Eberswalde zu erreichen.

Das Landschaftsbild wurde hier zunächst durch reliefwirksame Formenelemente glazifluvialer und glazialer Prozesse gegliedert; die Austiefung der in das vorgelagerte Oderbruch entwässernden Systeme setzte sich später in fluvialer Form fort.

Besondere geologische Bedeutung erreichen die hier in den weichselkaltzeitlichen Schichtenkomplex des Barnim - Plateaus infolge glazigener Dynamik eingelagerten Tertiärschollen. Der bei Bad Freienwalde anstehende Schollenkomplex liegt am NE-Rand des Barnim-Plateaus; der Hochfläche ist nördlich die Niederung des Oderbruchs vorgelagert. Das Oderbruch - und hier speziell das Niedere Oderbruch - gehört zum System des Thorn - Eberswalder Urstromtales und folgt einem alten Lineament des Grundgebirges.

Unter vielen auf dem Barnim-Plateau bekannten Schollen fand bereits seit langem das Vorkommen von Septarienton bei Bad Freienwalde Beachtung; der Ton wurde frühzeitig als Basis einer keramischen Produktion genutzt. Besonders angesichts der großen Mächtigkeiten folgerte Wahnschaffe (1908): "Wenn der Septarienton, wie das durch die Aufschlüsse bewiesen wird, durch den Druck des vorrückenden Inlandeises herausgepreßt und als überkippte, liegende Falte auf den Diluvialsand überschoben wurde, so müssen die überlagernden Tertiär- und Diluvialschichten bei der Durchstoßung seitlich ausgewichen und in Sättel und Mulden zusammengeschoben sein."

Spätere Untersuchungen mit lagerstättengeologischer Aufgabenstellung modifizierten dieses System der glazigenen Dynamik und begründeten damit eine tragfähige Vorratsberechnung.

4. 1. 2 Geologische Arbeitsergebnisse / Normalprofil

Die im SSW-NNE streichenden Schollenkomplex anstehenden Septarientone gehören stratigraphisch zum Oberen Mitteloligozän und entsprechen den oberen Stufen des Rupels.

[*Anmerkung des Herausgebers:* Mit "Septarienton" und "Rupelton" wird hier die gleiche Schicht bezeichnet: "**Septarienton**" ist die lithologische Bezeichnung für einen Ton mit linsenförmigen Mergelkonkretionen, die innen Schrumpfrisse aufweisen; derartige Tone kommen zu unterschiedlichen Zeiten in der Erdgeschichte immer wieder einmal vor; "**Rupelton**" dagegen bezeichnet eine Tonschicht, die während eines bestimmten Zeitabschnittes des Tertiärs abgelagert wurde.]

Die Bohrung von Wendtshof, die 2 km NNE des Schollenvorkommens von Bad Freienwalde in der Niederung des Oderbruchs bei 5 m ü. NN niedergebracht wurde (s. Abb. 5. 4. 1 - 1), zeigt folgendes Profil:

0 - 3,1 m	Torfe, Mudde
- 46,5 m	Talsande
- 180,5 m	Septarienton

.... (Die Bohrung wurde bei 613,4 m im Mittleren Keuper eingestellt.)

(Fortsetzung S. 50)

Tabelle 4. 1 - 1: Normalprofil für den Raum Bad Freienwalde nach Wahnschaffe (1908)	
Moostorf, Torf, Moorerde, Moormergel,	Holozän
Schlick, Flußsand, Abschlämmassen	Holozän
Besonders im Ausfluß des Hammertales sind die Abschlämmassen durch Abtragungsreste des Septarientones angereichert. Rohstoffliche Untersuchungen wiesen die Verwendbarkeit dieser Fazies der Abschlämmassen zur Herstellung von Porensinter nach. Die Untersuchungsarbeiten führten zur Abgrenzung einer Lagerstätte.	
Talsand innerhalb der Hochfläche	Pleistozän
Sande	Pleistozän
Geschiebemergel	Pleistozän
Sande/Kiessande	Pleistozän
Geschiebemergel	Pleistozän
Braunkohlenton, Kohlenletten	Miozän
Zu dieser Stufe gehört der Alaunton, der als "bituminöser", brauner Ton mit einzelnen Schwefelkiesen ausgebildet ist. Der Alaungehalt wird mit 5% angegeben. Die Mächtigkeit dieses Schichtgliedes erreicht durchschnittlich 5 m.	
Braunkohle Die im Normalprofil anstehende Braunkohle ist entsprechend ihrer märkischen Fazies in mehrere Flöze zerschlagen.	Miozän
Glimmersand (feiner Quarzsand - Formsand) Die Glimmersande sind deutlich geschichtet.	Miozän
Grober Quarzsand	Miozän
Die Abfolge zeichnet sich durch milchweiße Quarzsande und Kiese aus, die teilweise durch organische Substanz bräunlich gefärbt sind ("Kohlensande").	
Meeressand (Glimmersand)	Oberoligozän
Der Meeressand zeichnet sich durch einen hohen Quarzanteil aus. Er führt keine Fossilreste und überlagert am Kaninchenberg unmittelbar und dem Normalprofil entsprechend den Stettiner Sand. Das Normalprofil wurde durch Erkundungsbohrungen im Jahr 1953 gesichert.	
Grober Quarzsand	Oberoligozän
Stettiner Sand	Mitteloligozän
Glaukonitisiert, schalige Toneisensteinbänke grünlich gefärbt.	
Septarienton = Rupelton	Mitteloligozän
Der Septarienton enthält, teilweise schichtig eingelagert, Septarien mit Durchmessern bis zu 1 m sowie Schwefelkiesknollen, die später teilweise zu Gips umgesetzt wurden.	

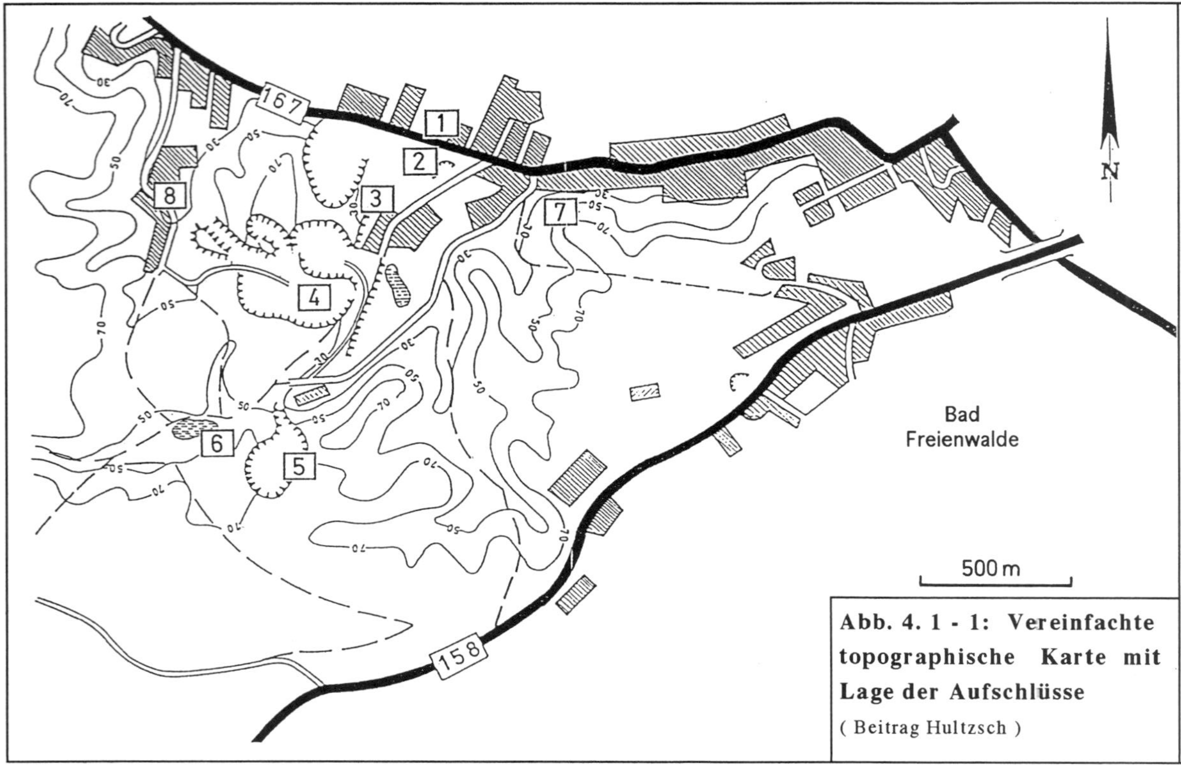

Abb. 4. 1 - 1: Vereinfachte topographische Karte mit Lage der Aufschlüsse
(Beitrag Hultzsch)

1. **Stillgelegte Kirchziegelei** mit Ringofenanlage
2. **Bauende Sandgrube Kaninchenberg** Oberoligozäne Sande unter glazifluvialer Sandabfolge mit Steinsohle (Abb. 4. 2 - 1)
3. **Ringofen der stillgelegten Ratsziegelei**
4. **Bauende Tongewinnung d. Ziegel-Dränrohr GmbH** Rupeltonscholle über pleistozänen Sanden (Abb. 4. 2 - 2 A - D)
5. **Offenlässige Südgrube** Rupelton mit Überdeckung durch Stettiner Sande (Abb. 2 - 6, S. 18)
6. **Teufelssee im Hammertal** (Abb. 1 - 3, S. 8)
7. **Altaufschluß miozäner Sande** (Ostberandung des Hammertales)
8. **Produktions- und Verwaltungsbereich der Ziegel-Dränrohr GmbH**

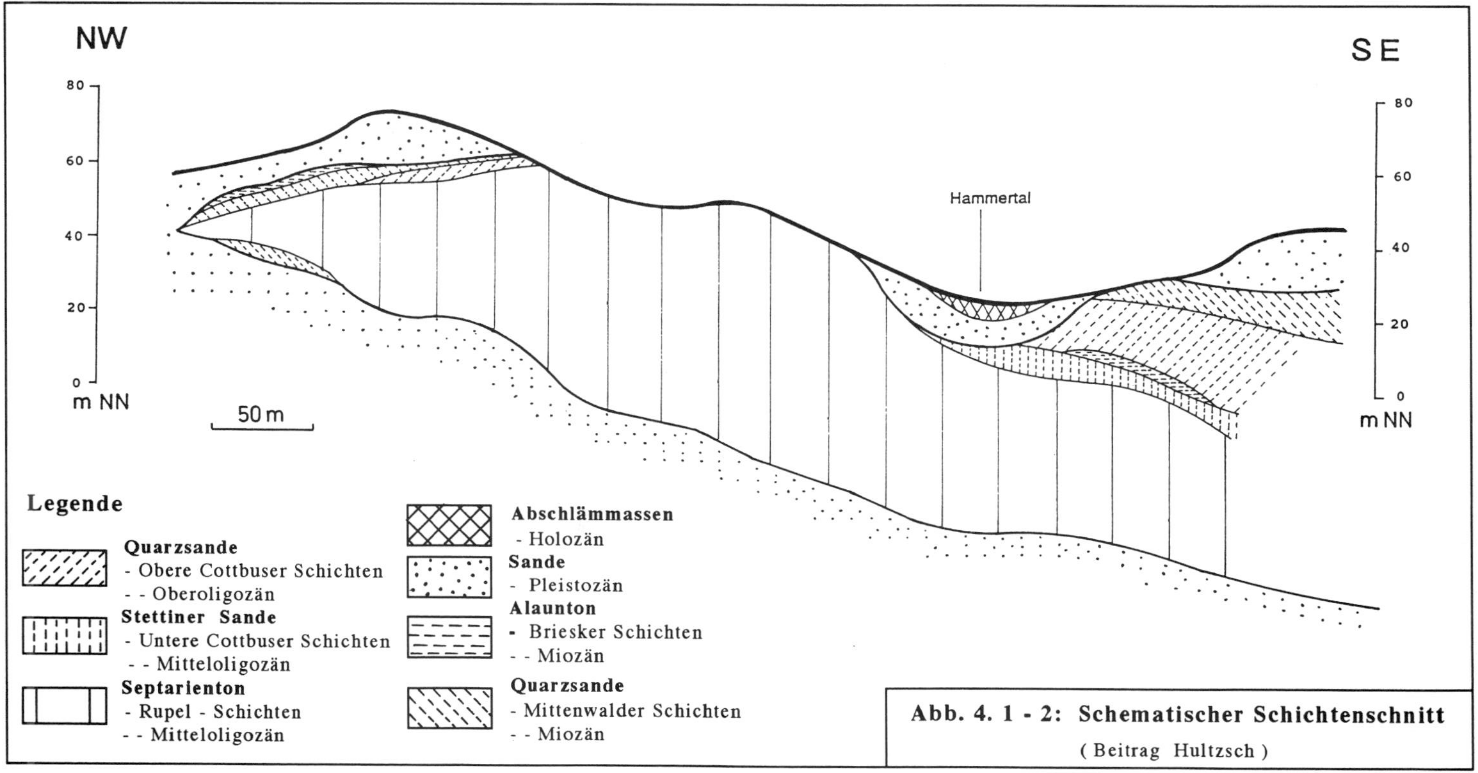

Abb. 4. 1 - 2: Schematischer Schichtenschnitt
(Beitrag Hultzsch)

Bezogen auf NN steht der Septarienton also im Tiefenbereich von 41,5 - 175,5 m unter NN an; diese Position entspricht der durch mehrere Bohrungen bestätigten primären Ablagerung.

Die in der Tertiärscholle von Bad Freienwalde anstehenden Schichtenglieder des Rupels sind als **toniger Schluff bzw. schluffiger Ton** ausgebildet. Unregelmäßig eingelagert treten die sogenannten **Septarien** auf, brotlaibförmige Kalkkonkretionen (Abb. 4. 2 - 2 C); die typischen Schrumpfrisse innerhalb der Konkretionen fehlen häufig. Daneben sind besonders die **Gipskristalle** bekannt, insbesondere Zwillinge, die nach ihrem Aussehen als "Schwalbenschwänze" bezeichnet werden (s. Abschnitt 4. 6). Die Gipskristalle sind erst nach der Ablagerung im Laufe der Zeit aus dem im Ton befindlichen Sulfatanteil gebildet worden.

Die Bezeichnung "**Rupel**" ist geographischen Ursprungs und wird auf die Rupel, **einen Nebenfluß der Schelde**, zurückgeführt.

Wahnschaffe (1908) beschrieb für den Raum Bad Freienwalde das in Tabelle 4. 1. - 1 dargestellte **Normalprofil** (zum Vergleich s. Abschnitt 2, Abb. 2. - 4 bzw. Abschnitt 3, Tab 3 2 - 1).

Der schematische NW - SE - Schichtenschnitt (Abb. 4. 1 - 2) zeigt eine **Großscholle**, die auf glazifluvialen Sanden aufsitzt; der Kontakt ist am Aufschlußpunkt 4 (Abb. 4. 1 - 1 sowie 4. 2 - 2 A und B) zu sehen. Sie wurde vom vorrückenden Inlandeis durch sogenannte Friktionskupplung des gefrorenen Teils in die Grundmoräne aufgenommen, mit ihr verfrachtet und später in dem pleistozänen Schichtverband abgelegt.

Mehrere auf dem Barnim-Plateau **anstehende kleinere Schollenkörper** belegen, daß diese Dynamik nicht nur zur Ablagerung des Tertiärkomplexes von Bad Freienwalde führte. Die Rayonierung des gesamten Schollensystems hat gezeigt, daß es auf dem Barnim-Plateau und selbst bis in das vorgelagerte Oderbruch hinein solche Schollenbewegungen und -ablagerungen in einem NNW-SSE-streichenden Streifen von etwa 8.000 m Breite zwischen den Ortslagen von Hohenfinow (Norden) und Buckow (Süden) gab. Offensichtlich handelt es sich hierbei um **Abtragungsprodukte einer halokinetischen Hochlage**, die sich nördlich des abgelagerten Schollenkomplexes im Vorstoßfeld des Inlandgletschers befand und von hier als **Schollenschwarm** verfrachtet wurden.

Das **glazidynamische Mehrfachsystem** der Großscholle von Bad Freienwalde ist wie folgt zu belegen:

- Die im Aufschluß 4 (Abb. 4. 1 - 1) zugängliche Unterfläche der Scholle zeigt **SE-Bewegungsharnische,** die dem Einfallen der Scholle nach SE entsprechen und damit die Interpretation von Wahnschaffe (1908) widerlegen.
- Das im Ergebnis dieser Dynamik entstandene Scherkluftsystem weist auf eine **Hauptbeanspruchung aus NW hin.**
- In den jüngerer Schichtenglieder gibt es Anzeichen für **eine zusätzliche und jüngere dynamische Beanspruchung aus N.**
- Nach Bohrergebnissen ist die **Basis der Großscholle deutlich quergewellt** (Abb. 4. 1 - 2). Das hier sichtbare Mehrfachsystem weist auf eine frühe saalekaltzeitliche Schollendislokation und -einlagerung hin.

4. 2 Aufschlußpunkte

von Johannes H. Schroeder

Die Aufschlüsse sind Betriebsgelände der Ziegel - Dränrohr GmbH, Eberswalder Str., 16259 Bad Freienwalde (Tel. 0 33 44 / 40 91; Fax 0 33 44 / 38 18); die Verwaltungsgebäude sind in Abb. 4. 1 - 1 als Lokalität 8 ausgewiesen: Dort sind als Betriebsingenieure die Herren Croon und Bräuer zuständig.

In den Aufschlüssen ist wegen durchgreifender Modernisierung in Gewinnungs- und Förderungstechnik mit erheblichen Veränderungen zu rechnen, relativ kurzfristig insbesondere im Aufschluß 4.

4. 2. 1 Sandgrube am NW - Hang des Kaninchenberges
(Abb. 4. 1 - 1: Punkt 2)

Die Überlagerung von oberoligozänen Sanden durch pleistozäne Schmelzwassersande auf einer Diskordanz mit einer Steinsohle ist am frischen Stoß in einmaliger Weise zu sehen (Abb. 4. 2 - 1). In den Schmelzwassersanden hat Hultzsch (1978, Unveröffentl. Ber.) glazigene Abschiebungen beobachtet.

Abb. 4. 2 - 1 : Sandgrube am NW - Hang des Kaninchenberges : Diskordanz (Pfeile) **zwischen Quarzsanden des Oberoligozäns** (O) **und pleistozänen Schmelzwassersanden** (PS), **markiert durch eine Steinsohle.**
A. (oben): Übersicht; **B.** (unten): Steinsohle. (Fotos Schroeder, 1993)

Abb. 4. 2 - 2: Bauende Rupeltongrube von Bad Freienwalde
(Abb. 4. 1 -1, Punkt 4; Fotos Schroeder, 1993)

A. (oben): Übersicht über den gesamten Nordstoß; im Westen (links unten) überlagert der Ton (RT) horizontal liegende pleistozäne Sande (P). Detail in Abb. 4. 2 - 2 B; über dem Ton folgendes Pleistozän ist in Vorbereitung des Abbaus abgeschoben; an der Waldkante erkennt man die helle Geländestufe. Als Größenmaßstab dient der Löffelbagger rechts unten.

B. (links) **Schollenunterkante** an der Westseite des Nordstoßes: Zwischen den pleistozänen Sanden (P) und den Rupeltonen (RT) hat Hultzsch (1978, Unveröffentl. Ber.) sowohl oligozäne Sande als auch miozäne Braunkohlentone nachgewiesen. Die Unterkante der Septarientone zeigt wulstige Deformationen.

4. 2. 2 Tongewinnung der Ziegel - Dränrohr GmbH (Abb. 4. 1 - 1: Punkt 4)

Dieser Aufschluß ist wirtschaftlich der wichtigste, denn es wird weiter Ton abgebaut. Da man hier die Tonscholle in voller Mächtigkeit mit unterlagernden wie überlagernden Schichten aus Tertiär und Pleistozän sieht, ist er auch geologisch am ergiebigsten. Für die Übersicht war zur Zeit der Drucklegung die Nordseite am günstigsten (Abb. 4. 2 - 2 A, S. 52); die Schollenunterkante ist an deren Westende aufgeschlossen (Abb. 4. 2 - 2 B); hier dokumentierte Hultzsch (1978, Unveröffentl. Ber.) zwischen liegenden pleistozänen Sanden (P) und der Rupeltonscholle oligozäne Sande und miozäne Braunkohlentone. An dieser Schollenunterkante wurden von Hultzsch Störungsharnische und Scherklüfte beobachtet, wie sie für seine Interpretation der Bewegungsrichtung der Scholle maßgeblich sind.

Abb. 4. 2 - 2 ; C (Oben): **Konkretionen im Rupelton**: Die relativ kalkreicheren brotlaibförmigen Bildungen findet man im Anstehenden; sie zerfallen wegen ihrer starken Klüftung und der glazigenen Deformation der Scholle rasch, weshalb sie in einschlägigen Sammlungen der Region selten sind (Foto Schroeder, 1993) **D** (Unten): In dem Bruchstück einer Knolle sieht man die für Septarien typischen Schrumpfrisse mit Calcit - Zementen, die von außen (oben im Bild) nach innen häufiger und breiter werden (Sammlung und Foto Brose, 1993)

4. 3 Hydrodynamik und Wasserversorgung

von Martin Hannemann

Die **Brunnen des Wasserwerkes von Bad Freienwalde** liegen am Südausgang der Stadt im Brunnental. Durch neuere hydrogeologische Untersuchungen (Kaboth, 1988 / 89, Unveröffentl. Ber.) ist erwiesen, daß die im Raum der ehemaligen Braunkohlentiefbaue und der Tongrube seit vielen Jahrzehnten bekannten **tiefgreifenden Lagerungsstörungen** auch im Brunnental auftreten. Sie gehören zu einer weitflächigen Störungszone, deren hauptsächliche Entstehung der Saale-Kaltzeit zugerechnet wird und die den Septarienton von Bad Freienwalde mit einbezieht. Die Störungszone bildet im Anschluß an die Tongruben der alten Ziegeleien eine mindestens 7 km lange, sich N-S-erstreckende und vermutlich durchgehende wasserstauende Barriere. Wie der 1989 neu aufgemessene **Hydroisohypsenplan** (Abb. 4. 3 - 1) belegt, werden durch sie die hydrodynamischen Verhältnisse entscheidend mitbestimmt.

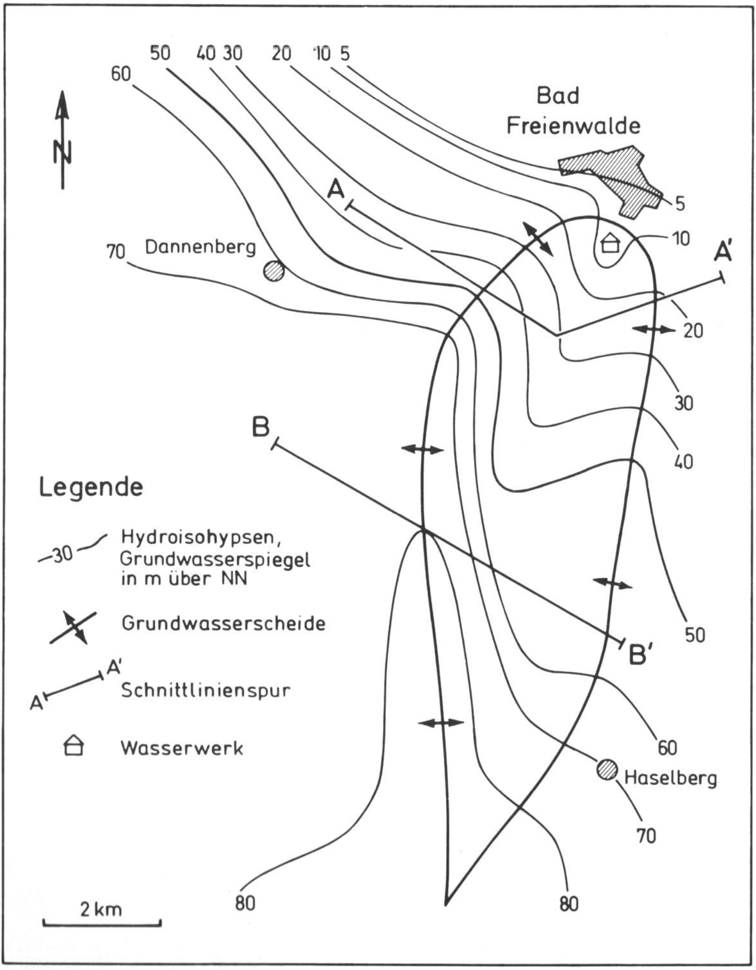

Abb. 4. 3 - 1: Grundwassereinzugsgebiet des Wasserwerkes von Bad Freienwalde (Nach Kaboth, 1988, unveröffentl. Ber., stark vereinfacht; Beitrag Hannemann / Zeichnung Dunker).

Die bestehenden Brunnen des Wasserwerkes von Bad Freienwalde befinden sich nur knapp 2 km östlich dieser **wasserstauenden Barriere**. In besonders eindrucksvollem Maße wird hierdurch die westliche Einzugsgebietsgrenze des Wasserwerkes festgelegt. Auch die östliche Einzugsgebietsgrenze ist durch die gestauchten "Stauer" (überwiegend Geschiebemergel) geologisch bestimmt.

Das Strömungsgeschehen im Grundwasserleiter wird wesentlich durch die geologischen Berandungen beeinflußt; es liegt ein **anisotroper Grundwasserleiter** vor. Das System der in diesem Raum glazigen bedingten Barrieren wirkt in Streichrichtung wie ein gegenseitig abgeschirmtes System durchströmter Röhren. Es liegt ein schmales und damit eng begrenztes Einzugsgebiet vor.

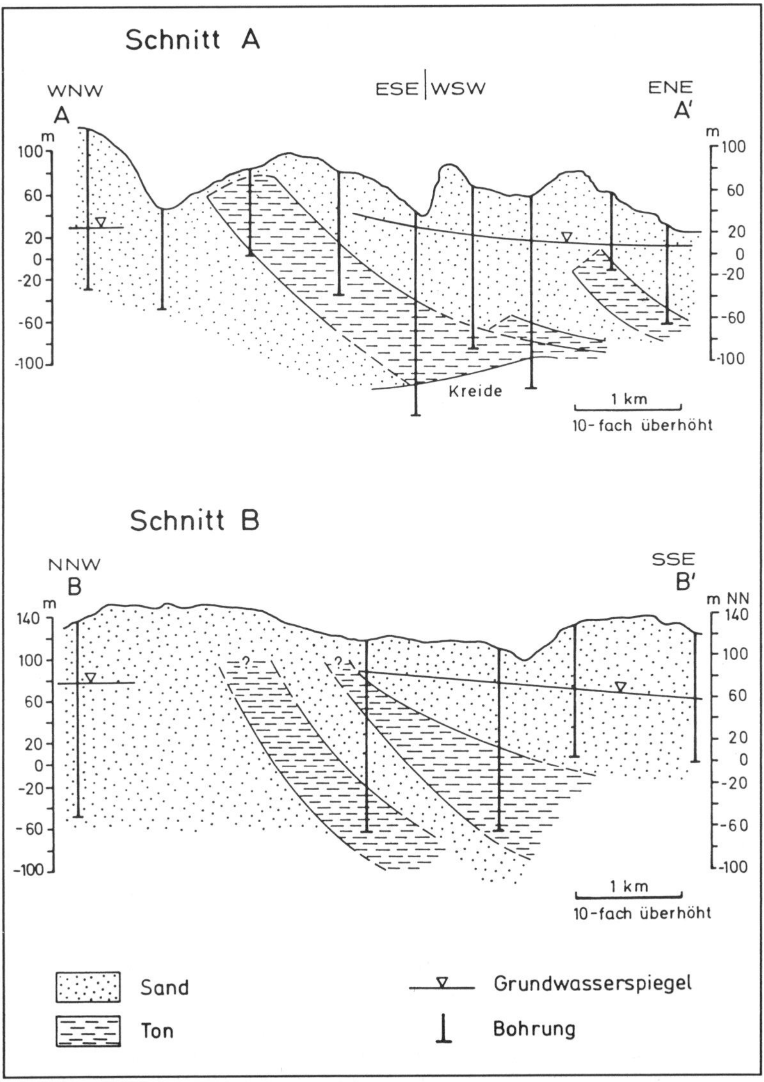

Abb. 4. 3 - 2: Hydrogeologische Schnitte durch das Grundwassereinzugsgebiet des Wasserwerkes von Bad Freienwalde (Beitrag Hannemann / Zeichnung Dunker)

Unter Berücksichtigung dieser Erkenntnisse präzisierte Kaboth (1988 / 89 , Unveröffentl. Ber.) das aus dem Jahre 1970/71 vorliegende Ergebnis der **Grundwasservorratsberechnung** entscheidend. Anstatt der ursprünglich nachgewiesenen Gesamtvorräte in Höhe von 11 000 m^3 / d sind am Standort des bestehenden Wasserwerkes nach neuen Ergebnissen der Detailerkundung nur maximal 5000 m^3 / d ständig gewinnbar.

Das Beispiel von Bad Freienwalde zeigt, wie fachlich grundlegend die **genaue Kenntnis der Existenz von Grundwasserstauern** und ihre räumliche Einordnung ist. Eine sorgfältige Erkundung und die Beachtung anisotroper Durchlässigkeitsverhältnisse führt zu hydrogeologischen Modellen, die die natürlichen Verhältnisse mit höherer Zuverlässigkeit erfassen. Fehleinschätzungen der Vorratssituation und mögliche Fehlinvestitionen werden dadurch vermieden.

4. 4 Makrofossilien

von Joachim Gründel

4. 4. 1 Überblick

Die größeren Fossilien sind am ehesten **auf den Abraumhalden und an Tonhängen dort zu finden,** wo das Gestein längere Zeit dem Einfluß der Verwitterung ausgesetzt war. Eine Bindung der Makrofauna an bestimmte Horizonte ist nicht bekannt. Nach einem Starkregen heben sich die freigewaschenen weißen Fossilien deutlich vom dunkleren Ton ab. Sie sind allerdings nicht sehr zahlreich, der Sammler muß Zeit und Geduld mitbringen.

Es **überwiegen die Schnecken (Gastropoda;** Tafel 4 - I, Abb. 6 - 12; Tafel 4 - II **),** sowohl nach der Arten- wie auch nach der Individuenzahl. Die meisten Schnecken bilden ein turmförmig aufgewundenes Gehäuse aus. **Zweithäufigste Gruppe sind die Muscheln (Bivalvia, Pelecypoda;** Tafel 4 - I, Abb. 2 - 5), erkennbar an ihrem Gehäuse aus zwei Klappen, die im Rückenbereich durch Zahnbildungen des Klappenrandes (Schloß) sowie durch aus organischem Material bestehende elastische Bänder zusammengehalten werden. Am fremdartigsten wirken die **Dentalien (Scaphopoda** = Grabfüßer, Rohrschnecken; Tafel 4 - I, Abb. 1), wie die Muscheln und Schnecken zum großen Stamm der Weichtiere (Mollusca) gehörend. Ihr Gehäuse besteht aus einer mehr oder weniger stark gebogenen, nach vorn sich verbreiternden Kalkröhre, die an beiden Seiten offen ist.

4. 4. 2 Scaphopoda

Dentalium kickxi (NYST 1845) Tafel 4 - I, Abb. 1

An beiden Seiten offene, nach vorn sich verbreiternde und schwach gebogene Röhre. Fast stets nur in Bruchstücken. Skulptur aus zahlreichen kräftigen, gerundeten Längsrippen bestehend, zwischen die sich zum breiteren Ende hin zunehmend schwächere (je eine zwischen zwei kräftigen) Rippen einschalten. Alter / Vorkommen: Rupel.

4. 4. 3 Bivalvia

Nucula (Lamellinucula) duchasteli (NYST 1835) Tafel 4 - I, Abb. 4

Die Art wird ca. 12 mm groß. Klappenumriß fast dreieckig mit etwas nach hinten verlagertem Wirbel. Skulptur aus zahlreichen konzentrischen Rippen bestehend, die teilweise unregelmäßig verlaufen und sich gabeln können. Radiale Rippen schwach bis fast fehlend. Klappeninnenrand gezähnelt. Schloß aus zahlreichen Zähnchen bestehend. Alter / Vorkommen: Rupel.

Nuculana deshayesiana (NYST 1835) Tafel 4 - I, Abb. 2 & 3

Klappen ca. 30 mm groß, verlängert-oval mit breit gerundetem Vorder- und schmalerem Hinterende. Wirbel vor der Mitte gelegen. Oberfläche mit zahlreichen schwachen konzentrischen Rippen. Schloß lang, aus zahlreichen Zähnchen bestehend. Alter / Vorkommen: Rupel.

Thyasira nysti (PHILIPPI 1846) Tafel 4 - I, Abb. 5

Klappen höher als lang, breitoval. Hinterende durch tiefe Furche abgesetzt (Einkerbung in der hinteren Umrißlinie). Klappen mit 2 - 3 unscharfen Radialrippen und zahlreichen, etwas betonten konzentrischen Anwachslinien. Schloß mit mehreren lamellenartigen Zähnen. Größe ca. 16 mm. Vorkommen: Rupel bis tiefes Miozän.

4. 4. 4 Gastropoda

Die wichtigen Gastropodenarten sind in Tabelle 4. 4 - 1 aufgelistet und charakterisiert. Die für die Bestimmung wichtigen Merkmale sind in Abb. 4. 4 - 1, die wichtigsten Arten, die gefunden wurden, in Tafel 4 - I, Abb. 6 - 12, und Tafel 4 - II, Abb. 1 - 9, illustriert.

(Fortsetzung Seite 62)

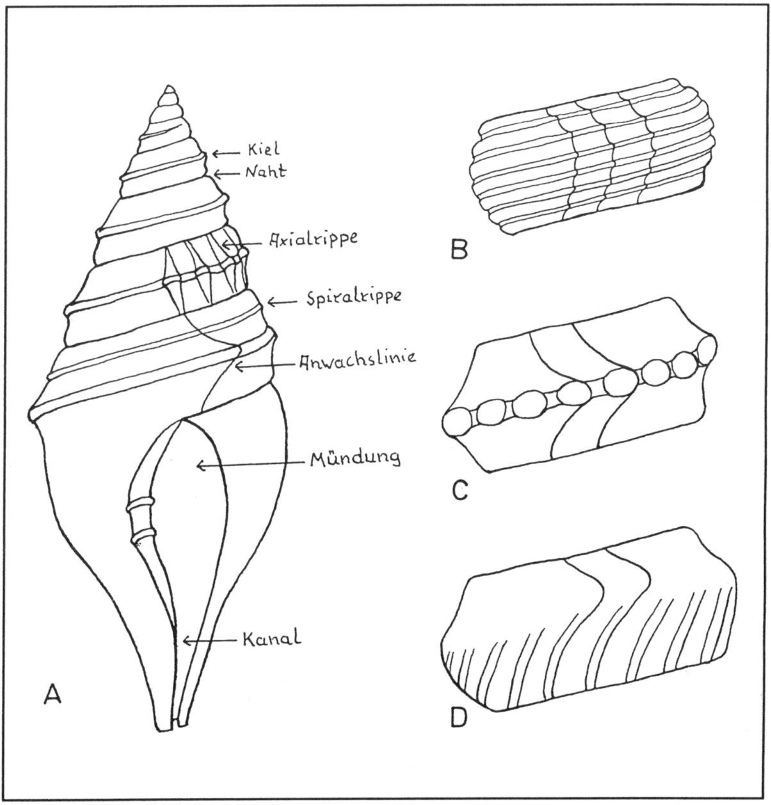

Abb. 4. 4 - 1: Wichtige Merkmale für die Bestimmung von Gastropoden

A. Schema eines Gastropodengehäuses mit Skulpturdetails

B. Eine Windung von *Scalaspira (Vagantospira) multisulcata marchica* TEMBROCK 1964 zur Verdeutlichung des Verlaufs der Anwachslinien

C. Eine Windung von *Fusiturris selysi* (DE KONINCK 1837) zur Verdeutlichung des Verlaufs der Anwachslinien

D. Eine Windung von *Orthosurcula regularis* (DE KONINCK 1837) zur Verdeutlichung des Verlaufs der Anwachslinien

(Beitrag Gründel)

Tabelle 4. 4 - 1: Schnecken (Gastropoda) aus dem Tertiär von Bad Freienwalde - Teil 1 (Beitrag Gründel)

Art	Abb.	Größe	Gehäuseform	Axialrippen	Spiralrippen	Anwachslinien	Basis	Mündung	Alter
Turriscala (Turriscala) rudis (PHILIPPI 1843)	I - 6	1 - 2 cm	schlank, turmförmig, Windungen konvex	14 - 16 pro Windung, schmal, von Naht zu Naht laufend	20 und mehr pro Windung, keine Höckerung		flach, abgesetzt, viele Spiralrippen		Oligozän
Polinices (Lunatia) achatensis (DE KONINCK 1837)	I - 7	bis ca. 15 mm	niedrig spiral bis fast kugelig, nur ca. 4 Windungen	keine	keine	fast gerade von vorn oben nach hinten unten	konvex, mit engem Nabel	innen mit sich nach oben verbreiternder Verdickung	Oligozän
Lyrotyphis (Eotyphis) sej. sejunctus (SEMPER 1861)	I - 11	bis über 1cm	breit-turmförmig, Windungen oben kantig gewinkelt	4-5 ovale Röhren an Windungskante, nach unten wulstige Rippen	keine		konvex	rundlich, mit langem Kanal	höheres Rupel bis Chatt
Trophonopsis (Pagodula) bispinosa (BEYRICH 1854)	I - 12	bis ca. 15 mm	breit-turmförmig, Windung von der oberen Spirale gekielt	6 - 7 Lamellen pro Windung bis auf die Basis, auf oberer Spirale Dornen	2, von Lamellen gehöckert, untere bildet Basisgrenze		konvex	breitoval, mit langem Kanal	höheres Rupel
Scalaspira (Scalaspira) rotata (BEYRICH 1856)	I - 8 & 9	bis ca. 15mm	breit-turmförmig, Windungen unten gekielt oder gerundet, Nähte tief	breitwulstige, unscharfe Rippen angedeutet oder fehlend	2 kräftige Rippen, untere kielt den Umriß ± stark, dazu schwächere		konvex, mit Spiralrippen	mit Kanal	Rupel
Scalaspira (Vagantospira) multisulcata marchica TEMBROCK 1964	I - 10 4.4. - 1B	2 - 3 cm	breit-turmförmig, Windungen stark und gleichmäßig konvex	keine	7 - 10 bandartige Rippen	schwach wellig (auf Rippen nach vorn ausgebuchtet)	konvex, mit bandartigen Spiralrippen	mit langem Kanal	oberes Rupel
Gracilipurpura e. elatior (BEYRICH 1848)	II - 1	ca. 20 mm	sehr schlank, Windungen stark konvex, oben konkav	ca. 15 pro Windung, wulstig, nach hinten konvex	zahlreich, schwächer als Axialrippen		konvex, mit vielen Spiralrippen	Kanal, sehr lang	Rupel bis Chatt
Cancellaria (Merica) evulsa (SOLANDER 1766)	II - 2	bis ca. 15 mm	breitoval, Windungen oben abgeflacht	12 - 15 pro Windung wulstig, schräg stehend, z.T. verdickt	zahlreich, stärkere wechseln mit mehreren schwächeren		konvex, Spiralrippen wie auf den Windungen	mit 3 Falten	Oligozän

Tabelle 4. 4 - 1: Schnecken (Gastropoda) aus dem Tertiär von Bad Freienwalde - Teil 2 (Beitrag Gründel)

Art	Abb.	Größe	Gehäuseform	Axialrippen	Spiralrippen	Anwachslinien	Basis	Mündung	Alter
Gemmula laticl. laticlavia (BEYRICH 1846)	II - 3	ca. 15 mm	schlank-turmförmig, Windungen beidseitig vom Band konvex	Höckerung auf dem Band	kräftiges Band unter der Mitte, schwächere Spiralrippen	stark konkav, hinterster Punkt auf dem Band	konvex, mit wechselnd stärkeren/schwächeren Rippen	Kanal deutlicher	höheres Rupel
Fusiturris duchasteli (NYST 1836)	II - 4	bis über 20 mm	schlank-turmförmig, Windungen konvex	sigmoidal gebogen, in der Mitte am kräftigsten, in der Zahl variabel	zahlreich, schwach, unter der oberen Naht sind 1-3 kräftiger; variabel	etwa parallel den Axialrippen verlaufend	konvex, viele Spiralrippen wechselnder Stärke	Kanal mäßig lang	Oligozän/ tiefes Miozän
Fusiturris selysi (DE KONINCK 1837)	II - 5 4.4. - 1C	bis über 25 mm	schlank-turmförmig, konvexe Windungen, oberhalb der gerundeten Kante konkav	Rippen bilden Höcker auf der Kante, schwächen nach beiden Seiten rasch ab	zahlreich, schwach, einige sind unter der oberen Naht etwas verstärkt	konkav, hinterster Punkt auf der Kante	konvex mit Spiralrippen wechselnder Stärke	Kanal lang	Rupel bis Chatt
Orthosurcula regularis (DE KONINCK 1837)	II - 6 4.4. - 1D	bis über 50 mm	schlank-turmförmig, konvexe Windungen, oberhalb der gerundeten Kante konkav	nur auf der Kante und unter dieser oder ganz fehlend	zahlreich, schwach, in der Stärke etwas unterschiedlich	konkav, hinterster Punkt oberhalb der Kante	konvex, mit vielen Spiralrippen wechselnder Stärke	Kanal lang	Rupel bis Chatt
Acamptogenotia morreni (DE KONINCK 1837)	II - 7	bis über 25 mm	breit-turmförmig, konvexe Windungen mit Kante, oberhalb dieser konkav	12 - 16 pro Windung, wulstig, oberhalb der gehöckerten Kante abgeschwächt, bis auf Basis reichend	zahlreich, werden nach unten kräftiger	schwach konkav, hinterster Punkt oberhalb der Kante	konvex, mit besonders kräftigen Spiralrippen	Kanal mäßig lang	Rupel bis Chatt
Bathytoma crenata (NYST 1845)	II - 8	bis ca. 40 mm	breit- bis schlank-turmförmig, Windungen beidseitig vom tief liegenden Kielband konkav	fehlen, nur Kielband ist gehöckert (Höcker sehr variabel)	von oberer Naht bis Kielband zahlreich und schwach, darunter weniger und kräftiger	konkav, hinterster Punkt auf dem Kielband	konvex mit kräftigen Spiralrippen	Kanal mäßig lang	Rupel
Ancistrosyrinx volgeri (PHILIPPI 1851)	II - 9	bis über 15 mm	hoch turmförmig, Windungen stark und scharf gekielt, beidseitig vom Kiel konkav	keine	nur der sehr kräftige Kiel, dieser mit kleinen Höckern	im Kielbereich stark nach hinten ausgebogen	konvex mit kräftigen Spiralrippen, eine bildet die obere Grenze	Kanal lang	höheres Rupel

Tafel 4 - I: Schalen von verschiedenen Weichtieren aus dem Tertiär von Bad Freienwalde; spezielle Bezeichnung im Text bzw. in Tab. 4. 4 - 1. Maßstab jeweils 1 mm (Sammlung Tembrock / Fotos Kleeberg)

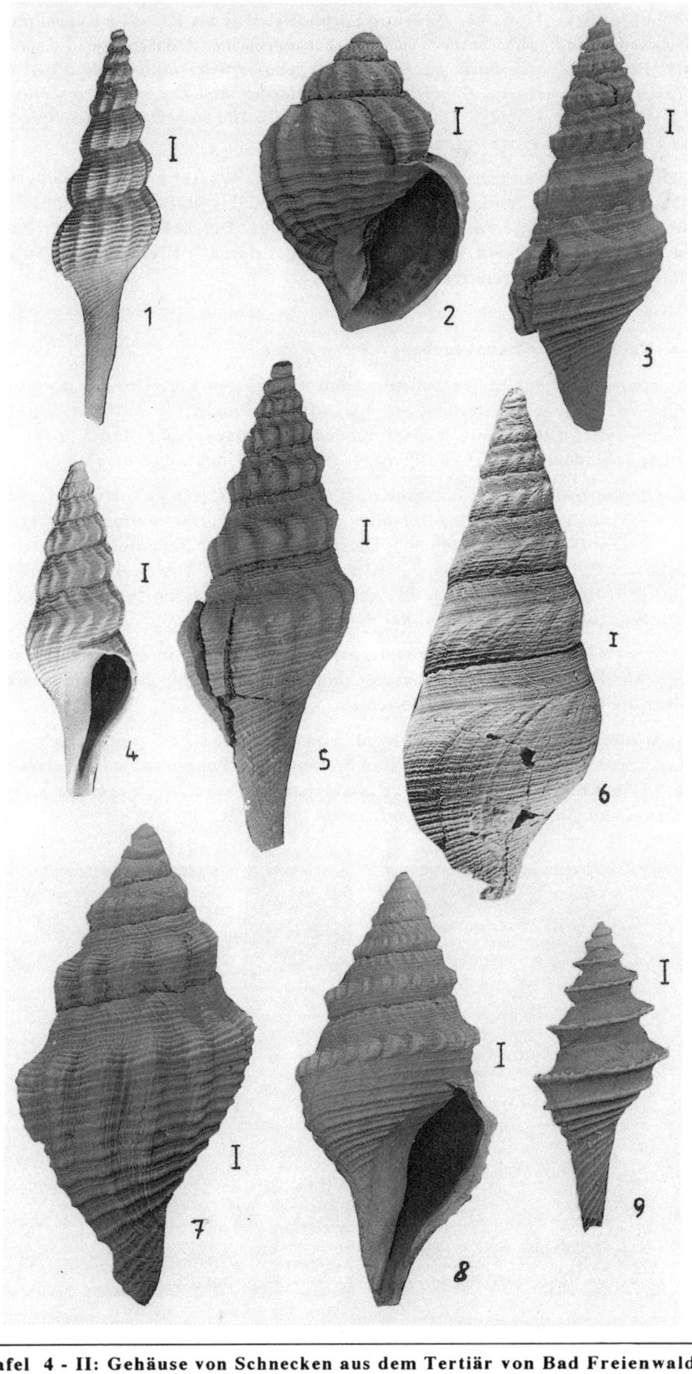

Tafel 4 - II: Gehäuse von Schnecken aus dem Tertiär von Bad Freienwalde; spezielle Bezeichnung in Tab. 4. 4 - 1. Maßstab jeweils 1 mm (Sammlung Tembrock / Fotos Kleeberg)

4. 4. 5 Aussagen der Fauna

Die Molluskenfauna hat eindeutig mitteloligozänen (Rupel-) Charakter. In ihrer Zusammensetzung, besonders aber auch durch das Auftreten von *Trophonopsis (Pagodula) bispinosa, Scalaspira (Vvagantospira) multisulcata marchica, Gemmula l. laticlavia, Gracilipurpura e. elatior* und *Ancistrosyrinx volgeri* wird höchstes Rupel belegt. Das fossilführende Tertiär von Bad Freienwalde ist in das höhere Rupel einzustufen.

Die Fauna ist rein marin und kennzeichnend für Wasser normalen Salzgehaltes. Das Sediment ist feinkörnig; außer höchstens mäßig starken Strömungen traten wohl keine kräftigeren Wasserbewegungen auf. Der Lebensraum der Fauna lag in einem etwas tieferen Wasser, unterhalb der durch Wellenbewegungen aufgewühlten Zone und in relativer Küstenferne.

4. 4. 6 Nachtrag des Herausgebers

1. Es können hier aus Platzgründen nur die wichtigsten Vertreter der jeweiligen Gruppen wiedergegeben werden; die **Vielfalt der Fauna** verdeutlicht die Liste von Tembrock (1960) mit 76 Gastropoden-, 31 Pelecypoden- und 5 Scaphopodenarten, außerdem eine Art von Pteropoden (= Schwimmschnecken).

2. Fossillisten findet man u. a. bereits bei Wahnschaffe (1908), Hucke (1922) sowie Hucke & Voigt (1929); letztere erwähnten auch **Schwämme** und **Otolithen** (= Gehörsteine von Fischen). Diese fand auch der Sammler S. Schneider, der in letzter Zeit die Aufschlüsse wiederholt besucht hat (Abb. 4. 4. - 2 und 4. 4. - 3); **Haifischzähne**, die leider aufgrund der unvollständigen Erhaltung unbestimmbar sind, und Fischwirbel hat er ebenfalls gefunden.

3. Zu den Makrofossilien gehören ferner "die **Fruchtkerne** von Pfirsicharten, Mandel- und Nußbäumen, Mastixbäumen und Nadelgehölzen" aus dem Septarienton, über die Ohnesorge (1970) berichtete.

4. Ein weiterer interessanter Fund wurde von Zwenger (1987) beschrieben, allerdings aus dem Stettiner Sand der Bad Freienwalder Tongrube am Teufelssee, (Punkt 5 in Abb. 4. 1. - 1), nämlich ein **Holzstück**, vermutlich Treibholz, welches Gänge der **Bohrmuschel** *Teredolites* sp. aufweist.

Abb. 4. 4 - 2: Otolithen (Gehörsteine von Fischen) **aus dem Rupelton von Bad Freienwalde; links:** Außenseiten, **rechts:** Innenseiten jeweils der gleichen Exemplare (Sammlung Schneider / Foto Kleeberg)

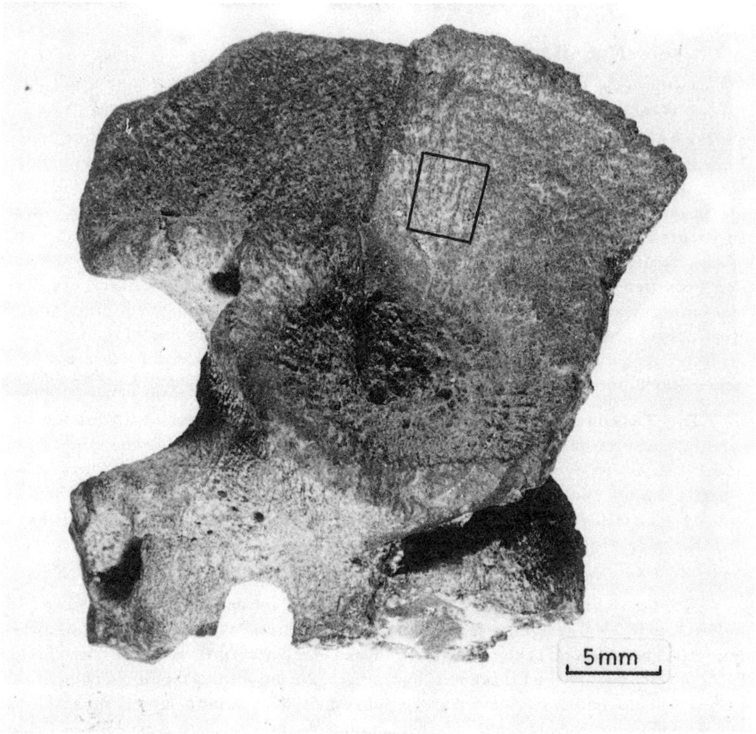

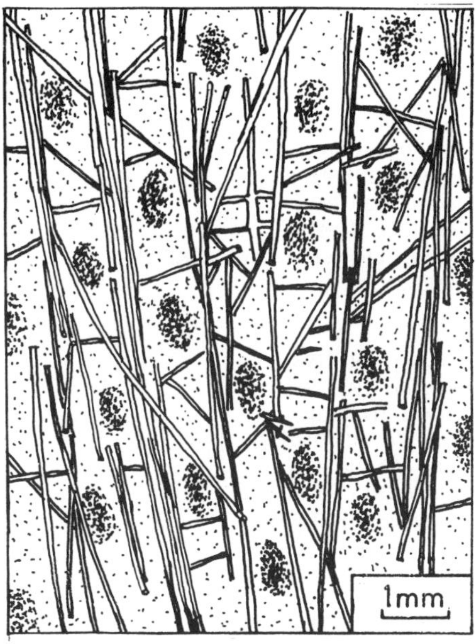

Abb. 4. 4 - 3: Fossiler Glasschwamm aus dem Rupelton von Bad Freienwalde
(Sammlung Schneider, Bearbeitung und hier wiedergegebene Vorinformation: Dr. D. Mehl, Freie Univ. Berlin)

Dieser aus dem Tertiär bisher unbekannte Kieselschwamm aus der Klasse der Hexactinellida besitzt kein rigides Skelett, weshalb seine Erhaltung rasche Einbettung und damit besondere Bedingungen anzeigt.

Oben: **Schrägaufsicht** auf den trichterförmigen Schwamm (Foto Kleeberg)

Links: Verdeutlichung der im Foto oben sichtbaren **Längsstreifung und Porenanordnung**; Ausschnitt der Zeichnung s. Rahmen (Zeichnung Mehl)

4. 5 Mikrofossilien

von Ilse Bach

Neben den gut sichtbaren Makrofossilien, wie Schnecken und Muscheln, finden sich in den tonigen Sedimenten **stellenweise reiche Mikrofossilvergesellschaftungen**. Diese Mikrofossilien sowie die z. T. vorhandenen Echinodermen-, Mollusken- und Fischreste müssen aus dem sie umgebenden Gestein isoliert und durch einen **Aufbereitung**sprozeß angereichert werden. Dazu genügt bei diesem Tonstein ein eintägiges Einweichen des zerkleinerten Probenmaterials in Wasser. Auf die sonst übliche Behandlung mit Wasserstoffperoxid sollte verzichtet werden, um eine Oxidation des Pyrits in den Fossilien zu verhindern. Anschließend wird der Gesteinsbrei durch ein Sieb mit einer Maschenweite von 0,1 mm geschlämmt. Damit wird eine starke Verringerung des Ausgangsmaterials und eine Anreicherung der biogenen Teile erreicht. Aus diesem petrographischen Schlämmrückstand werden dann die biogenen Reste unter dem Binokular ausgelesen.

Die **Zusammensetzung und der Erhaltungszustand** der Mikrofaunen unterliegt bereits primär starken Schwankungen, wie in benachbarten, dicht beprobten Bohrungen festgestellt werden konnte. Die Mikrofossilführung ist darüber hinaus noch vom Verwitterungsgrad des Sedimentes in einem Aufschluß abhängig (stellenweise beträchtliche Auflösung der Kalkschalen !). Somit kann nur bei der Entnahme und Untersuchung von mehreren Proben mit dem Auffinden guter Fossilgemeinschaften gerechnet werden.

Ausgangspunkt für die durchgeführte Faunendurchsicht bilden 13 unhorizontiert aufgesammelte Proben aus den Jahren 1948 bis 1955 (Lokalitäten: Altenhof; Ratsziegelei, Kirchbruch und Kietzmühle in Bad Freienwalde). In den gewonnenen Mikrofaunen dominieren die **Foraminiferen**. Wegen ihrer hohen Anzahl und ihrer weiten geographischen Verbreitung bieten diese einen ausgezeichneten Ansatzpunkt für stratigraphische und fazielle Aussagen.

In den bemusterten Proben wurden **unter anderen** folgende Arten aufgefunden :

Häufig:

Spiroplectammina carinata carinata (D´ORB.)
Karreriella siphonella ex. gr.
Heterolepa dutemplei (D`ORB.)
Hoeglundina elegans (D`ORB.)
Sphaeroidina variabilis (REUSS)
Angulogerina gracilis oligocaenica (ANDREAE)
Nonion affine (REUSS)

Selten:

Rotaliatina bulimoides (REUSS)
Oridorsalis umbonatus (REUSS)
Cibicides ungerianus (D`ORB.)
Alabamina tangentialis (CLODIUS)
Alabamina perlata (ANDREAE)
Stilostomella ewaldi (REUSS)
Stilostomella spinescens (REUSS)

Sehr selten:

Ceratobulimina contraria (REUSS)
Turrilina alsatica (ANDREAE)
Plectofrondicularia seminuda (REUSS)

Mit ihrer **systematischen Beschreibung** befaßte sich bereits Reuss (1851, 1866, 1870). Inzwischen liegt eine große Fülle von Publikationen vor, die sich mit der systematischen Beschreibung und der stratigraphischen Verbreitung der Foraminiferen des Mitteloligozäns (Rupel) befassen. Im Literaturverzeichnis wird auf Spezialarbeiten verwiesen (z. T. umfassender Art, wie Lotsch et al., 1969, 1988), denen weiterführende Arbeiten entnommen werden können.

Eine wesentliche Rolle bei der Untersuchung der Tertiärschollen von Altenhof und Bad Freienwalde spielte die **Frage ihres "stratigraphischen" Alters.** Von besonderer Bedeutung für die Beantwortung ist die Arbeit von Spiegler (1965). Sie konnte durch die Untersuchung vieler Bohrprofile nachweisen, daß eine Untergliederung der Rupelfolge in vier Biofaziesbereiche möglich ist.

In allen aus Altenhof und Bad Freienwalde untersuchten Proben ist die typische Art *Rotaliatina bulimoides* nachzuweisen, die als **"Leitfossil" der Rupelfolge** angesehen werden kann. Darüber hinaus ist *Plectofrondicularia seminuda* vorhanden, die nach Spiegler (1965) erstmals im oberen Teil des Biofaziesbereiches Rupel 4 aufzufinden ist. Damit ist die Zuordnung der untersuchten Proben aufgrund ihres Mikrofossilgehaltes zum obersten Teil des Biofaziesbereiches Rupel 4 gesichert. Ungeklärt bleibt, inwieweit diese Zuordnung für das gesamte Profil der Großscholle zutrifft.

Neben der stratigraphischen, d. h. hier der zeitlichen Zuordnung, ist auch die Frage nach dem **Ablagerungsraum** interessant. So ist z. B. ein wichtiges Kriterium für die biofazielle Aussage das Plankton - Benthos - Verhältnis. Nach Murray (1976) u. a. wird dieses Verhältnis als Maß für die Wassertiefe verwendet. Die Seltenheit von Resten planktonischer Organismen in den untersuchten Proben kann als ein Beweis für eine Sedimentation in geringer Wassertiefe gelten.

Nachtrag des Herausgebers

In jüngerer Zeit hat sich Fechner (1993) mit den Resten von **Dinoflagellaten im Rupelton** befaßt. Dinoflagellaten sind mikroskopisch bis submikroskopisch kleine einzellige pflanzliche Organismen, die Geißeln zur Fortbewegung besitzen; sie gehören zum **Phytoplankton** und sind überwiegend marin. Sie bilden **Zysten** aus Sporopollenin, einer hochpolymeren organischen Verbindung; diese sind im Sediment erhaltungsfähig und können als Leitfossilien benutzt werden. Fechner (1993) veröffentlichte eine detaillierte Untersuchung der Dinoflagellaten - Zysten aus der Rupeltongrube von **Joachimsthal**, die ganz in der Nähe unseres Exkursionsgebietes liegt. Im Rupelton - Vorkommen von **Bad Freienwalde** sind die Zysten auch zu finden, wegen der glazigenen Deformation der Scholle für die stratigraphische Arbeit aber nicht so wertvoll: trotzdem hat Kollege Fechner dankenswerterweise für diesen Führer ein Beispiel aufgenommen.

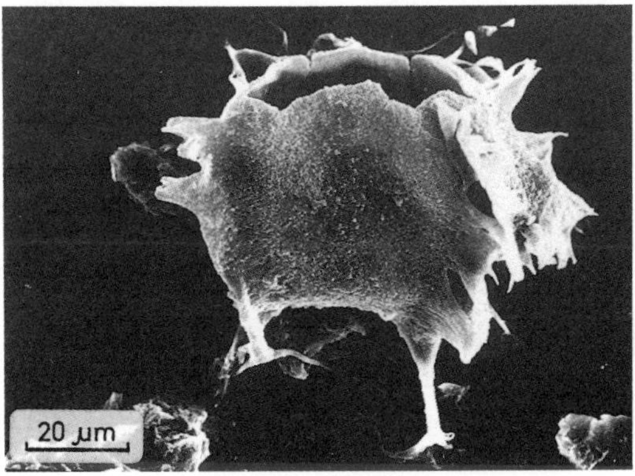

Abb. 4. 5 - 1 : Dinoflagellaten - Zyste aus dem Rupelton von Bad Freienwalde, *Chiropteridium*, eine Gattung, die für das Oligozän typisch ist.

Elektronemikroskopische Aufnahme von Dr. G. Fechner, Freie Universität Berlin und Universität Leipzig

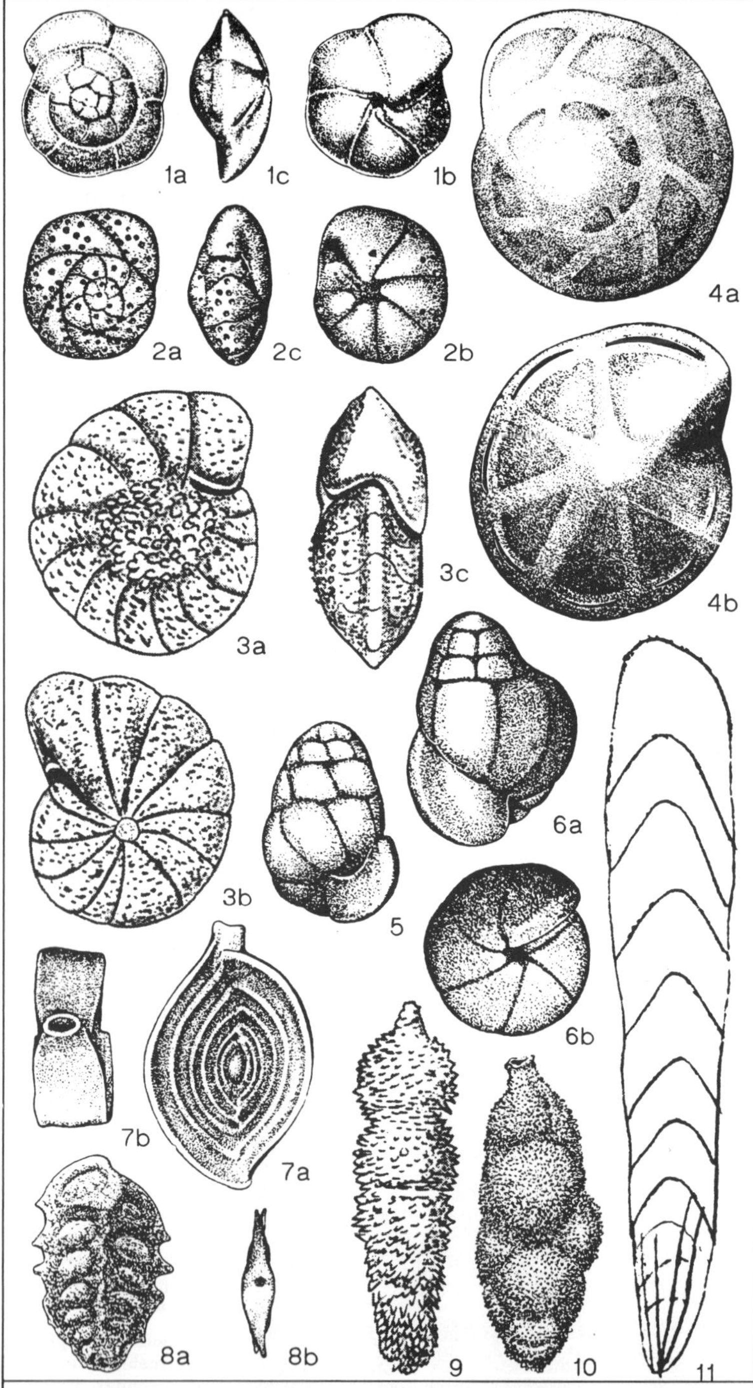

Tafel 4 - III: Foraminiferen, die im Rupelton von Bad Freienwalde vorkommen (Beitrag Bach)

Tafel 4 - III: Foraminferenarten, die im Rupelton von Bad Freienwalde vorkommen (Zusammengestellt von I. Bach)

Abb. 1 *Oridorsalis umbonatus* (REUSS), 60 x
a) Spiralseite, b) Umbilikalseite, c) Lateralseite
Septarienton von Pietzpuhl

Abb. 2 *Alabamina perlata* (ANDREAE), 85 x.
a) Spiralseite, b) Umbilikalseite, c) Lateralseite
Boom clay, Herselt

Abb. 3 *Cibicides ungerianus* (D´ORB.), 58 x
a) Spiralseite, b) Umbilikalseite
Dobbertin

Abb. 4 *Hoeglundina elegans* (D´ORB.), 80 x
a) Spiralseite, b) Umbilikalseite
Boom clay, Bohrung Heist-op-den-Berg

Abb. 5, 6 *Rotaliatina bulimoides* (REUSS), 90 x
5, 6 a) Lateralansicht, 6 b) Umbilikalseite
Septarienton, Boom clay, Herselt

Abb. 7 *Spiroloculina canaliculata* D´ORB., 80 x
a) Seitenansicht, b) Mündungsansicht
Septarienton von Pietzpuhl

Abb. 8 *Spiroplectammina car. carinata* (D´ORB.), 30 x
a) Seitenansicht, b) Mündungsansicht
Boom clay, Stekene

Abb. 9 *Stilostomella hirsuta* (D´ORB.), 35 x
Dobbertin

Abb. 10 *Angulogerina grac. gracilis* (REUSS), 90 x
Septarienton, Hermsdorf

Abb. 11 *Plectofrondicularia seminuda* (REUSS), 50 x
Dickholzen

Abb. 1, 2, 4, 5, 6, 7, 8 und 10	aus Batjes (1958)
Abb. 3 und 9	aus Kiesel (1962)
Abb. 11	aus Spiegler (1965)

4. 6 Gipskristalle aus dem Rupelton

von Hans-Joachim Bautsch

4. 6. 1 Vorkommen

Ein interessantes und ergiebiges Sammelobjekt sind die **konkretionären Kristallaggregate von Gips**, aufgeschlossen in den Wänden der abgebauten Tongruben. Ihr Vorkommen ist an bestimmte Horizonte im **mitteloligozänen Rupelton** gebunden. Auch aus dem Alaunflöz sind Gipsbildungen bekannt. In den steilstehenden, z.T. überhängenden Abbauwänden (Vorsicht!) kann man die bis zu 20 cm großen Gebilde leicht erkennen. Sie werden jedoch beim Herausbrechen aus dem im trockenen Zustand harten, bei starker Durchfeuchtung plastischen Ton leicht zerstört. Die besten unzerstörten Exemplare findet man daher oft im darunter liegenden Hangschutt.

4. 6. 2 Habitus-Typen

Man erkennt beim Sammeln ziemlich bald, daß die Gipskristallaggregate am häufigsten in **zwei Typen** auftreten. Es sind beim ersten Typ **rosettenförmige Gebilde** (Tafel 4 - IV, Abb. 1), die im Kern radialfaserig aufgebaut sind, mit herausragenden, zufällig orientierten, kleineren bis größeren tafeligen, aufgewachsenen Einzelkristallen. Ein zweiter Typ sind **tannenbaumartige Gebilde** (Tafel 4 - IV, Abb. 2) unterschiedlicher Dicke und unterschiedlicher Länge bis zu 20 cm. Ihre Umrandung ist mehr oder weniger "gezackt" bis zum kompakten Kristall mit gegliederten Oberflächen. Ihre beiden Hälften senkrecht zur Tafeligkeit sind oft spiegelsymmetrisch mit einspringendem Winkel an dieser Ebene und so leicht als **Zwilling** erkennbar. Gelegentlich findet man Gebilde, bei denen beide Typen miteinander verwachsen sind (Tafel 4 - IV, Abb. 3).

Weitere seltenere Typen sind **langgestreckte** spitz auslaufende **Prismen** (Tafel 4 - IV, Abb. 4) mit genarbter Oberfläche und lokal aufgewachsenen, unterschiedlich großen tafeligen Kristallen. Teilweise sind diese Prismen zu dicktafeligen Kristallen ausgewachsen. Sehr selten zu finden sind gut ausgebildete bis zu 2 cm große **dicktafelige Einzelkristalle**, ausgebildet in zwei Trachttypen. Eine große Rarität sind **wirrstrahlig** in einem Hohlraum aufgewachsene bis 2 cm lange Kristalle mit **dünnprismatischem** Habitus (Tafel 4 - IV, Abb. 5).

4. 6. 3 Bildung, Kristallisation, Wachstum

Die **Bildung des Gipses** ist relativ einfach zu erklären. Sie erfolgt aus der Reaktion der Schwefelsäure bzw. Sulfationen, die sich bei der Oxidation der im Ton enthaltenen Sulfide, im wesentlichen nur FeS_2, entwickeln, mit den ebenfalls im mergeligen Ton enthaltenen Kalkanteilen bzw. Calciumionen. Die Löslichkeit des $CaSO_4$ in Wasser ist zwar gering (3 g $CaSO_4$ / 1 l H_2O, etwas abhängig von der Temperatur und den Lösungsgenossen), jedoch noch groß genug, um nicht am Reaktionsort sofort auszufallen. So kann ein Lösungstransport mit den wechselnd intensiv zirkulierenden Wässern erfolgen. Es kommt dabei zu einer konkretionären Anreicherung und Kristallisation des Gipses an günstigen Positionen in den mergeligen Tonlagen. Die wechselnden Löslichkeitsverhältnisse, bedingt z. B. durch längere Regen- oder Trockenperioden oder Änderung der Zirkulationsbedingungen, zeigen sich deutlich durch Ätzerscheinungen an den Kristalloberflächen.

Schwieriger zu erklären sind **die Kristallisationsvorgänge, die Kristallisationskinetik, die Keimbildung und das Wachstum**. Mit Ausnahme der Kristallisation in Hohlräumen wachsen die Gipskristalle und -aggregate im Ton. Bei den **rosettenförmigen** Gebilden erfolgte um einen Kern mit hoher Keimdichte ein **radialfaseriges Wachstum**. Beim weiteren Wachstum führte eine Keimauslese zum Weiterwachsen einzelner Kristalle. Wie auch in den anderen Fällen wurde dabei die umgebende plastische Tonmatrix verdrängt, wobei z. T. die Kristallflächen recht gut entwickelt sind. In den Kristallen sind nur sehr wenige Einschlüsse von Tonmaterial enthalten.

Tafel 4 - IV : Habitus - Typen der Gipskristalle aus dem Rupelton von Bad Freienwalde (Beitrag & Fotos Bautsch)

Abb. 1 **Rosettenförmig** gewachsene Gipskristalle mit tafeligem Habitus

Abb. 2 **Tannenbaumartige** Gipskristallisation eines Zwillings nach (100)

Abb. 3 Zwei zusammengewachsene Gipsaggregate vom **rosettenförmigen und tannenbaumartigen** Typ

Abb. 4 Gipskristall mit **prismatischem** Habitus und weiteren aufgewachsenen dicktafeligen Kristallen

Abb. 5 Aufgewachsene **dünnprismatische** Kristalle verzwillingt nach (100)

Beim **tannenbaumartigen** Typ erfolgte anscheinend die Keimbildung etwas anders. Ein Zwillingskeim förderte das Wachstum in einer Richtung in der Zwillingsebene (100) und das symmetrische Weiterwachsen parallel angeordneter Kristalle. Sehr deutlich zeigt sich dabei der Widerstand der verdrängten plastischen Tonmatrix, indem die Kristalle durch Gleitung in der (010)-Ebene charakteristische Verbiegungen zeigen; diese sind besonders gut zu beobachten in dünnen Spaltstücken wegen der geringen Anteile eingeschlossenen Tonmaterials. Die Entstehung der kompakteren Zwillingskristalle hängt wahrscheinlich auch mit dem Tongehalt zusammen: Die Zwillinge können die Tonmatrix wesentlich leichter verdrängen.

Bei den **langprismatischen** Kristallen handelt es sich um skelettartig gestreckt gewachsene Einkristalle, die teilweise dann beidseitig noch tafelig in die Breite gewachsen sind. Auch hierbei kann man gut die Verbiegung der Längsachse durch den Widerstand der Umgebung beim blastischen Wachstum der Gipskristalle erkennen. Die vereinzelten kleineren, gut ausgebildeten Kristalle sind ebenfalls in der Tonmatrix gesproßt, wohl unter besonderen Bedingungen isostatischer Verhältnisse.

4. 6. 4 Kristallformen

Die bei den Gipskristallen und unterschiedlichen Habitus-Typen vorliegenden **Kristallformen sind bisher noch nicht bestimmt worden**; es bleibt eine vielleicht interessante Aufgabe. Die Angaben zu den Formen und deren Indizierung beruhen also nicht auf den eigentlich notwendigen goniometrischen Messungen, sondern auf Abschätzungen der Winkelbeziehungen der Flächen im Vergleich zu den von Gips bekannten Werte. Für die hier vorgenommene **Indizierung** wurde die **morphologische Aufstellung** nach Des Cloizeaux (1886) benutzt mit dem Achsenverhältnis a : b : c = 0, 6911 : 1 : 0,4145 und einem Winkel zwischen a und c von ß = 98°58′ (z.B. bei Niggli oder Philipsborn verwendet). Da Gips in der monoklin-prismatischen **Kristallklasse 2/m** kristallisiert, gibt es eine ganze Reihe von Aufstellungen und entsprechend unterschiedliche Indizierungen.

Durch die **Symmetrie vorgegeben** ist die **Fixierung der b-Achse** parallel zur zweizähligen Achse und normal zur Spiegelebene. In der Kristallstruktur des Gipses mit der Formel $CaSO_4 \cdot 2\,H_2O$ liegen parallel zu dieser Ebene (010) Doppelschichten von $(SO_4)^{2-}$ - Tetraedern und Ca^{2+}-Ionen, wobei diese Schichten beidseitig von Lagen aus H_2O begrenzt werden, zwischen denen nur sehr schwache Bindungskräfte wirken. Daraus folgen die ausgezeichnete **Spaltbarkeit** nach (010), die leichte **Translationsfähigkeit** darin und die geringe Härte. Auch die muschelige Spaltbarkeit nach (100) und die faserige Spaltbarkeit nach (111) lassen sich kristallstrukturell begründen.

Am einfachsten zu beschreiben sind die aufgewachsenen **dünnprismatischen** Kristalle, gestreckt nach c und überwiegend verzwillingt nach (100) mit den Formen (010) und (110) in der Zone [001]. Den Anschluß bilden oft (111) oder ($\bar{1}$11). Auch bei den kleineren Einzelkristallen lassen sich die Formen ableiten, sie sind tafelig nach (010) kombiniert mit den Prismen (110) und (111); beim zweiten Trachttyp kommt noch ($\bar{1}$11) hinzu. Die **großen kompakten Zwillingskristalle** nach (100) sind dicktafelig nach (010) begrenzt vom Prisma (110). Bei den **tannenbaumartigen** Zwillingsgebilden werden die symmetrisch herausragenden Parallelverwachsungen wohl gebildet durch die Kombination von (111) und ($\bar{1}$11), wozu noch (011) und (023) kommen können. Die Umgrenzung bilden (010) und nur sehr schmal ausgebildet (110). Die **langprismatischen Kristalle** erscheinen gestreckt nach [10$\bar{1}$] mit der Kombination (010), fast verschwindend beim tafeligen Wachstum, (111) und (011); (110) bildet sich nur teilweise sehr schmal aus. Die flachtafeligen Kristalle der **rosettenförmigen Aggregate** scheinen nur aus den flach zueinander liegenden Prismen (111), (011) und (023) gebildet zu sein, wobei (110), selten wohl auch (210), und (010) nur die Kanten nachzeichnen.

4. 7 Industrie und Umwelt

von Alexander Hultzsch

Der in Bad Freienwalde anstehende **Septarienton** wird seit 1414 industriell gewonnen und verziegelt. Anfänglich wurden trotz der im Ton bekannten Schadstoffe (Sulfate) durch natürliche Aufbereitung (sommern / wintern) Dachziegel - also dünnwandige keramische Produkte - hergestellt.

Mit größerem Massendurchsatz konnte in späteren Phasen der keramischen Produktion der natürliche Aufbereitungsprozeß nicht mehr industriell nachvollzogen werden. Die in der keramischen Masse enthaltenen Schadstoffe mußten hier belassen bleiben und veränderten damit die Produktionspalette erheblich. Die Produktion wurde auf Drainrohre unterschiedlicher Formatierung umgestellt. Das Ergebnis der Lagerstättenerkundung im Jahre 1956 führte unter dieser Voraussetzung zum Neubau eines Drainrohrwerkes auf dem Standort des alten Alaunwerkes.

Mit gewachsenen technologischen Möglichkeiten wird die Produktion derzeit umgestellt. [*Anmerkung des Herausgebers* : Nach neuesten Informationen aus dem Ziegel- und Drainrohrwerk (Frdl. Mitt. von Herrn Croon, 6. 5. 94) sollen nach Fertigstellung des Neuwerkes 1995/96 unter Zumischungen von Sand als Magerungsmittel und von Sägespänen zur Porosierung Hochlochziegel hergestellt werden (Abb. 4. 7 - 1); eine Verbreiterung der Angebotspalette wird angestrebt.]

Bereits frühzeitig wurden die im Kaninchenberg anstehenden **oberoligozänen Sande** als Magerungsmittel eingesetzt. Im Ergebnis einer später folgenden Fehlbemusterung wurden sie wegen der hier untergeordnet schichtförmig angereicherten Schwerminerale (u. a. Zirkon) als "Schwermineralsande" bekannt. Die "Schwermineralsande" werden im derzeitigen Aufschluß gegen hangende pleistozäne Kiessande durch eine nach NE zum Oderbruch gerichtete Erosionsdiskordanz abgegrenzt. Die Diskordanzfläche ist durch eine restmoränale Blockanreicherung gekennzeichnet (s. Abb. 4. 2 - 1).

Die im **Stettiner Sand** auftretenden schaligen Toneisensteinbänke waren früher rohstoffliche Grundlage eines Hammerwerkes, das seit 1719 mit zwei Hämmern im Hammertal betrieben wurde.

Das Alaunwerk, dessen Rohstoffbasis das **Alaunerz** bildete, wurde am Standort des derzeitigen Drainrohrwerkes zwischen 1717 und 1862, also 145 Jahre lang, betrieben. Die Gewinnung des Alaunerzes wurde untertägig in Stollen und Strecken getätigt. Die hier u. a. betriebene Gerhard-Strecke besaß unmittelbar in der Nähe des Teufelssees ein Mundloch, das mit Rüdersdorfer Kalkstein ausgekleidet war. Spätere Bohrungen der Tonlagerstättenerkundung von 1956 trafen in einer Teufe von 28 m noch Grubenholz dieser Strecke an. Die von der ehemaligen Alaunsiederei stammenden ausgelaugten Tone wurden am Teufelssee auf Halde verstürzt und früher in der keramischen Produktion dann eingesetzt, wenn Steine mit besonderer Rotfärbung produziert werden sollten.

Der **miozäne Sand** wurde langzeitlich in der Gießereiindustrie als Formsand eingesetzt. [*Anmerkung des Herausgebers:* Hier sei auf die Beobachtung von Brose (1973) hingewiesen, der herausfand, daß lithifizierte Partien dieses Sandes, also Sandsteine, gelegentlich in der Region als Baumaterial verwendet wurden, so im unteren Bereich des Bergfrieds, des sogenannten Grütztopps, von Stolpe.]

Die im Normalprofil anstehenden **Braunkohlenflöze** wurden anfänglich auf Verlangen des Alaunwerkes nach umweltfreundlicher und billigerer Feuerung abgebaut und genutzt. Sie ersetzten die bis dahin gängige Holzfeuerung.

Die **Bad Freienwalder Eisenquellen** stehen mit den tertiären Schichtengliedern ebenfalls in enger Beziehung, wobei die oberoligozänen Quarz- und

Glimmersande als Grundwasserleiter wirken. Ihre Heilkraft wurde bereits im Jahre 1648 kurfürstlich bestätigt.

Derzeit laufen im **Ton- und Sandaufschluß** Gewinnungsarbeiten, wobei für die Gewinnung des Septarientones allein 20% der Vorratsmasse als Hangend- und Böschungsverluste ermittelt wurden. Renaturierungsprozesse haben noch nicht gegriffen, so daß besonders der Tonaufschluß am Rande des Barnim-Plateaus und im Anschnitt des Hammertales eine erhebliche Störung des ursprünglichen Landschaftsbildes darstellt.

Es ist davon auszugehen, daß zukünftig bei der Gewinnung unter bergamtlicher Aufsicht und in Anwendung umweltgesetzlicher Regelungen Renaturierungsprozesse greifen, wobei neben der bodenmechanischen Sicherung der Endböschungssysteme besonders Sukzessionsprozesse gefördert werden. Es wird erwartet, daß ein weiterer Abbau innerhalb der Tertiärscholle von Bad Freienwalde ausschließlich nach Bestätigung eines landschaftspflegerischen Begleitplanes zugelassen wird.

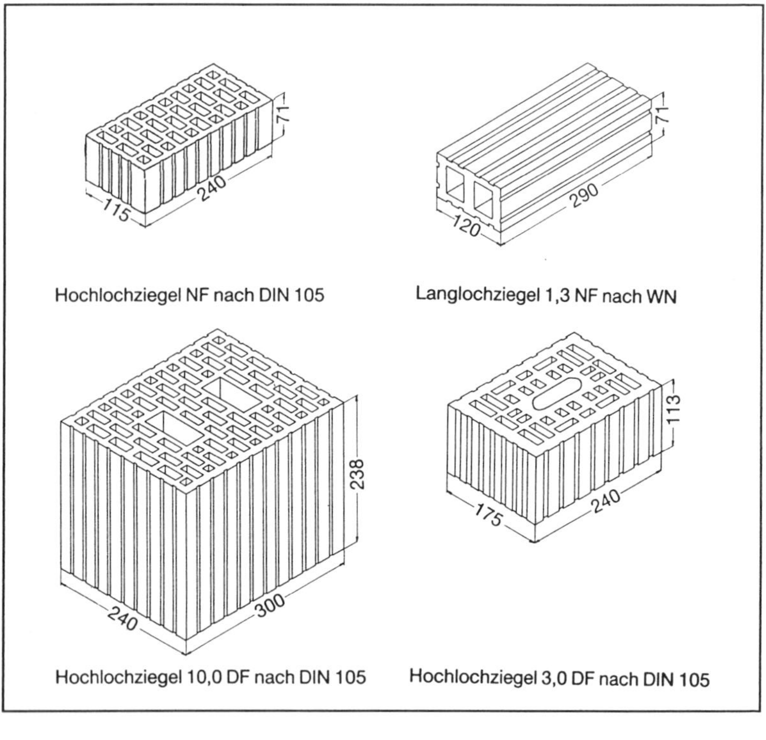

Abb. 4. 7 - 1: Bad Freienwalder Mauerziegel: Hoch- und Langlochziegel, wie sie von der Ziegel - Dränrohr GmbH seit einiger Zeit angeboten werden ; alle Maße in Millimetern. (Quelle: Datenblatt Nr. 7022 / 01 der Ziegel - Dränrohr GmbH; reproduziert mit frdl. Genehmigung der Gesellschaft)

5 Exkursionsziele Quartär

5. 1 Altranft: Geologischer Lehrpfad

von Martin Hannemann

5. 1. 1 Lokalität und Geschichte

Der Lehrpfad liegt verkehrsgünstig westlich von Altranft in einer auflässigen Sandgrube (s. Abb. 5. 1 - 1). Er wurde auf Initiative und nach Anleitung des damaligen Direktors des Oderlandmuseums in Bad Freienwalde, Herrn Hans Ohnesorge, von Schülern des Ortes Altranft mit Unterstützung naturwissenschaftlicher Institutionen und Einrichtungen im Jahre 1964 eröffnet und seitdem erweitert und gewartet.

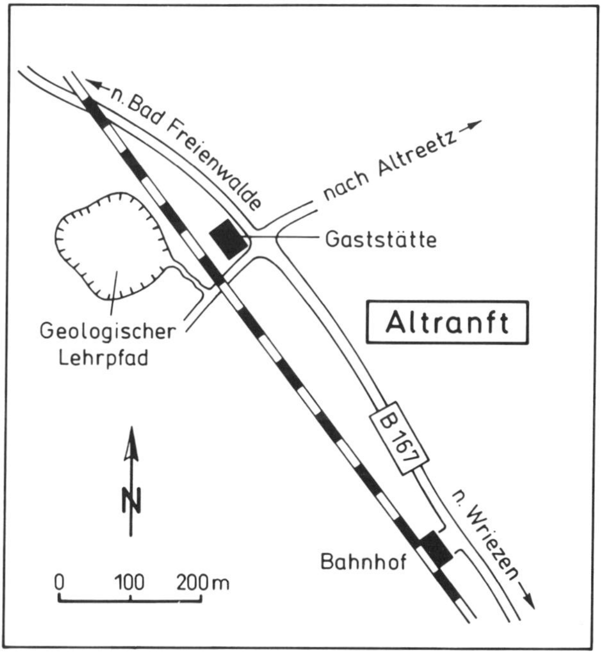

Abb. 5. 1 - 1: Lage des geologischen Lehrpfades von Altranft

5. 1. 2 Befund

In der ehemaligen Sandgrube (Wände überwiegend verstürzt, Anstehendes leicht freizulegen) können besichtigt werden:

Periglaziale Schwemmkegelsande

Die Grube liegt im periglazialen Altranfter Schwemmkegel an einer Stelle, an der ein kleines periglaziales Trockental ("Altranfter Trockental") aus dem Freienwalder Hochflächenkomplex kommend in die große Oderbruchdepression einmündet (s. Abschnitt 5. 10). Die anstehenden Sande sind - ebenso wie die anderen, am westlichen Oderbruchrand häufig terrassenförmig auftretenden Sande - früher als "Talsande" angesehen und kartiert worden. Seit Lembke (1954) ist bekannt, daß die im Raum von Bad Freienwalde auftretenden, bis zu 12 km langen Trockentäler im Weichsel-Spätglazial über Dauerfrostboden entstanden sind und daß aus den Trockentälern die am Oderbruchrand weit verbreiteten und zum Teil sehr mächtigen periglazialen Schwemmkegel geschüttet worden sind. Die anstehenden periglazialen Sande sind vergleichsweise schlecht sortiert und schlecht gerundet, sie sind hier an der Mündung des Trockentales verhältnismäßig grob ausgebildet (überwiegend Mittelsande). An ihrer Basis-

Tabelle 5. 1 - 1: Geschiebe am Lehrpfad von Altranft

Alfred Müldner bestimmte die am Lehrpfad ausgelegten Geschiebe fachmännisch und versah sie mit den Nummern, die in dieser Tabellle wiedergegeben sind (nach Ohnesorge, 1982).

1	Rapakivigranit mit kleinen Hornblendeeinschlüssen aus Nystadt/Westfinnland
2	Gneisgranit aus Südschweden
3	Gneisgranit mit durch Feldspat angereicherten Kluftflächen, überall im Norden vorkommend
4	Schwedischer Granit mit Abschleifflächen
5	Åland - Rapakivigranit mit deutlichen Ovoiden (= eiförmigen Einschlüssen) / Ålandinseln
6	Feinkörniger Granit ohne spezifische Merkmale
7	Feinkörniger Diorit aus Südschweden
8	Åland - Rapakavigranit / Ålandinseln
9	Gneisgranit, in Skandinavien weit verbreitet
10	Hornblendegneis mit Quarzader / Mittel- und Südschweden
11	Gneis mit Pegmatitader / Nord- und Südschweden
12	Augengranit Typ Örebro / Schweden
13	Grobkörniger Granit mit Gletscherschliff (kein Leitgeschiebe)
14	Ålandgranit / Ålandinseln
15	Grobkörniger Granodiorit stark mit Biotit durchsetzt / Schweden
16	Skolithenquarzit aus dem Unteren Kambrium / Südschweden
17	Diabas aus Kinne / Mittelschweden
18	Hornblendegneis mit gemischten Gängen und Schliffspuren / Schweden
19	Granit mit Granaten und zwillingsstreifigem Plagioklas / Schweden
20	Pegmatitgranit / Schweden, daneben liegend ein Gneis mit Schichtstörung (Gangaufbiegung)
21	Dichter Öjediabas mit einigen Mandeln (Calcit) / Schweden
22	Porphyrischer Granit Typ Arnö / Mittelschweden
23	Åland - Quarzporphyr / Ålandinseln
24	Åland - Rapakivigranit / Ålandinseln
25	Filipstad - Granit / Mittelschweden
26	Gneis mit groben Biotitlinsen und Gängen / Schweden
27	Gefalteter Gneisgranit, feinkörniger Typ aus Vislanda / Südschweden
28	Dala - Quarzit aus der Provinz Dalarne / Mittelschweden, metamorphes Gestein aus Sandstein wie Nr. 30 entstanden
29	Augengranit Typ Järeda / Mittelschweden
30	Dala - Sandstein / Mittelschweden (siehe Nr. 28)
31/1	Granit Typ Vänge/Mittelschweden
31/2	Biotitreiches metamorphes Gestein, stark zertrümmert, Spalten mit Quarz ausgefüllt, kein Leitgeschiebe
32	Smålandgranit mit Blauquarz / Südschweden
33	Kontakterscheinungen zwischen zerquetschtem rot-grauem, massivem Granit / Schweden
34	Granit / Schweden, kein besonderes Leitgeschiebe
35	Pegmatitgranit, Vorkommen nicht näher bekannt
36	Durch Tafel ausgewiesene tertiäre Braunkohle aus dem Mittelmiozän, Schluff und Glimmersande
37	Durch Tafel und Nummer ausgewiesener tertiärer Sandstein

fläche gibt es meist eine Schicht von nordischen Geröllen und Geschieben.

Bildungen des Tertiärs und Geschiebemergel

Im nördlichen Teil der Grube stehen unter periglazialen Sanden helle **miozäne Sande (Glimmersande)** und etwa in Grubenmitte **schwarzgrauer Braunkohlenschluff und Braunkohle** an. Die miozänen Sande sind in einer etwa 10 cm mächtigen Schicht sandsteinartig mehr oder minder stark verkieselt. Sowohl Braunkohle als auch Sandstein wurden früher im Raum Bad Freienwalde abgebaut. Die Vorkommen sind glazigen aufgestaucht und befinden sich zum Teil möglicherweise auf sekundärer Lagerstätte. Neben Braunkohle und Braunkohlenschluff ist in einem Schurf auch **Geschiebemergel** gefunden worden (vermutlich elsterkaltzeitlich, Hannemann unveröffentlicht).

Geschiebe

Wesentlicher Bestandteil des Lehrpfades ist eine große Anzahl von mittelgroßen bis großen Geschieben, die in Tabelle 5. 1 - 1 aufgelistet sind.

5. 2 Falkenberg: Glazigene Stauchungen von Martin Hannemann

5. 2. 1 Lokalität

Aufschluß am Westausgang von Falkenberg, unmittelbar nördlich der Straße nach Hohenfinow (Meßtischblatt 3149; Karte I).

5. 2. 2 Befund

Das Aufschlußbild ist in Abb. 5. 2 - 1 wiedergegeben. Unter maximal 1,8 m mächtigem, söhlig lagerndem weichselkaltzeitlichem Geschiebemergel folgen 0,3 m mächtiger toniger Schluff und darunter bis 0,3 m mächtige parallelgeschichtete Fein- bis Grobsande. Diese glazigen ungestörte Folge liegt diskordant auf bis zu 15 m unter der Geländeoberkante aufgeschlossenen, stark gestörten Sandschichten (Pleistozän mit eingeschalteten Miozän- und Pliozän(?)-Schollen). Die teilweise invers lagernde Folge zeigt stark streuende Streichrichtun-

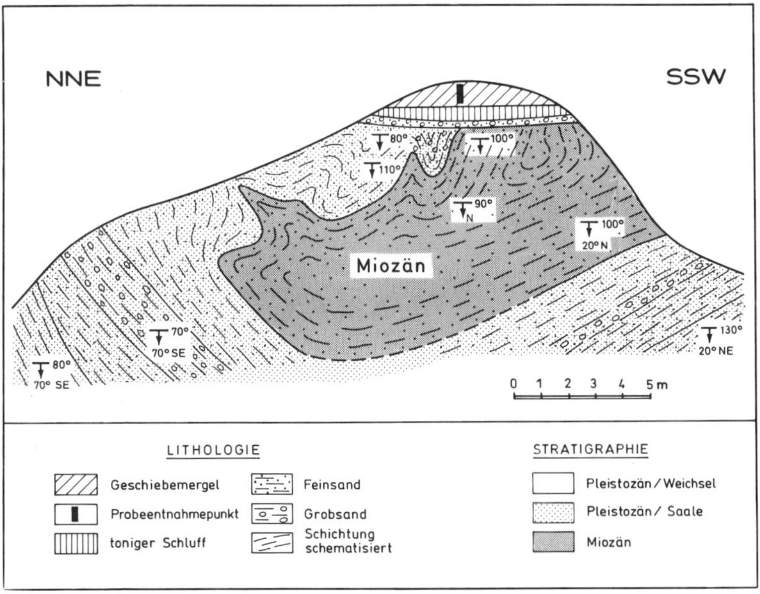

Abb. 5. 2 - 1: Aufschlußbild der glazigenen Stauchung von Falkenberg
(Beitrag Hannemann / Zeichnung Dunker)

gen mit einem Maximum bei NE - SW. Aufgrund des Auftretens nordwestvergenter Falten kann für die zugehörige Gletscherbewegung eine NW - SE - Richtung angenommen werden.

Das Vorkommen von glazigen ungestörten Schluff- und Sandschichten zwischen ungestörtem weichselkaltzeitlichem Geschiebemergel und stark gestauchten liegenden Schichten spricht für ein höheres Alter der glazigenen Dislokationen als weichselkaltzeitlich. Diese Anschauung wird durch Messungen der Geschiebeorientierung unterstützt: Das Maximum liegt bei 50°; diese Orientierung reflektiert die Eisbewegungsrichtung. Weitere Hinweise kommen aus der Geschiebestatistik: 3,6 % Tonstein (T), 2,4 % Flint (F), 36,5 % Kalkstein (Ka), 30,6 % Kristallin (Kr), 16,2 % Sandstein + Quarzit, 0,9 % Quarz, 9,9 % Sonstige + Unbestimmbare. Die jeweils für die zeitliche Zuordnung des Geschiebemergels diagnostischen Verhältnisse (s. auch Abschnitte 3 sowie 5.4) ergeben sich wie folgt: F : Ka = 0,066, Kr : T = 8,5, Kr : Ka = 0,84.

5. 2. 3 Interpretation

Diese Ergebnisse stimmen mit den Beobachtungen in anderen Teilen des Jungmoränengebietes Brandenburgs überein: Die tiefgreifenden glazigenen Störungen sind nicht erst, wie bisher angenommen worden ist, in der Weichsel-Kaltzeit, sondern bereits in der Saale-Kaltzeit oder noch früher entstanden. Die Freienwalder Höhen sind ebenso wie andere geomorphologisch exponierte Gebiete weichselkaltzeitlich vom Gletscher überfahrene und umgeformte Reste von saalekaltzeitlichen Stauchendmoränen. Sie hatten in der Weichsel-Kaltzeit eine deutliche Strompfeilerwirkung.

5. 3 Aussichtspunkt Liebenstein

von Sixten Bussemer, Peter Gärtner & Norbert Schlaak

Zu den interessantesten und schönsten Aussichtspunkten Nordostbrandenburgs zählt ohne Zweifel der Liebenstein bei Hohenfinow. Von hier aus bietet sich dem Betrachter das Panorama von der Großen Baltischen Endmoräne über das Oderbruch bis zum Steilabfall des Hohen Barnim. Markante Orientierungspunkte

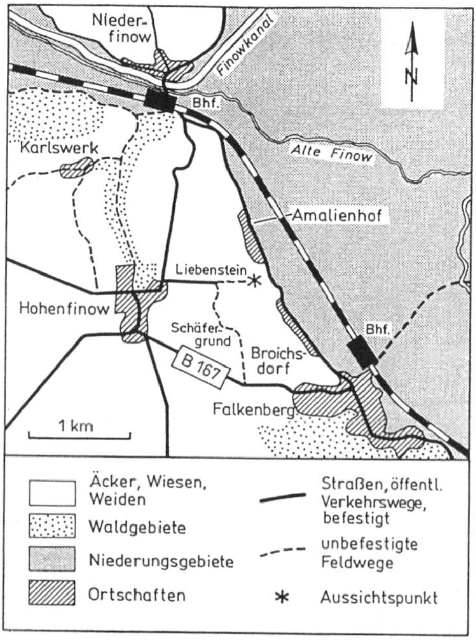

Abb. 5. 3 - 1:
Lage des Aussichtspunktes Liebenstein
(Beitrag Bussemer, Gärtner & Schlaak / Zeichnung Dunker)

bilden von Nord nach Süd:

- das Schiffshebewerk Niederfinow mit dem Ansatz der Hauptterrasse des Thorn - Eberswalder Urstromtales in 36 m ü. NN;
- der Lieper Spezialbogen mit seinem steilen Abfall bei Oderberg;
- das Tal der Alten Oder;
- die Endmoräne der Neuenhagener Oderinsel bei Schiffmühle;
- über den Oderstrom die Ostflanke des Oderbruches;
- Bad Freienwalde am Fuße der Barnimplatte.

Abb. 5. 3 - 2: Steilabbruch der 36 - m - Terrasse des Eberswalder Urstromtales zum Odertal vom Liebenstein aus gesehen; der Höhenunterschied wird für die durchgehende Schiffahrt vom Schiffshebewerk Niederfinow (s. Abb. U 3) überwunden; im Hintergrund der Lieper Endmoränenbogen (Foto Schlaak)

Abb. 5. 3 - 3: Kulissenartig gestaffelter Nordostrand des Barnim zum Odertal bei Bad Freienwalde vom Liebenstein aus gesehen (Foto Schlaak)

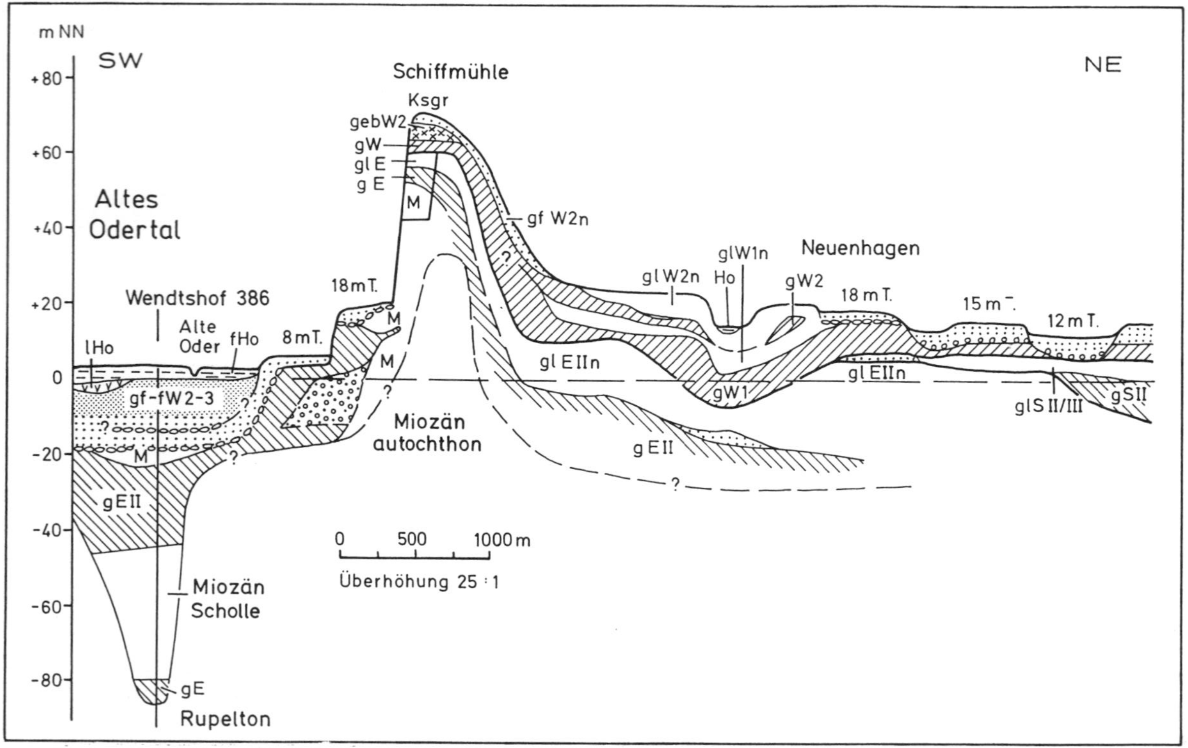

Abb. 5. 4. 1 - 1: Geologischer SW - NE - Schnitt durch den SW - Teil der Neuenhagener Oderinsel mit Position des Aufschlusses Schiffmühle (s. Abschnitt 5. 4. 4)

Man beachte die kräftige Erosion am ehemaligen Prallhang der Alten Oder sowie die Erosionsdiskordanz zwischen der Weichsel - Grundmoräne und dem Elster-Komplex.

(Nach Hellwig, Lippstreu & Ziermann, 1977, und unveröffentlichten Unterlagen zusammengestellt von Cepek; Stand 1992 / Zeichnung Amlow u. Dunker)

Abkürzungen s. Anmerkung zu Tabelle 3. 2 - 1, S. 30

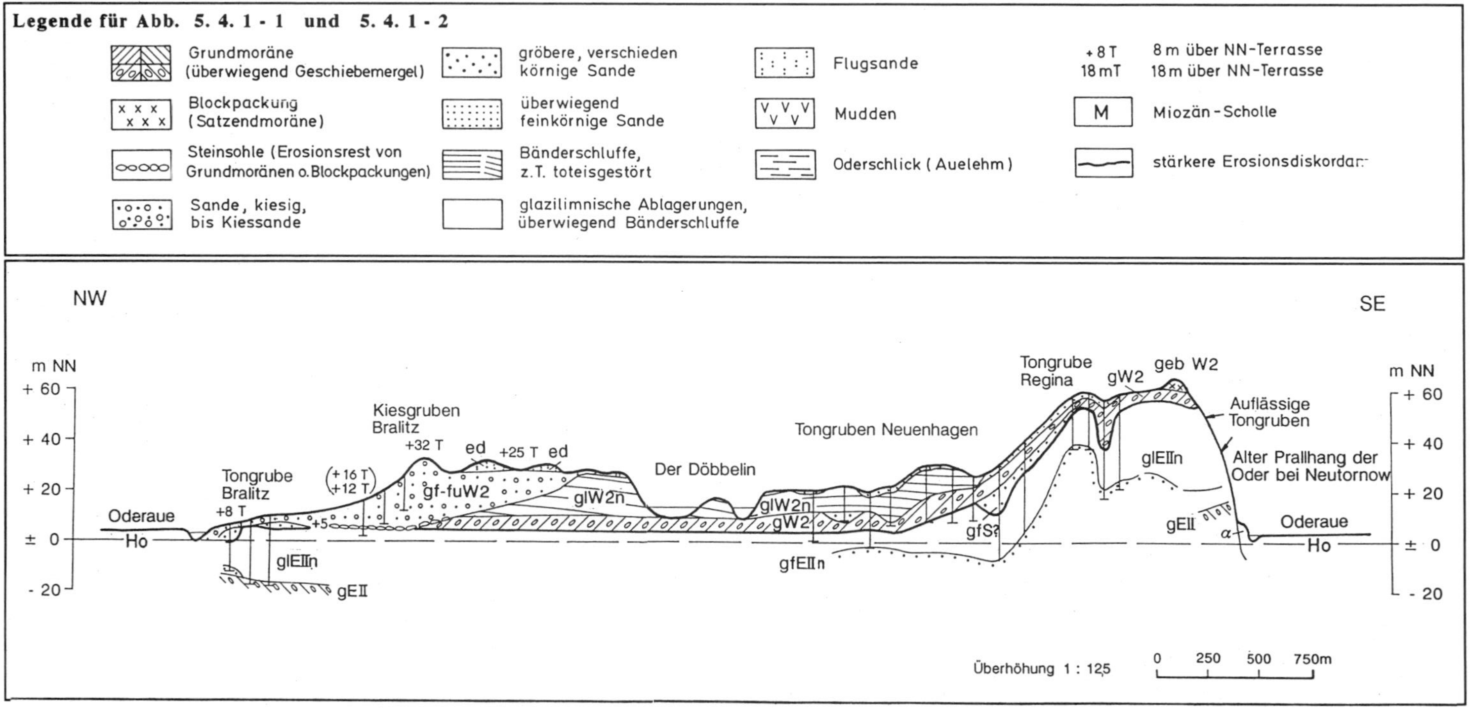

Abb. 5. 4. 1 - 2: Geologischer NW - SE - Schnitt durch die Neuenhagener Oderinsel (Nach zahlreichen Steine - und - Erden - Erkundungsbohrungen, bearbeitet von Bormann, Cepek, Mehner u. a.; Zusammenstellung Cepek, Stand 1992 / Zeichnung Amlow)

5. 4 Neuenhagener Insel

5. 4. 1 Geologische Verhältnisse

Mit zwei geologischen Schnitten auf S. 78 u. 79

von Alexander G. Cepek

Der als Folge des 1753 fertiggestellten Kanals zwischen Güstebiese und Hohensaaten (vgl. Abschnitt 7. 3) zur Insel zwischen "Alter" und "Neuer" Oder gewordene pleistozäne Hochflächenrest von Neuenhagen ist seit Jahrzehnten durch zahlreiche Ton- und Kiesgruben sowie geologische Erkundungsbohrungen auf diese Rohstoffe im dichten Netz quartärgeologischen Arbeiten zugänglich und kann gegenüber anderen Gebieten als gut erforscht gelten (Berendt & Schröder, 1899; Liedtke, 1956 / 57; Cepek, 1960; Brose & Präger, 1983; Hellwig, Lippstreu & Ziermann, 1977; Cepek, im Druck; Abschnitt 5. 4. 4).

Die Grundzüge der quartären Schichtenfolge und Lagerung sind in der Geologischen Karte (Karte III) und durch die beiden geologischen Schnitte (Abb. 5. 4. 1 - 1 und - 2) veranschaulicht. Das morphologische Rückgrat bildet der nach Norden konkave **Endmoränenlobus,** in dessen **Stauchmoränenkern** verbreitet Schichten des Miozäns und der Elster-Vereisung, z. T. auch jüngere pleistozäne Schichten aufgeschlossen sind (Aufschluß Schiffmühle - 5. 4. 4, sowie bei Tornow und Gabow). Ungeklärt ist bisher, ob die miozänen Schichten nur als **glazigene Schollen** vorliegen oder z. T. noch Verbindung mit dem anstehenden Tertiär haben. Hinsichtlich der **elstereiszeitlichen Ablagerungen** ist zu betonen, daß sie bei ± 0 m NN und tiefer ihr normales Ablagerungsniveau haben, also den pleistozänen Sockel der Oderinsel bilden; im Bereich der Stauchmoräne sind sie bis ca. 60 m ü. NN aufgepreßt und aufgeschuppt. Entsprechendes gilt für die Stauchschuppenfetzen aus dem Saale-Komplex.

Diskordant überlagert werden die Bildungen im Stauchmoränenkern von der Grundmoräne des Pommerschen Vorstoßes (g W2) und den **Blockpackungen** aus einer Phase seines Außenrandes, hier ist der Stauchendmoräne also eine **Satzendmoräne** aufgesetzt. Es ist zu vermuten, daß der Stauchmoränenkern bereits im Saale-Komplex angelegt wurde.

Beide geologischen Schnitte zeigen kräftige **Erosionsdiskordanzen**, von denen eine zwischen den Ablagerungen der Glaziale Elster II und Weichsel auftritt. Daher sind Schichten des Saale-Komplexes in zusammenhängender Form nur im Nordosten der Oderinsel erhalten.

Das Hinterland des Endmoränenlobus ist modellartig ausgebildet: ein schmaler Bogen der dazugehörigen **Grundmoräne** (g W2) folgt unmittelbar nördlich, dann fällt diese zum **Zungenbecken** von Neuenhagen ab, dessen Depression mit dem **Neuenhagener Bänderschluff** (gl W2n) gefüllt ist. Bereits Liedtke (1956 / 57) wies darauf hin, daß diese Staubeckenablagerungen über und zwischen Toteis abgesetzt wurden (Hohlform des Döbbelin u.a., Abschiebungsstörungen infolge Toteisschmelzens).

Im Vorland des Endmoränenlobus ist **keine Sanderfläche erhalten:** Wie schon die Geologische Kartierung von Schröder (1899) zeigt, wurde der Sander von den aus dem mittleren Odertal nach Norden drängenden Schmelzwässern und der Oder vollständig erodiert, dabei wirkte die mit dem weiteren Eisrückschmelzen nach Norden immer tiefer gelegene Erosionsbasis im Ostseeraum verstärkend mit. So grenzen am Südost-Rand des Endmoränenlobus die holozänen Ablagerungen der Oderaue unmittelbar an, am W-Rand und im N-Teil der Neuenhagener Oderinsel ist eine seit der geologischen Kartierung bekannte **Terrassentreppe** erhalten, deren genauere Abgrenzung und Korrelierung mit entsprechenden Eisrandlagen aber erst in den letzten Jahren versucht wurde (Brose & Präger, 1977; Cepek, 1992 & im Druck). Wesentlich ist dabei nicht nur die geomorphologische Korrelation der Terrassen-Oberflächen, sondern auch die Beachtung ihrer Basisflächen (Cepek & Lippstreu, 1975).

Als Folge der Durchwaschung von Geschiebemergeln und Blockpackungen durch die nach Norden drängenden Wässer finden sich an der Basis der Talsandaufschüttungen weitflächig verbreitete, niveaubeständige **Steinsohlen** (Abb. 5. 4. 1 - 1 und - 2 sowie Photo 6/6 in Cepek, 1960). Von der 32 - m - Terrasse bis zur 8 - m - Terrasse sind alle **sechs Terrassen** mit ihren Basisflächen in den beiden geologischen Schnitten dargestellt; in Abb. 5. 4. 1 - 1 außerdem noch ein tiefliegendes Erosionsniveau bei ca. 18 m **unter** NN (das darüber folgende Niveau bei ca. 13 m unter NN ist unsicher). Die Korrelation der Terrassenniveaus mit den entsprechenden Eisrandlagen gibt die Tab. 3. 2 - 2. wieder.

Jüngste Bildungen sind die kleinkuppigen Dünenhügel auf den älteren Talsandterrassen sowie die holozänen Ablagerungen der Oderaue (vgl. dazu Tabelle 3. 2 - 3 und Abschnitt 7).

5. 4. 2 Ausgewählte Aufschlußpunkte der Neuenhagener Oderinsel

von Sixten Bussemer, Peter Gärtner & Norbert Schlaak

Im Bereich der Neuenhagener Oderinsel sind **auf engem Raum Formengruppen und sie charakterisierende Sedimente** verschiedener Phasen der Weichsel-Vereisung vergesellschaftet. Zum einen gehen sie auf Prozesse in unmittelbarer Nähe des Eisrandes bzw. auf das Niedertauen des Eises zurück, zum

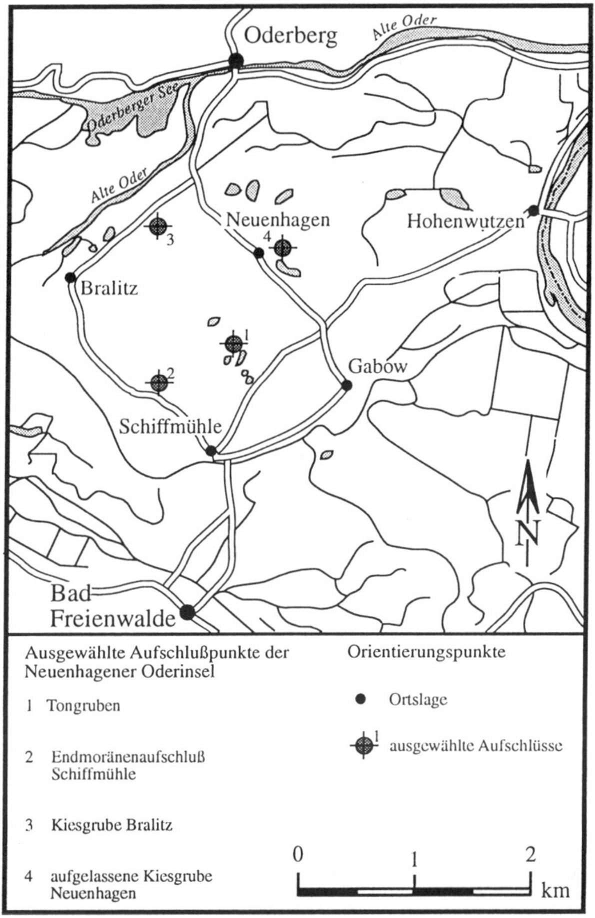

Abb. 5. 4. 2 - 1: Aufschlüsse auf der Neuenhagener Insel (Beitrag Bussemer, Gärtner & Schlaak / Zeichnung Laufmann)

anderen wurden sie durch Schmelzwasserströme jüngerer Eisrandlagen des abschmelzenden Odergletschers geschaffen. Für den Besucher bietet sich hier die Gelegenheit, an Aufschlüssen die Sedimente dieser verschiedenen Phasen der weichselhochglazialen Entwicklung des Odertales zu studieren. Auf der Karte Abb. 5. 4. 2 - 1 sind folgende Aufschlüsse markiert:

1. **Tongruben von Neuenhagen** (s. Abschnitt 5. 4. 5): Mit dem Niederschmelzen des Eises bildeten sich im Rückland dieser Eisrandlage Staubecken, in denen rhythmisch gelagerte Bändertone und -schluffe zur Ablagerung kamen.

2. **Endmoränenaufschluß Schiffmühle** (s. Abschnitt 5. 4. 3): Randbereich des Odergletschers mit vielgestaltigen Sedimenten.

3. **Kiesgrube Oderberg - Bralitz** (s. Abschnitt 5. 9) und 4. **Kiesgrube Neuenhagen**: Kiessande als Ablagerungen von Schmelzwasserströmen an weichselzeitlichen Eisrandlagen. Eine Steinsohle in der Kiesgrube Neuenhagen wird als Erosionsrelikt weichselzeitlichen Geschiebemergels aufgefaßt.

5. 4. 3 Blick vom Top der Endmoräne

von Sixten Bussemer, Peter Gärtner & Norbert Schlaak

Blick vom bewaldeten Hang der Endmoräne nach SW über das breite Tal der Alten Oder zum Nordostrand des Barnim. Deutlich erkennbar sind die vom Gletschereis aufgestauchten tertiären Sedimente bei Bad Freienwalde .

Blick nach NE über das flach abfallende Rückland der Oderinsel mit den zahlreichen Ziegeleigruben und der Ortschaft Neuenhagen. Bei guter Sicht sind die Aufragungen der Endmoräne bei Oderberg mit dem vorgelagerten Tal der Alten Oder und dem Oder-Havel-Kanal zu erkennen.

5. 4. 4 Der Großaufschluß von Schiffmühle

von Sixten Bussemer, Peter Gärtner & Norbert Schlaak

Einleitung

Dank ungewöhnlich guter Aufschlüsse bietet **die Endmoränenlandschaft** der Oderinsel bei Schiffmühle in mehrfacher Hinsicht **interessante Einblicke in ihren Aufbau**. In einer Reihe von Schürfen wurde eine aufgelassene große Sandgrube für wissenschaftliche Untersuchungen reaktiviert. Anhand von mehreren Profilen soll der Aufbau dieser Endmoräne demonstriert werden.

[*Anmerkung des Herausgebers:* Das Detail in der Wiedergabe mag zwar den Rahmen eines Exkursionsführers fast sprengen, erscheint aber im Sinne der Dokumentation eines wertvollen und nur allzu schnell vergänglichen Befundes gerechtfertigt.]

Die tertiären Schichten

Bereits die geologische Karte von 1891 zeigt aufsteigend aus dem Tal der Alten Oder bis in die unmittelbare Umgebung des Aufschlußgeländes selbst das oberflächennahe Anstehen von tertiären Sedimenten. Ein **glazigen verstellter Körper aus Tertiärsedimenten** bildet in verschiedenen Höhenlagen die Basis der Aufragung von Schiffmühle. Mit ca. 60 m wird im Profil 3 (Abb. 5. 4. 4 - 3) die höchste, im Profil 1 mit ca. 45 m die niedrigste Oberkante der tertiären Sande erreicht.

Ihren **Stoffbestand** bilden milchig-weiße Quarzsande und -kiese mit vereinzelten Schluffbahnen. Im Profil 4 sind diese im Basisbereich des ältesten Geschiebemergels braungefärbt. Weiterhin erscheinen in diesem Geschiebemergel Scherkörper aus glimmerhaltigen Feinsanden und Grobschluffen.

Besonders in Profil 3 wird die **glazigene Beanspruchung** der Tertiärsande

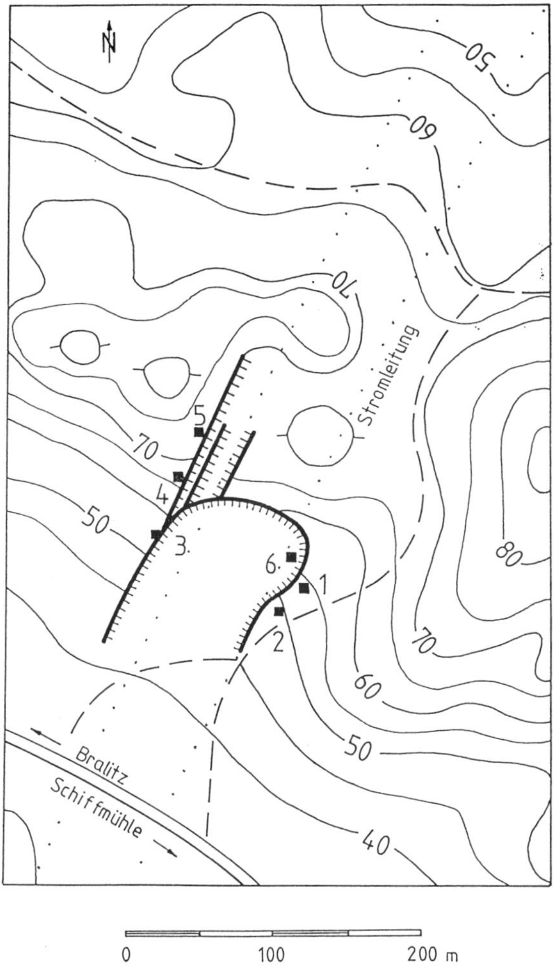

Abb. 5. 4. 4 - 1: Lage der im Endmoränenaufschluß Schiffmühle bearbeiteten Profile (Beitrag Bussemer, Gärtner & Schlaak / Zeichnung Laufmann)

deutlich: Die in sich parallel geschichteten Sedimentpakete zeigen Schichtverstellungen, die der aufstauchenden Wirkung des Gletschereises zugeschrieben werden müssen.

Die Geschiebemergel der Endmoräne

Sowohl in der Nordwestflanke als auch in der Nord- und Nordostwand der Kiesgrube Schiffmühle treten drei Geschiebemergel in Erscheinung.

Der liegende schwarze Geschiebemergel weist in seinen basalen Bereichen eingearbeitete braunschwarze Schluffe und Sande auf, die dort einen komplizierten Kontaktbereich zu den liegenden tertiären Sedimenten bilden. An der Nordwestflanke der Kiesgrube (Profil 4) besteht er aus braungefärbten Quarzsanden, die lehmig durchsetzt und glazigen verknetet sind. Er erstreckt sich über die gesamte nördliche Grubenwand bis zum Profil 6 und zeigt in seinen oberen Partien ein würfeliges bis pyramidales Gefüge. Die neben der Scherfuge in Profil 6 entnommene Probe GM 6 zeigt einige Besonderheiten in Habitus und Verteilung der Geschiebe. Bemerkenswert ist die "mehlige" oder z. T.

Abb. 5. 4. 4 - 2: Westseite des Endmoränenaufschlusses mit den Profilen 3 (links) **und 4** (rechts) **am Oberhang des Kuppenbereiches** (Foto Schlaak)

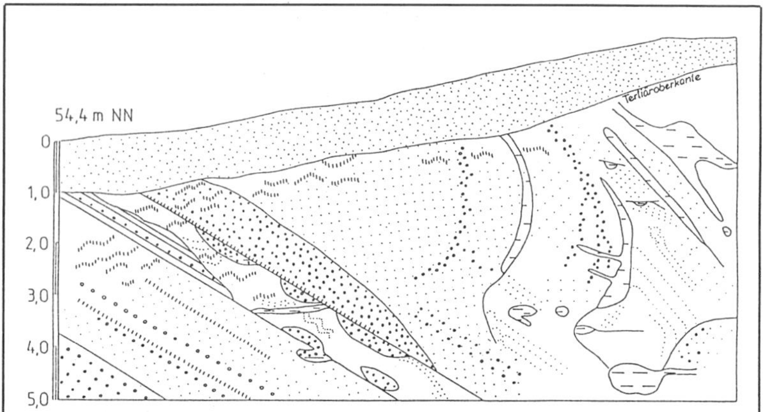

Abb. 5. 4. 4 - 3: Profil 3: Ausschnittskizze der glazigen verstellten tertiären Kiese, Sande, Schluffe und Tone. Im Hangenden wird die Schichtenfolge von einem tertiärführenden Geschiebedecksand abgeschlossen (s. Abb. 5. 4. 4 - 9) (Beitrag Bussemer, Gärtner & Schlaak)

"brotlaibartige" Verwitterungsstruktur der PK-Gruppe. Bei der Sandsteingruppe fällt die Verarmung bzw. das Fehlen der "weicheren" Vertreter auf. Sowohl der Feldbefund als auch der Geschiebebestand lassen eine unterschiedliche Stellung innerhalb des Elster-Komplexes vermuten.

Der untere graugelbe Mergel des Profils 4 (GM 4. 3.) hat ein saalezeitliches Geschiebespektrum (s. Abschnitt 3. 2). Nach dem PKgr / PKr+sz - Quotienten können W-, SIII- und E-Grundmoränen ausgeschlossen werden,

Grobsand (gS) — Grobschluff (gU) — Feinschluff (fU)
Mittelsand (mS) — Mittelschluff (mU) — Ton (T)
Feinsand (fS)

Legende für die in Balkendiagrammen dargestellten Korngrößenverteilungen in Abb. 5. 4. 4 - 4, 6, 7

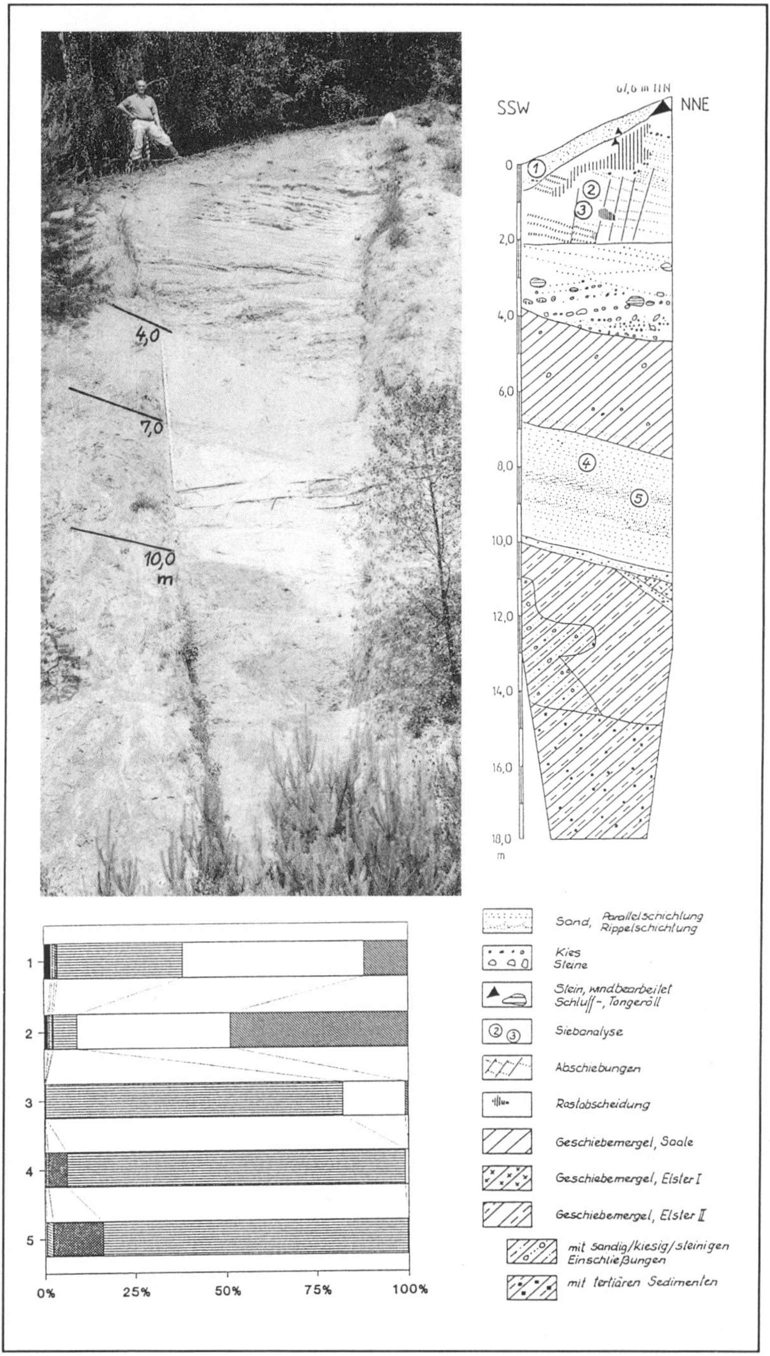

Abb. 5. 4. 4 - 4 Profil 4: Teilweise gestauchte saale- und elsterzeitliche Sedimente bilden den Kern der Endmoräne. Profilfoto mit erläuternder Skizze (oben) und Granulometrie (unten).

(Beitrag Bussemer, Gärtner & Schlaak / Foto Schlaak)

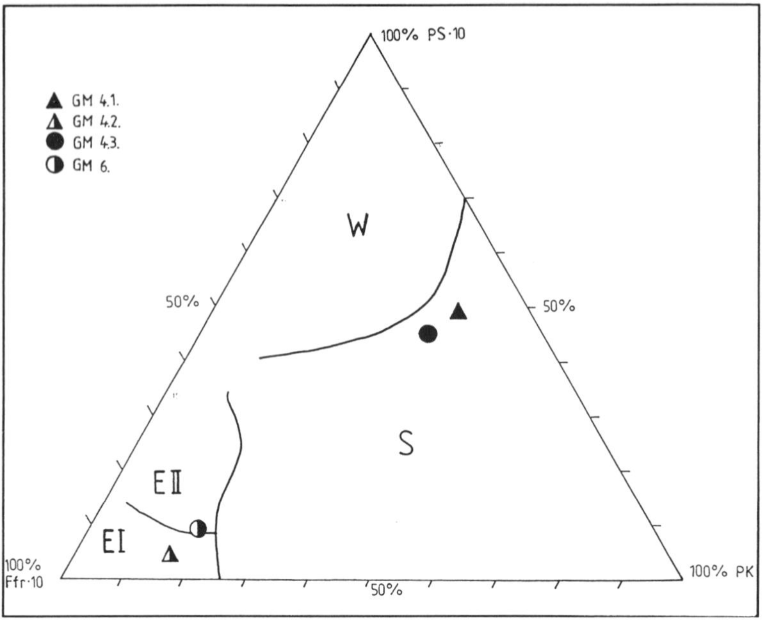

Abb. 5. 4. 4 - 5 Ergebnisse der Geschiebestatistik für verschiedene Geschiebemergel (= GM) im Endmoränenaufschluß von Schiffmühle. Methodische Erläuterung s. Abschnitt 3. 2 ; Abkürzungen: PS = paläozoische Schiefer; PK = paläozoische Kalke; Ffr = Feuersteine; E = Elster; S = Saale; W = Weichsel (Beitrag Bussemer, Gärtner & Schlaak)

SI und SII sind wahrscheinlich. Beim oberen graugelben Mergel des Profils 4 (GM 4. 1.) handelt es sich nach dem Auswertedreieck in Abb. 5. 4. 4 - 5 um die basisnahe Lage eines Saale - Geschiebemergels. Dafür spricht der PKgr / PKr+sz - Quotient; der NK / PK - Quotient bleibt indifferent. Nach unseren bisherigen Untersuchungen fehlt in diesem Bereich des Höhenzuges von Schiffmühle ein Mergel mit weichselzeitlichem Geschiebespektrum.

Die verwendeten Abkürzungen : PK - paläozoische Kalke; gr - grau, r - rot, sz - schwarz; NK - nordisches Kristallin

Die Blockpackung

Im Kuppenbereich des Höhenzuges zeigt Profil 5 (Abb. 5. 4. 4 - 6) eine Vielzahl von Steinen und Blöcken, die in ungeordnete karbonathaltige Schluffe, Sande und Kiese eingebettet sind. Sie entsprechen der Vorstellung von der klassischen Blockpackung, wie sie schon von Berendt & Schröder (1900) als "charakteristische Begleiter der Endmoräne" für das Untersuchungsgebiet beschrieben werden. Vereinzelt ist Windbearbeitung an Geschieben zu beobachten. Vorgelagert sind kalkfreie, hauptsächlich ungeschichtete Mittel- bis Feinsande mit einzelnen Steinen.

Die glazifluvialen und glazilimnischen Sedimente

Im Profil 4 (Abb. 5. 4. 4 - 4) folgen steinig-kiesige karbonathaltige Schüttungen auf den hangenden Geschiebemergel. Sie weisen **vereinzelt Ton- / Schluffgerölle** von bis zu 25 cm Durchmesser auf, die nur auf **kurze Transportwege** zurückgeführt werden können. Im Gegensatz dazu zeigen die hangenden rhythmischen Bildungen durchgehende Störungen mit Sprunghöhen im cm-Bereich. **Lagerungsstörungen** zeigen auch die Schichtenfolgen in Profil 5. Unter der Blockpackung werden wechsellagernde karbonathaltige Kiese und Feinsande von antithetischen Störungen erfaßt. (Fortsetzung S. 90)

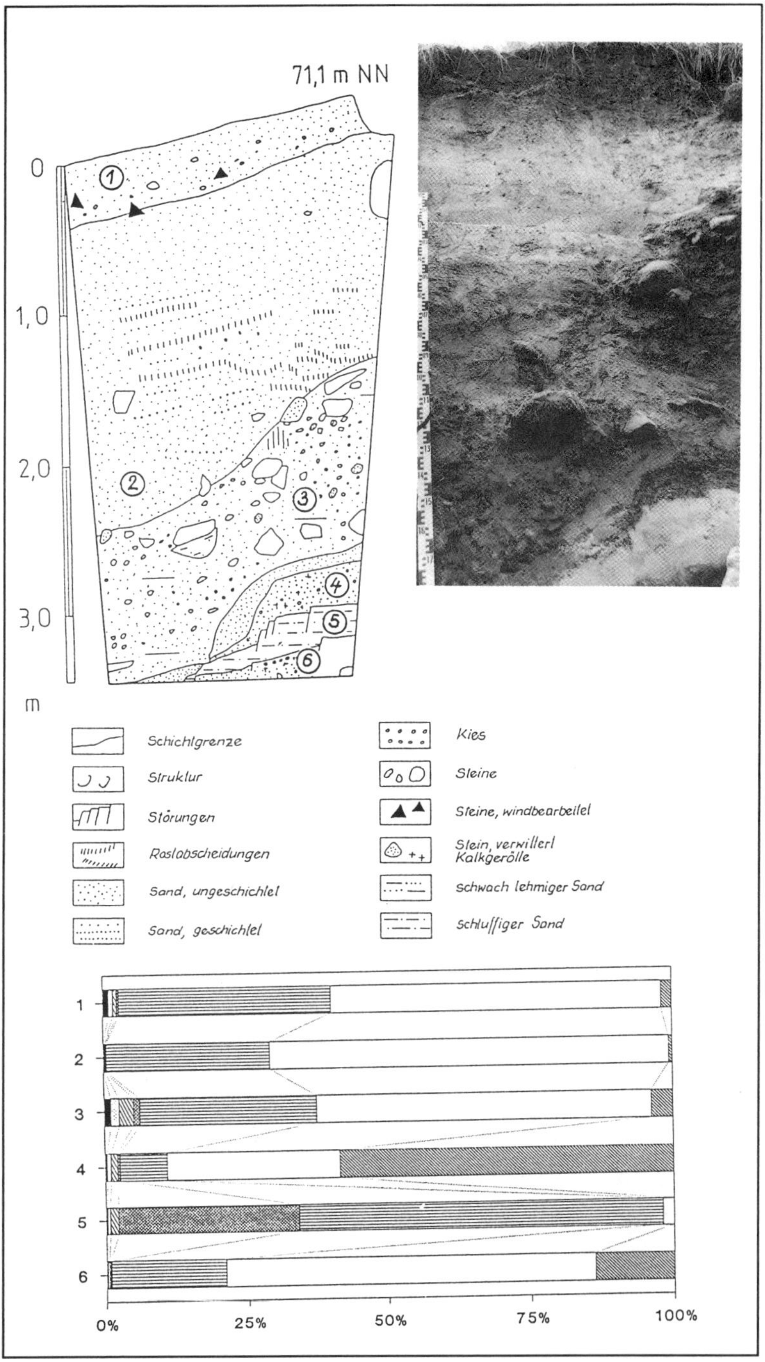

Abb. 5. 4. 4 - 6: Profil 5: Die Blockpackung (3) überlagert gestörte glazifluviatile und glazilimnische Sedimente (4 - 6). Sie wird von Flugsanden (2) und Geschiebedecksand (1) überlagert.

(Beitrag Bussemer, Gärtner & Schlaak / Foto Gärtner)

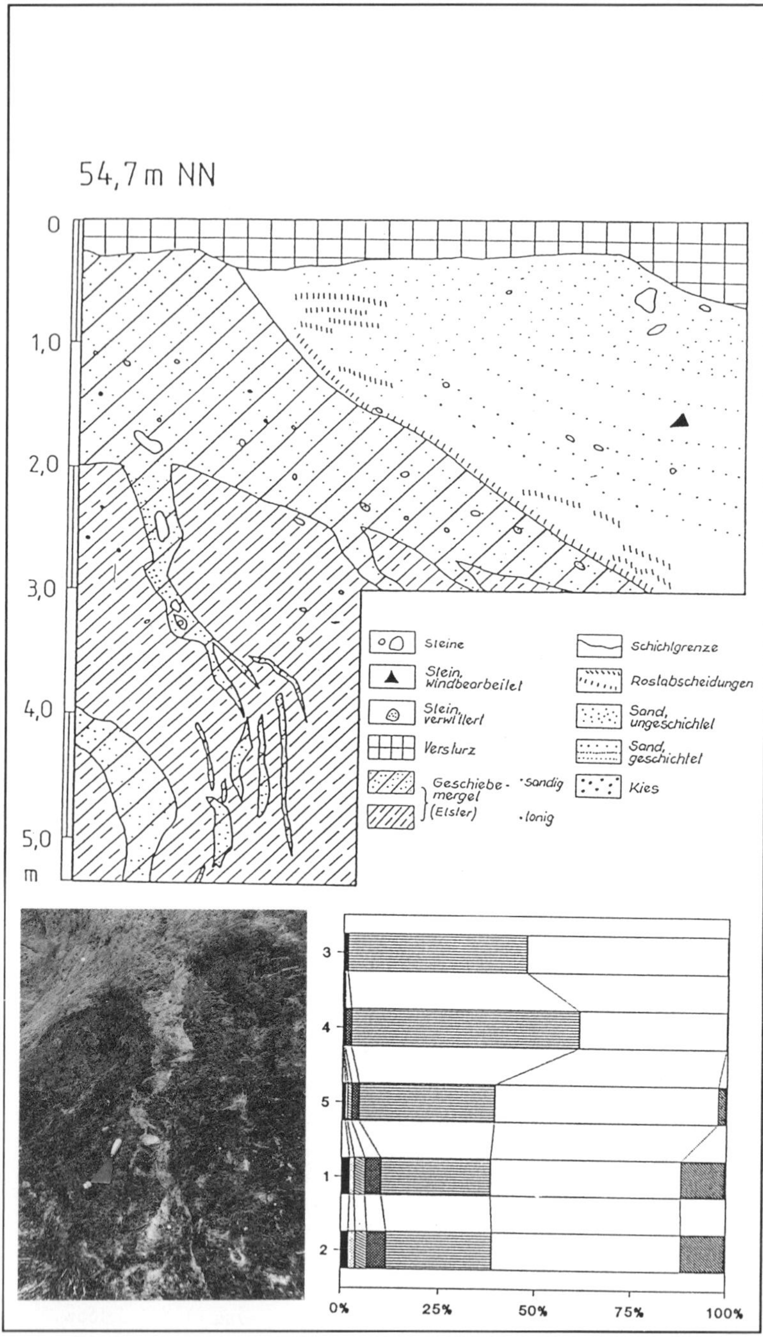

Abb. 5. 4. 4 - 7 : Profil 6: Keilförmige Strukturen (Scherfugen) im elstereiszeitlichen Geschiebemergel, bei dem das hangende sandig-kiesige Material des Mergels in das liegende tonige eingearbeitet wurde. Periglazial - fluviale Sedimente schließen das Profil nach oben ab (Beitrag Bussemer, Gärtner & Schlaak / Foto Gärtner).

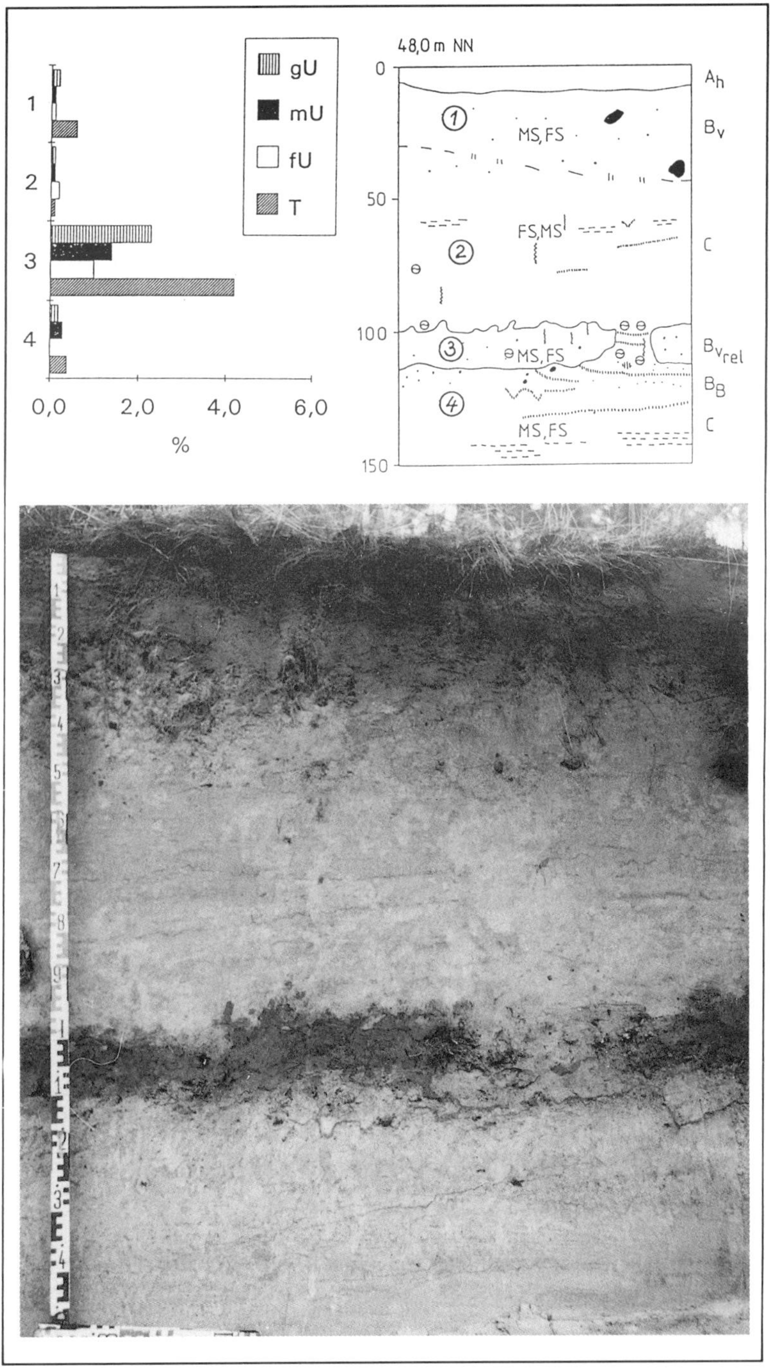

Abb. 5. 4. 4 - 8: Profil 2: Die begrabene spätglaziale Braunerde (3) stellt einen wichtigen Leithorizont für die Rekonstruktion des periglazialen Formenschatzes im Untersuchungsgebiet dar (Beitrag Bussemer, Gärtner & Schlaak / Foto Gärtner).

Auf der Ostseite schneidet das Profil 1 (hier nicht illustriert) eine aus NE von der Endmoräne **herunterziehende Rinne**. Sie ist von karbonatfreien Mittel- und Feinsanden erfüllt. Diese bedecken unmittelbar sowohl den elsterzeitlichen Geschiebemergel (Profil 6) als auch die aufgestauchten Tertiärsande. Sie weisen im gesamten Profil eine ähnliche Kornverteilung auf und unterscheiden sich nur durch ihre Schichtungsmerkmale. Über Schichtverbiegungen und Rippelschichtungen im Liegenden werden sie als parallelgeschichtete Feinsandpakete angetroffen.

Neben den glazifluvialen Schüttungen treten in den quartären Schichtenfolgen der Endmoräne **glazilimnische Bildungen** auf. In Profil 5 bilden karbonathaltige Feinsande und Schluffe in Horizontal- und Rippelschichtung das Liegende des saalezeitlichen Geschiebemergels. In Profil 6 können karbonathaltige schluffige Feinsande unterhalb der dargestellten Schichtenfolge beobachtet werden. Sie sind hier deutlich glazigen verstellt.

Zur Struktur der Endmoräne

Die Schichtenfolgen der Endmoräne bei Schiffmühle zeigen einen komplizierten inneren Aufbau der Aufragung. Hauptbestandteil des Endmoränenkörpers sind in erster Linie tertiäre Sedimente, die bei einer Gesamthöhe von ca. 80 m ü. NN bis in eine Durchschnittshöhe von 50 m ü. NN angetroffen werden. Alle tertiären Sedimente zeigen deutlich glazigene Beanspruchungen, d. h. in ihnen ist die stauchende Wirkung des Gletschereises besonders auffällig.

Auch die elster- und saalezeitlichen Geschiebemergel mit den eingeschalteten glazifluvialen und glazilimnischen Ablagerungen sind **deformiert**. Das epipedische Gefüge des elsterzeitlichen Geschiebemergels und die Schichtverstellungen von glazilimnischen Bildungen deuten auf **wiederholte glazigene Überformung des Endmoränenzuges** hin.

Nach unseren Untersuchungen zeichnet sich vom distalen (äußeren = südlichen) zum proximalen (inneren = nördlichen) Teil der Aufragung eine Abfolge der Sedimente vom Älteren zum Jüngeren ab.

Sedimentologische Deutung

Mit den Profilen 4 und 5 werden **oberflächennahe glazifluviale Sedimentationsprozesse** belegt. Das darüber folgende steinig-schluffige Schichtpaket ist wohl zuerst mit unmittelbarer Eisnähe in Verbindung zu bringen und scheint an dieser Stelle der Vorstellung von der klassischen Blockpackung zu entsprechen.

Insgesamt deuten diese Lagerungsverhältnisse der Profile 4 und 5 auf **Sedimentation in Eisrandnähe.** Obwohl weichselzeitliche Geschiebemergel bisher nicht nachgewiesen sind, muß wohl an dieser Stelle mit weichselzeitlichem Prozeßgeschehen gerechnet werden, das sich nach den oben dargestellten Befunden vorwiegend an ältere Formen anlehnt.

Bei den bisherigen Untersuchungen wurden im Bereich des Südabfalls der Endmoräne **keine glazifluvialen Sedimente** gefunden, die Merkmale für unmittelbare Eisrandnähe zeigen und sich als Sander nach SW verfolgen lassen. Dafür fehlen neben nachweisbaren Karbonatgehalten Kalkgerölle sowie die für Eisrandnähe zu erwartende schlechte Sortierung der Sedimente. Nur im Profil 1 wurden mächtiger, gut sortierte und geschichtete Feinsande angetroffen, welche über den aufgestauchten Tertiärsedimenten liegen. Ihnen fehlen aber die o.g. Merkmale und sie werden deswegen eher mit periglazialen Prozessen in Verbindung gebracht. Für den Betrachter sind sie sowohl in der Form (Rinne entlang des Wegs auf dem Moränenwall östlich der Kiesgrube) als auch im Substrat (Profil 1) erkennbar.

Die oberflächennahen Substrate und Böden

Die beschriebenen glazialen und periglazialen Bildungen werden auf den ungestörten Oberflächen von einer **periglazialen Deckserie** abgeschlossen, deren

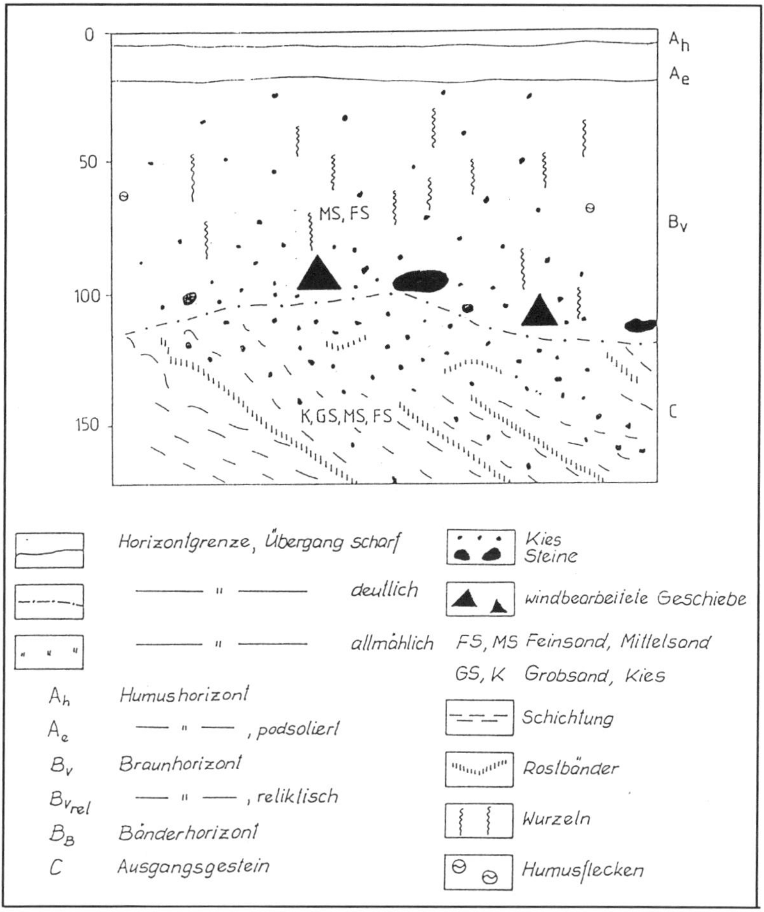

Abb. 5. 4. 4 - 9: Profil 3 a (Hangendfolge von Profil 3): **Der Geschiebedecksand** ist hier ein Gemisch aus den im Untersuchungsgebiet weitflächig anstehenden Flugsanden, pleistozänen Geschiebemergeln sowie den tertiären Liegendsedimenten (Beitrag Bussemer, Gärtner & Schlaak)

markantestes Glied der klassische "Geschiebedecksand" ist. Über den geschichteten Substraten folgt ein verschieden mächtiger ungeschichteter Bereich (in Profil 3 nicht vorhanden), welchem sich der kies- und steinhaltige Geschiebedecksand anschließt .

Besonderes Interesse verdient der gut erkennbare **braune Geschiebedecksand** im Hangenden der gebleichten Tertiärsande und -kiese (Profil 3). Bei näherer Betrachtung wird sichtbar, daß die für das hier aufgestauchte Tertiär typischen Quarze der Feinkiesfraktion gemeinsam mit pleistozänen Geschieben besonders im unteren Bereich des Geschiebedecksandes auftauchen. An den Oberflächen größerer Steine lassen sich deutliche windbearbeitete Kanten und Korrosionsnarben erkennen. Zwischen dieser Zone und dem geschichteten Tertiär fehlt die Übergangszone. Die Entstehung dieser Profilabfolge ist am einfachsten durch eine Verbindung von Fließprozessen am Hang (Solifluktion) und gleichzeitigen Vermischungsprozessen mit dem Liegenden zu erklären .

In der **Korngrößenverteilung** der sechs untersuchten **Geschiebedecksandproben** in den Profilen 1 - 5 besteht Ähnlichkeit. Mit kleineren Abweichungen bei

Profil 3 weisen die Hauptkornfraktion (Mittelsand II) , der Medianwert (0,18 mm), der Sortierungsgrad (0,7 - 0,9) und die Summe der beiden häufigsten Fraktionen FS I und MS II (70 - 82 %) eine recht hohe Ähnlichkeit auf, wenn man bedenkt, daß ihr Liegendes von völlig unterschiedlichen Sedimenten gebildet wird (tertiäre Sande und Kiese, Flugsande, grobe glazifluviale Schüttungen, Blockpackung).

Profil 2 bietet **zwei Geschiebedecksande** im Vertikalprofil. Diese Duplizität stellt **ein absolutes Novum** im Norddeutschen Tiefland dar und konnte in Ablagerungen der Weichsel-Kaltzeit bisher noch nicht beobachtet werden. Sie werden von einer Flugsanddecke getrennt und unterscheiden sich nach der Verwitterungsintensität in einen sichtbar dunkleren, ton- und eisenhaltigeren liegenden und einen schwächer verbraunten hangenden Geschiebedecksand. Aufgrund ihrer pedogenen Merkmale wird die liegende Braunerde mit dem **Finow - Boden** (Schlaak, 1992) aus dem Eberswalder Urstromtal verknüpft, der in den Zeitraum Alleröd-Beginn Jüngere Dryas datiert ist.

Die **rezenten Böden** im Endmoränenbereich sind Braunerden. Auf dem nährstoffarmen Substrat der Tertiäraufragung erfolgte in den oberen 20 cm eine Podsolierung, die sich in einem aschfarbenen Zwischenhorizont (Es) zeigt.

5. 4. 5 Ziegeleigruben bei Neuenhagen

von Klaus - Dieter Jäger

Der Höhenzug der Endmoräne schwingt sich in einem weit nach Nord geöffneten Bogen von West über Süd nach Ost um das tiefer gelegene **Zungenbecken** südlich der Ortslage Neuenhagen (s . Abb. 5. 4. 2 - 1 , Punkt 1). Dort geben auflässige Ziegeleigruben den Blick auf den Aufbau des Untergrundes frei, der durch **glazilimnische Beckensedimente** bestimmt wird. Deren Korngrößen (Schluff bis Ton) lassen auf Bildung unter Stillwasserbedingungen schließen. Die überwiegend helle Färbung verrät kaltzeitliche Umwelt mit bewuchsarmen Wasserflächen im Entstehungszeitraum, in der es an pflanzlicher Substanz für die Ablagerung humusreicher Mudden mangelte, wie sie für heutige Binnenseen im gleichen Gebiet kennzeichnend sind.

Eine deutliche **rhythmische Bänderung** aus Sommerlagen (hell - Munsell-

Abb. 5. 4. 5 - 1: Bänderschluffe von Neuenhagen. Das Bild zeigt die schwach geneigte Lagerung der Schichten, die auf Toteistauen zurückgeführt wird (Foto Jäger).

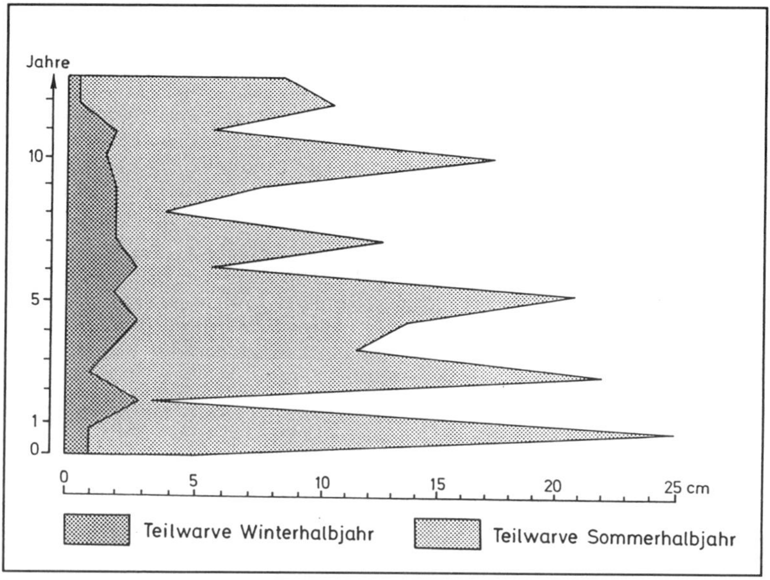

Abb. 5. 4. 5 - 2 : Warvendiagramm zu einem Teilprofil aus den Bänderschluffen von Neuenhagen (s. Abb. 5. 4. 5 - 3). In diesem Diagramm sind die Dicke der Warve (Sommer - + Winter - Schicht) horizontal, die Abfolge der Warven im Profil von unten nach oben und damit die Zeitfolge vertikal aufgetragen. Derartige Warvendiagramme - je höher desto besser - erstellt man für verschiedene Aufschlüsse, vergleicht sie und kann sie so zeitlich einander zuordnen (Beitrag Jäger, Geländeaufnahme 1993 / Zeichnung Kanew u. Dunker).

Abb. 5. 4. 5 - 3: Warven in den Bänderschluffen von Neuenhagen. Man beachte die relativ dicken Sommerlagen und darin die interne Schichtung, die ihrerseits noch weitere kurzfristigere Schwankungen im Sedimentationsgeschehen belegen (Foto Schroeder, 1992).

Farbwert 2.5 Y 7/6, relativ grobkörniger = schluffbetont, dicker) und Winterlagen (dunkel Farbwert 10 YR 4/3, feinkörniger = tonreich, dünner) wird in Abb. 5. 4. 5 - 2 gezeigt. Sie reflektiert den Jahresgang und ermöglicht es, den **Zeitraum der Beckenauffüllung nach Jahren** abzuzählen (s. Abschnitt 3. 2: Warvenchronologie). Die tieferen Teile der Gruben mit ihren praktisch wasserundurchlässigen Lockersedimenten liegen allerdings unter der Wasseroberfläche und sind somit der Betrachtung unzugänglich. Aufgrund ihrer Bänderung werden die Schluffe als Ablagerungen in einem Zungenbecken (s. Abschnitt 3. 1. 3) aus dem Zeitraum des Eisabtauens verstanden.

Auf der Neuenhagener Insel sind die Aufschlüsse der Eignung dieser Bänderschluffe als **Rohmaterial für die Ziegelherstellung** zu verdanken. Zeugen dieser Nutzung sind die ehemalige Ziegelei mit Ofen und hohem Schornstein wie auch die Spuren einer Stichbahn nach Bad Freienwalde, deren Wirtschaftlichkeit von der Ziegelproduktion abhing, deren Betrieb also mit dem der Ziegelei eingestellt wurde.

Entsprechend ihrer weitgehend ungestörten Lagerung in einem Becken innerhalb des Endmoränenbogens der Pommerschen Eisrandlage werden die Bänderschluffaufschlüsse der Ziegeleigruben in unmittelbarer Nähe der Ortslage Neuenhagen der **Weichsel-Kaltzeit** und in deren zeitlichem Rahmen dem **Pommerschen Stadium** zugeschrieben. Auffällig ist die Mächtigkeit einzelner Warven und vor allem der hellen Sommerlagen, die hier am Beispiel eines noch gut aufgeschlossenen Teilprofils belegt wird (Abb. 5. 4. 5 - 2 & 3). Der deutlich höhere Schluffanteil in diesen Sommerlagen ist möglicherweise auf **eine Beteiligung äolischer Staubeinwehungen** zurückzuführen. Die Ablagerungsfolge wird zur Zeit detailliert wissenschaftlich untersucht (Jäger, Zöller, L. Schirrmeister).

Vergleichbare Ablagerungen in gestörter Lagerung sind auch im Höhenzug der Endmoräne am Ortsrand von Schiffmühle aufgeschlossen. Dies führte auf der Neuenhagener Insel zur Unterscheidung **stark lagegestörter und fast ungestörter** Beckenschluffe, wobei es sich in den Ziegeleigruben bei Neuenhagen stets um die letzteren handelt (Abb. 5. 4. 5 - 1). Aus diesen Unterschieden der Lagerungsverhältnisse wurde bisher auf ein unterschiedliches Alter geschlossen, wobei die wenig oder überhaupt nicht gestörten Beckenablagerungen im inneren Bereich des Zungenbeckens als jünger angesehen wurden (zuletzt Liedtke, 1956 / 57). Völlig ungestört ist auch deren Lagerung jedoch nicht, vielmehr fallen dort die Jahreswarven stellenweise flach zum Beckeninnern hin ein (Abb 5. 4. 5 - 1). Daraus wurde gefolgert, daß die glazilimnische Sedimentation in diesem Becken zunächst über Toteis erfolgte. Späteres **Austauen des Toteises** führte zur nachfolgenden Schichtverstellung und diese bezeugt somit die Existenz des Toteises.

Im Hangenden überdecken vor allem im Randbereich des Beckens sandige Schmelzwasserablagerungen die Stillwasserablagerungen.

5. 4. 6 Generelle Bedeutung

von Klaus - Dieter Jäger

Die bisherigen Neuuntersuchungen zur glazialen Serie am Beispiel der Neuenhagener Insel bestätigen eine erhebliche **Vielfalt** in den Einzelheiten von **Bauplan und Lagerungsverhältnissen**. Bisher unbekannt war, daß Teile der Pommerschen Endmoränen **auf eine ältere Anlage** zurückgehen. Offen bleibt dabei die Frage des Anteils solcher Bildungen am Gesamtverlauf der Endmoräne. Das Beispiel regt also an zu weiteren Untersuchungen über Vorbestimmung oder geringere Einflüsse von Eisrandlagen durch vorangegangene Vergletscherungen.

Der Anteil **periglazialer Prozesse an der Endmoränenformung** ist methodisch auf der Neuenhagener Insel gut abgrenzbar. Sie bietet sich also an als Ausgangspunkt für regionale und überregionale Untersuchungen. [*Anmerkung des Herausgebers:* Mit beiden Fragestellungen befassen sich zur Zeit der Drucklegung dieses Führers die Kollegen Marcinek, Jäger, Bussemer, Gärtner und Schlaak in einem laufenden Forschungsvorhaben.]

5. 5 Eisrückzug im Parsteiner Becken
von Fritz Brose

5. 5. 1 Überblick

Die Hauptendmoräne des Pommerschen Stadiums der Weichsel-Vereisung ist im **Stirnbereich des Parsteiner Lobus** des Odergletschers als **kombinierte Stauch- und Satzendmoräne** ausgebildet. Sie erreicht durchschnittliche Höhen von 80 - 100 m, maximal 120 m ü. NN. Das entspricht relativen Höhen gegen das Vorland von maximal 60 bis 70 Metern. Im Gegensatz zu älteren Auffassungen erreicht die Breite dieser morphologisch auffälligen und deutlich begrenzbaren Endmoränenlage maximal 1.500 m bei einer durchschnittlichen Breite von 300 m. Die **zugehörigen Sander** sind wegen der Position der Randlage zu den jüngeren Schmelzwasserabflußbahnen nur noch in **geringen Resten** erhalten (s. Abb. 5. 5 - 1.).

Der Parsteiner Lobus wird randlich im Nordwesten durch die Gabel von Althüttendorf, in seinem östlichen Teil durch die zwischen Oderberg und südlich von Parstein gelegene Endmoränengabel begrenzt.

Im Rückland der Hauptrandlage sind **drei Rückzugshalte des Gletscherlobus** durch morphologische Strukturen mit charakteristischem inneren Aufbau und dazugehörigen Abflußbahnen nachzuweisen (Brose, 1978). Während die Rückzugslagen im Stirnbereich einen Abstand untereinander bis zu 6 km aufweisen, scharen sie sich an der westlich angrenzenden Gabel zwischen Parsteiner und Neuenhagener Lobus. Innerhalb des Parsteiner Lobus hinterblieben im **Deglaziationsprozeß vielfältige Formen,** deren Genese vor allem auf Wirkungen von Inlandeisbewegungen, Schmelzwasserabflüssen und Toteis zurückzuführen ist.

Sedimente des Maximalvorstoßes der letzten Kaltzeit (W1) sind als glazifluviatile Vor- und Nachschüttsedimente mit zugehörigem Geschiebemergel flächenhaft erhalten und zum Teil zusammen mit älteren Sedimenten durch die Wirkung des Pommerschen Eisvorstoßes (W2) gestaucht. Relativ ungestört sind im Beckeninnern dagegen jene Sedimente, die durch den Eisvorstoß bis zur Pommerschen Staffel (W2) und den anschließenden Eisabbau gebildet wurden. Vorstoßsedimente und der zugehörige Geschiebemergel wurden jedoch im Zuge des weiteren Abschmelzens zum Teil durch Erosion ausgeräumt und großräumig durch glazifluviatile Nachschüttsedimente ersetzt.

Im Becken des Parsteiner Lobus ist im Gletscherstirnbereich eine stärkere **Differenzierung der glazigenen Formen** zu beobachten als im Randbereich zu dem angrenzenden Teillobus des Odergletschers. An den sogenannten Gabeln erhöht sich die Zahl der auf eine Fläche bezogenen Ereignisse und damit treten Überschneidungen der in Sedimentfolgen dokumentierten einzelnen Prozesse auf.

5. 5. 2 Kerbstauchmoräne Parstein (Aufschluß I)

In einer derartigen **Scharung im Nahtbereich des Parsteiner und Neuenhagener Lobus** liegt ein interessanter Aufschluß (Abb. 5. 5 - 1, Punkt I). Durch die im Nahtbereich gehäufte Zahl von Oszillationen des Gletscherrandes bietet die Landschaft um den Aufschluß das Bild einer kuppigen Grundmoräne. Der Aufschluß selbst zeigt jedoch, je nach wechselnden Aufschlußverhältnissen, alle typischen Strukturmerkmale einer Marginalzone. Dazu gehören u. a.:

- Abrutschungserscheinungen kompletter Schichtpakete rolliger, geschichteter Lockergesteine,
- Geschiebepackungen mit Geschiebemergel als Bindemittel,
- Fließgeschiebemergel (flow tills) mit Feinklüftung und Pseudoschichtungserscheinungen, wie sie Kozarski (1978) von Spitzbergen beschreibt,
- gestauchte, steilgestellte geschichtete Sande und Kiese sowie Geschiebemergelpakete.

(Fortsetzung S. 100)

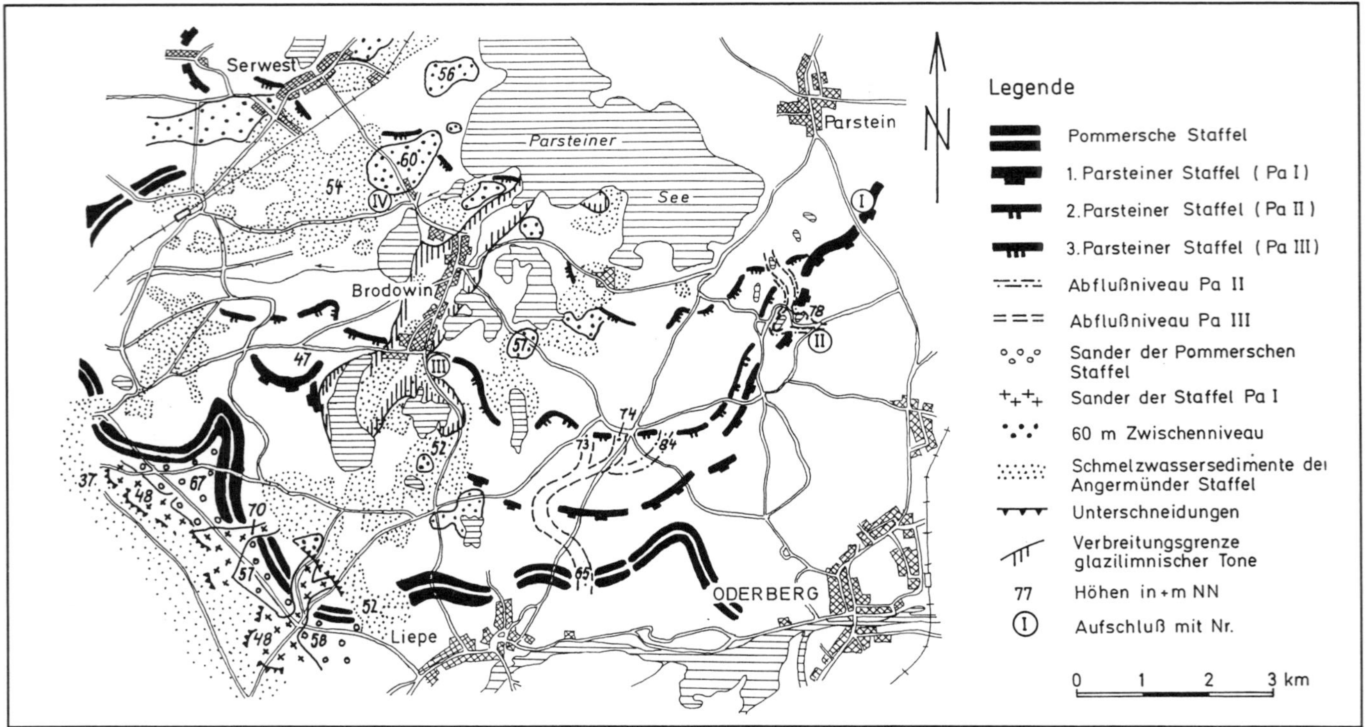

Abb. 5. 5 - 1: Schema der Eisrandlagen und Abflußbahnen im Parsteiner Lobus des Odergletschers (Beitrag Brose)

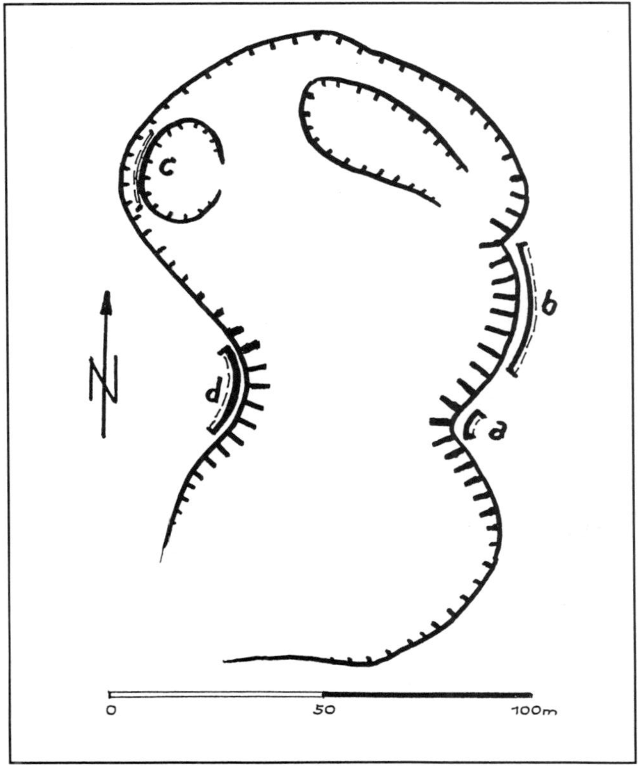

Abb. 5. 5 - 2: Kiesgrube im Bereich der Kerbstauchmoräne von Parstein. Aufschlußverhältnisse vom Januar 1993. (Da im Aufschluß noch abgebaut wird, erhält man jeweils unterschiedliche Bilder der sehr variablen Strukturelemente).

a. - d: Teilaufschlüsse

a - Steil einfallendes Paket blockreichen Geschiebemergels mit geschichteten Kiessanden im Liegenden

b - Im Liegendteil des Aufschlusses sind geschichtete Kiese und Sande - z. T. synsedimentär verworfen und verstellt - zu sehen. (Abb. 5. 5 - 3 a & b). Diese werden im Nordteil überlagert von blockreichem Geschiebemergel, der teilweise in eine Blockpackung mit Geschiebemergel als Zwickelfüllung übergeht. Im Südteil des Teilaufschlusses stehen über den Liegendsanden und -kiesen, nur durch eine Diskordanz getrennt, wiederum geschichtete Kiessande an. Die Strukturen, im nördlichen Abschnitt in ihrer ursprünglichen Lagerung horizontal erhalten, werden nach Süden durch Abscherungen verstellt und teilweise völlig aufgelöst. Von Norden her ist diese Serie mit einem blockarmen Geschiebemergel überlagert, der in seinem sandigen liegenden Teil Geschiebeanreichungen und Fließstrukturen aufweist, die auf gravitative Entmischung hinweisen (flow tills). Im obersten Abschnitt dieses Teilaufschlusses stehen geschichtete Feinsande mit Perstruktionserscheinungen und Bodenbildungen an.

c - An der rund 2 m hohen Aufschlußwand lagern zwei durch geschichtete Sande getrennte Fließgeschiebemergelpakete unter Kiessanden mit syngenetischen Verwerfungen. Diese werden von obersten sandig-kiesigen Sedimenten ausgeglichen (Abb. 5. 5 - 4.).

d - Flow tills auf lagerungsgestörten Sanden und Kiesen mit eingelagerten Feinsandschollen

(Beitrag Brose)

Abb. 5. 5 - 3 a: Teil der E-Wand in der Kiesgrube der Parsteiner Kerbstauchmoräne;
Aufschluß a in Abb. 5. 5 - 2 (Foto Schroeder, 1992)

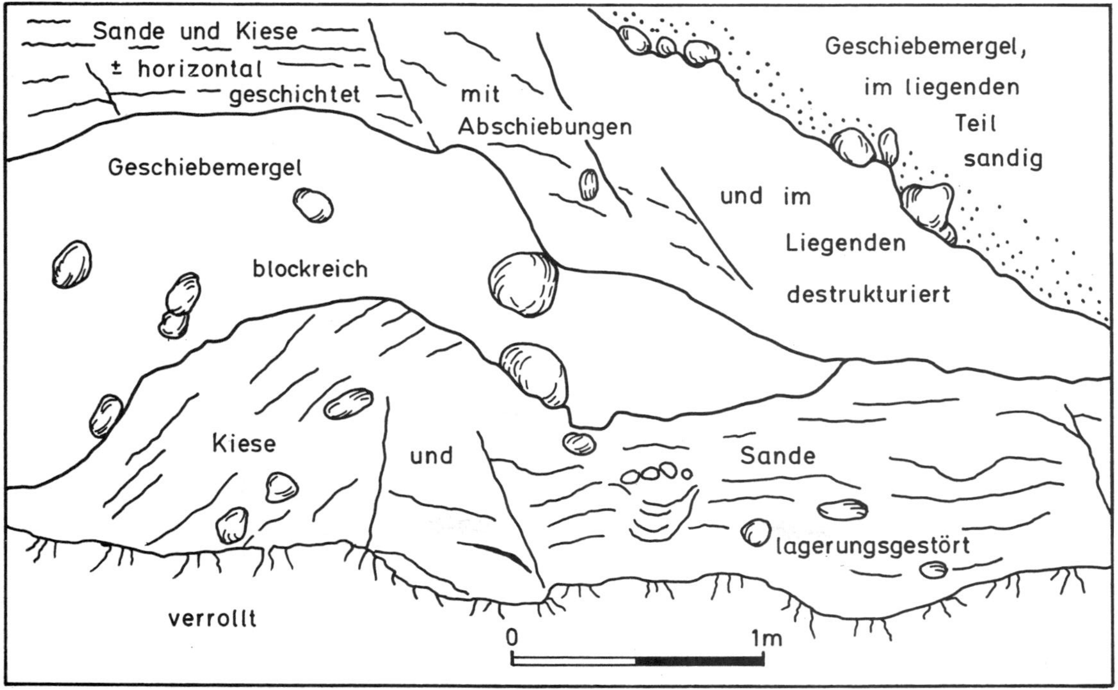

Abb. 5. 5 - 3 b: Teil der E-Wand in der Kiesgrube der Parsteiner Kerbstauchmoräne;
Aufschluß **a** in Abb. 5.5 - 2. Erläuternde Skizze zum Foto in Abb. 5. 5. - 3 a (Beitrag Brose)

Die **Lagerungsformen** im vorbeschriebenen Aufschluß dokumentieren Prozesse einer Marginalzonenbildung mit dem Merkmal einer Ablationsendmoräne im Sinne von Kozarski (1978). **Die Sedimente wurden an der Stirn eines aktiven Gletschers** mit leicht regressiven Tendenzen abgelagert. Das Sedimentationsgeschehen und die daraus resultierenden Formen sind nur bei dynamischer Betrachtung des Gesamtkomplexes der glazialmorphologischen Erscheinungen zu erklären. Die Forderung von Kozarski (1978) nach Anwendung einheitlicher genetischer Kriterien bei der Endmoränentypologie wird dadurch nachhaltig unterstützt.

5. 5. 3 Rückzugsrandlagen

Südwestlich des vorstehend beschriebenen Aufschlusses spaltet sich der Stauchungskomplex in drei Züge von Erhebungen innerhalb des Parsteiner

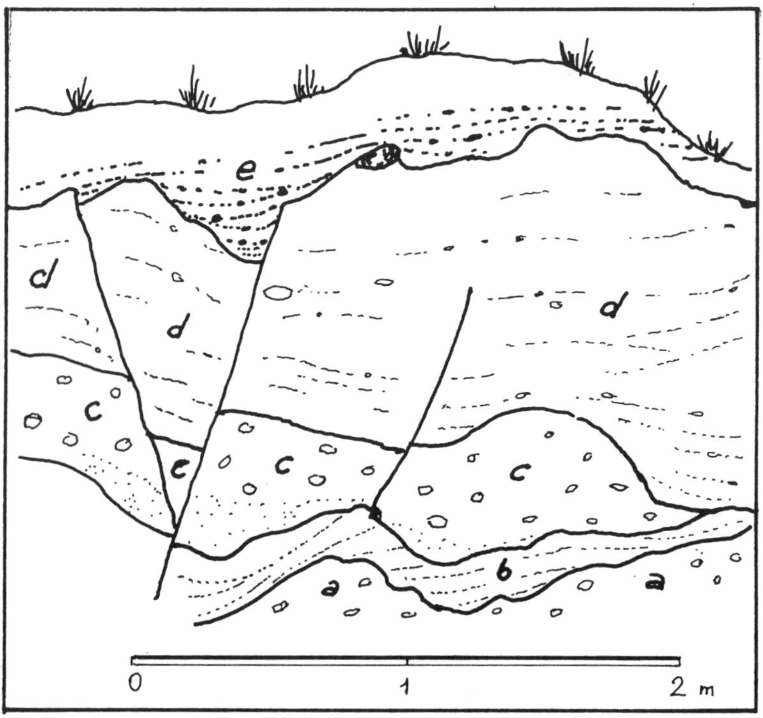

Abb. 5. 5 - 4: Vereinfachte Skizze der Schichtenfolgen in der NW- Ecke der Kiesgrube in der Parsteiner Kerbstauchmoräne Aufschluß **c** in Abb. 5. 5 - 2)

a - Liegender Fließgeschiebemergel mit hohem Feinstkornanteil

b - Geschichtete, schwach lagerungsgestörte Feinsande

c - Oberer Fließgeschiebemergel, zum Liegenden zunehmend sandig

d - Geschichtete Sande und Kiese

- Schichtenfolge a - d durch Verwerfungen gestört -

e - Verwerfungsbeträge ausgleichende sandig-kiesige Schichtenfolge

(Beitrag Brose)

Beckens, die Eisrandlagen bzw. Gletscherlobenstrukturen nachzeichnen und als **Parsteiner Staffeln I bis III (kurz: Pa I, Pa II und Pa III)** bezeichnet werden (Brose, 1978; vgl. Abb. 3. 2 - 1, S. 33). Jeder der drei Staffeln sind erhalten gebliebene Entwässerungsbahnen zuzuweisen:

Zu Pa I gehört der **Schmelzwasserdurchbruch** durch die Hauptendmoräne des Pommerschen Stadiums nordwestlich der Ortschaft Liepe mit einer erhaltenen Abflußhöhe von 70 m ü. NN.

Pa II hat erhaltene Schmelzwasserabflüsse zwischen Liepe und Oderberg sowie in einem nachstehend beschriebenen Durchbruchstal südlich von Parstein mit Anfangshöhen von **86 m ü. NN** und zu Pa III gehören niedrigere Abflußniveaus in den gleichen Gebieten mit Höhen von **73 bzw. 78 m ü. NN.**

Durchbruchstal (Aufschluß II)

Ungefähr 2000 m südwestlich des vorstehend beschriebenen Aufschlusses ist ein modellhaft ausgebildetes Durchbruchstal der Schmelzwässer aus dem Parsteiner Lobus durch die hier noch unmittelbar aneinander gelagerten Randbildungen erhalten (Abb. 5. 5 - 1, Nr. II). Die **Schmelzwässer des abtauenden Inlandeises fanden in zwei Etappen den Weg durch die Endmoränenwälle**. Dieser Durchbruch wurde offensichtlich unterstützt durch das Austauen von Toteisblöcken, die zuvor in den Endmoränen akkumuliert worden waren. Das vollständige Austauen derartiger Blöcke schuf hier die Formen abflußloser Kesselseen (u.a. Schreibersteich, großer und kleiner Lindsee), an deren Rändern zwei Terassensäume in Höhen von 86 und 78 m ü. NN erhalten sind, Belege für die Abflußniveaus der Schmelzwässer über Toteisresten (Abb. 5. 5 - 5.)

Weiter nach SW gehen die drei Hügelketten weiter auseinander, bis sie im Lobenstirnbereich - so im Raum zwischen Liepe und Brodowin - im eingangs erwähnten Abstand bis zu 6 km voneinander zu finden sind. Sowohl in ihrer morphologischen Ausbildung als auch im inneren Aufbau unterscheiden sich die drei Bildungen voneinander.

Erste Staffel (Pa I)

Die erste Staffel (Pa I in Abb. 5. 5. - 1) weist sowohl mit ihren äußeren Formen als auch in ihrem aus wenigen Aufschlüssen und Bohrungen bekannten inneren Aufbau häufig den Charakter einer Stauchendmoräne auf. Sie ist offensichtlich auf einen leichten Eisvorstoß im allgemeinen Rückzugsprozeß des Inlandeises zurückzuführen.

Die als Pa II und Pa III in Abb. 5. 5 - 1 dargestellten Formenreihen sind Zeugen des weiteren Abschmelzens des Inlandeises. Einerseits dokumentieren die hochgelegenen Schmelzwasserabflußbahnen aus den Staffeln Pa II und Pa III die Hinterfüllung mit mächtigem Eis, andererseits weisen die Strukturen der sich zu Zügen reihenden Hügel auf Beteiligung von inaktivem Inlandeis, von Toteis, hin. Demzufolge sind sie - zumindest teilweise unter Berücksichtigung nomenklatorischer Ungenauigkeiten - als Kamesbildungen anzusprechen.

Zweite Staffel (Pa II / Aufschluß III)

Einblicke in den inneren Aufbau der Pa II-Staffel gestattet ein Aufschluß südlich von Brodowin (Abb. 5. 5 - 1, Nr. III). Der am Südhang aufgeschlossene Teil des Krugberges zeigt geschichtete Sande und Kiese mit syn- und postgenetischen Störungen (Abschiebungen, Verwerfungen, Verstellungen), Eiskeilpseudomorphosen und einer Perstruktionsdecke. Im Kern der Erhebung und am östlichen Aufschlußrand stehen aufgepreßte Geschiebemergelpakete an. Alle diese Bildungen deuten auf Ablagerung des gesamten Sedimentkomplexes gegen bzw. zwischen Toteis hin (Abb. 5. 5 - 6).

Eine im Aufschluß nicht nachweisbare, an anderen Abschnitten dieser Staffel jedoch vorhandene Geschiebemergeldecke ist der Beleg für Oszillationen des Gletschers, so daß es sich bei der Staffel Pa II vermutlich gegen Toteis im

Hinterland der Staffel Pa I geschüttetes, z. T. schwach gestauchtes Material des noch bewegliches, im Rückzug begriffenen Inlandeises handelt. Darauf weist die teilweise zu beobachtende vertikale Aufspaltung des W 2 - Geschiebemergels im Parsteiner Becken ebenfalls hin.

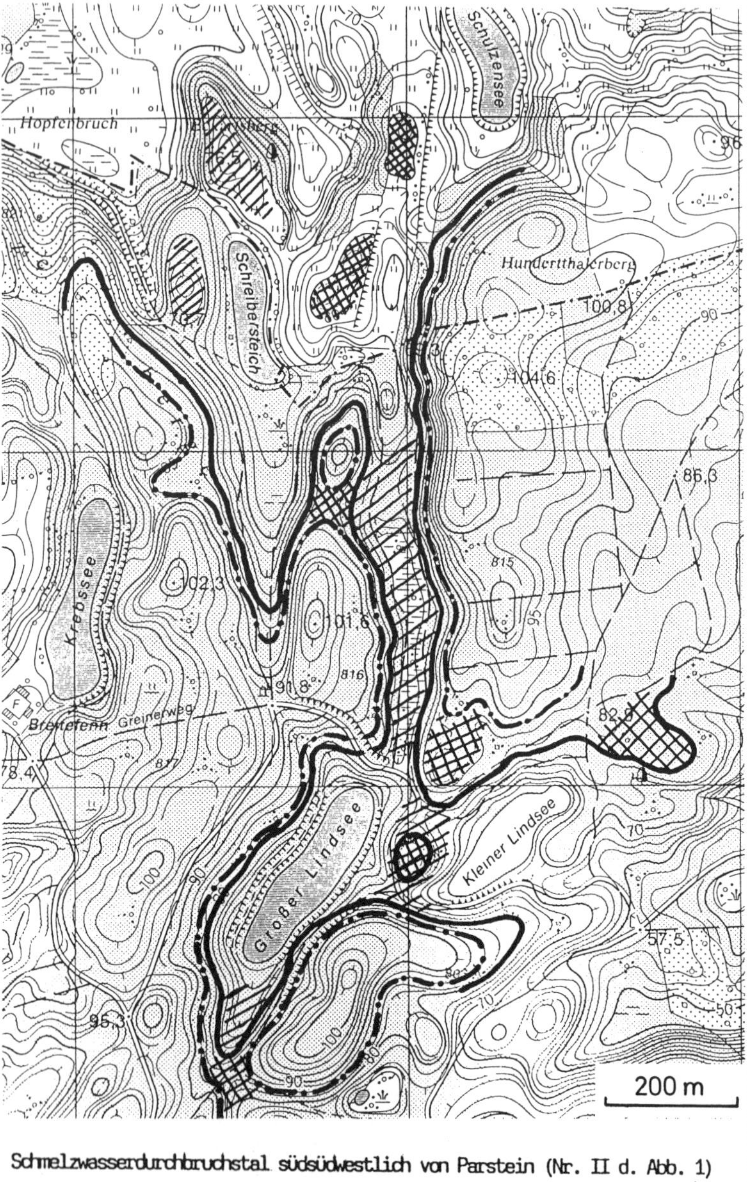

Schmelzwasserdurchbruchstal südsüdwestlich von Parstein (Nr. II d. Abb. 1)

—•— Begrenzung u. (Kreuzschraffur) Erosions-/Akkumulationsflächen Abfluß Pa II

—— Begrenzung u. (Schraffur) Erosions-/Akkumulationsflächen Abfluß Pa III

Abb. 5. 5 - 5: Durchbruchstal ca. 3 km südlich von Parstein ; Aufschluß II in Abb. 5. 5 - 1 (Beitrag Brose)

Dritte Staffel (Pa III)

Pa III scheint mehr die Nachzeichnung von Toteisrand- bzw. Internstrukturen im Parsteiner Teillobus des Odergletschers zu sein. Sie ist gegenwärtig nicht aufgeschlossen.

Postglaziale Beckenfüllung

Nach dem völligen Austauen des Eises und der Bildung des W2 - Geschiebemergels kam es in einer Rinne des Beckentiefsten südlich des Parsteiner Sees, im Bereich der Ortslage Brodowin und des Plagefenns, zur Ablagerung eines glazilimnischen Tones.

Postglaziale fluviale Sedimentation (Aufschluß IV)

Erst mit dem Rückzug des Inlandeises bis in den Bereich der Angermünder Staffel setzte eine verstärkte glazifluviatile Akkumulation ein. Die Reste dieses Akkumulationsprozesses bedeckten flächenhaft große Teile des Parsteiner Beckens. In der Phase der großräumig erkennbaren Akkumulation wurden feinkörnige Sande in größerer Mächtigkeit (bis zu ca. 4 m) abgelagert.

Die Ablagerungen des niedrigeren Niveaus der glazifluvialen Füllung des Gletscherlobenbeckens sind derzeit in einem temporären Aufschluß am Nordzipfel des Weißen Sees westlich von Brodowin gut zu sehen (Abb. 5. 5 - 1, Punkt IV). Es handelt sich um feinkörnige, z.T. schluffige Sande mit Fließstrukturen, wobei eine diskordant auflagernde geringmächtige Decke aus gröberem Material die Zweiphasigkeit dieser Bildung dokumentiert.

Temporäre Aufschlüsse, wie Kabelgräben bei Serwest im höheren Niveau, beweisen, daß dieses obere Material generell gröber ausgebildet ist. Die Ablagerungen beider Niveaus zeigen noch periglaziären Einfluß an ihrer Oberfläche. Zwei weitverbreitete Abflußniveaus sind problemlos zu unterscheiden. Eine weitere Differenzierung der Schmelzwasserabflußbahnen und der zugehörigen Akkumulations- und Erosionsebenen scheint bei intensiver morphologischer Analyse durchaus möglich.

Insgesamt belegen die Zeugen des Eisrückzuges aus dem Parsteiner Becken, daß sich dieser mit abnehmender kinetischer Energie vollzog. Ähnliche Verhältnisse aus jüngeren, östlicher gelegenen Loben lassen vermuten, daß Verallgemeinerungen möglich sind. Dazu bedarf es jedoch weiterer Untersuchungen in diesem landschaftlich ebenso wie wissenschaftlich interessanten Gebiet.

^^^ **Übersichtsskizze: a**. Zentrale Geschiebemergelrippe; **b** - östliche Geschiebemergelrippe, **c** - kalkige Schluffe; **d** - Bereich mit sygenetischen Störungen ^^^

<<<
Strukturbild des Aufschlußbereiches **d** mit synsedimentären Verwerfungen

>>>
Strukturbild des Aufschlußbereiches **b** mit östlichem Geschiebemergelkomplex und angeschütteten glazifluviatilen Sedimenten

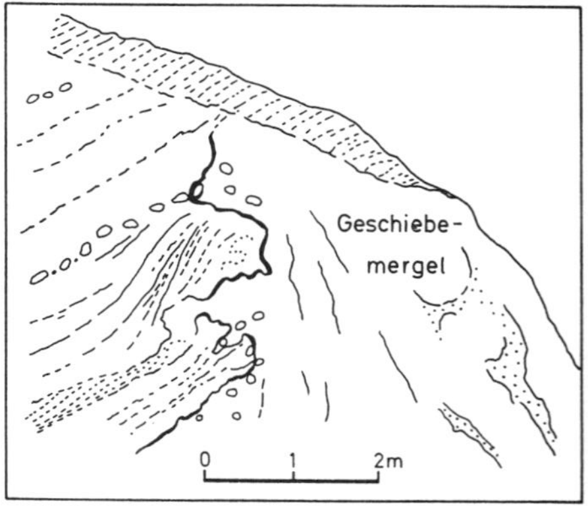

Abb. 5. 5 - 6: Südhang des Krugberges am Südausgang von Brodowin : Aufschluß III in Abb. 5. 5. - 1

5. 6 Bölkendorf: Kuppige Grundmoräne

von Rolf Schmidt

Die Agrarlandschaft des Parsteiner Beckens ist charakteristisch für weite Teile der **Grundmoräne im Hinterland der Pommerschen Eisrandlage**. Nordöstlich des Parsteiner Sees, bei Bölkendorf und Parstein, ist dieser Landschaftstyp in wichtigen Merkmalen recht gut ausgebildet. Der Untergrund wird von einem relativ mächtigen **Geschiebemergel** in deckenartiger Lagerung gebildet. Die Mächtigkeit des Geschiebemergels beträgt zwischen 2 und 10 m. Kleinflächig treten Sand-Durchspießungen auf, aber insgesamt ist das Gebiet geologisch relativ einheitlich aufgebaut.

Das **Relief** ist bewegt und weist typische Züge einer kuppigen Grundmoräne auf. Die Reliefenergie schwankt zwischen 10 m/km^2 und 20 m/km^2. Die Hänge sind - vom Top der Kuppen bis in die Senken - relativ kurz, die Hanglängen schwanken zwischen 40 und 120 m. Mehrere **Rinnensysteme**, heute z.T. durch Seen (Krummer See, Tiefer See, Schleipfuhl) erfüllt, durchziehen die Grundmoräne in NNE-SSW-Richtung, der Hauptbewegungsrichtung im Parsteiner Hauptbogen der Pommerschen Randlage. Die Einzugsgebietsgröße dieser **Kleinseen** liegt zwischen 15 und 20 ha. Der Hauptteil des Gebietes wird jedoch durch kleine, geschlossene Hohlformen eingenommen, die den Charakter von Binnenentwässerungsgebieten haben. Die mittlere Größe dieser Kleinsteinzugsgebiete beträgt 3 ha. Der überwiegende Teil dieser Ackerhohlformen weist im Zentrum **Sölle** oder temporäre Naßstellen auf. Aus dieser besonderen hydrologischen Situation resultiert die Vernässungsdynamik der kuppigen Grundmoräne. In niederschlagsreichen Perioden bilden sich rasch große Naßflächen aus, in niederschlagsarmen Perioden können wassererfüllte Sölle, ja sogar Kleinseen vollständig trocken fallen.

Die **Bodenbildung** der Grundmoränengebiete ist von den genannten Faktoren - Ausgangsmaterial Geschiebemergel, unausgeglichenes Relief und klimatisch-hydrologische Situation - abhängig. Durch Bodenentwicklung seit dem Spätglazial und durch die Einflüsse der Bodennutzung seit dem Mittelalter hat sich ein Bodenmosaik herausgebildet, das sich in einer typischen Abfolge von Böden vom Oberhang bis in die Senke, einer sog. Bodencatena zusammenfassend darstellen und verallgemeinern läßt (Abb. 5. 6 - 1).

Bodentypologisch werden die Kuppen- und Oberhanglagen durch erodierte **Parabraunerden und Pararendzinen** eingenommen. Die Böden der Kuppen und Oberhänge sind flachgründig. Die Verwitterungstiefe, die durch den Kalkgehalt des Geschiebemergels (4 - 15 % $CaCO_3$) markiert wird, beträgt häufig nur 0,4 - 0,6 m. Der Geschiebemergel tritt sogar an die Oberfläche, wenn durch Bodenabtrag die oberen Horizonte verlagert worden sind. An den Mittel- bis Unterhängen sind **Parabraunerden** mit Übergängen zum **Pseudogley** vorherrschend. Es handelt sich um die typischen Bodenbildungen aus Geschiebemergel, mit einer deutlichen Differenzierung des Bodens in einen tonärmeren Oberboden (Ah- und Al-Horizont) und einen tonreicheren Unterboden (Bt-Horizont). Die Entkalkungstiefe liegt zwischen 1,20 und 1,50 m. Deutlich differenzierter ist die Situation an den Unterhängen und am Hangfuß. Die Entkalkungstiefe sinkt bis über 2,0 m bzw. 3,0 m ab. Es sind mehrere Schichten und Bodenhorizonte ausgebildet. So findet sich über dem Geschiebemergel im Untergrund häufig ein lehmig-toniges, dicht gelagertes Sediment, das als glaziale Fließerde gedeutet werden kann. Darüber werden in Bölkendorf häufig fossile Humushorizonte angetroffen, die möglicherweise einer Bodenbildung des Atlantikum (Alter 5.300 ± 300 Jahre, vgl. Schmidt, 1991) zuzuordnen sind. Nach oben wird die Schichtfolge durch ein bis 1,0 bzw. 1,50 m mächtiges Kolluvium abgeschlossen, welches das umgelagerte Bodenmaterial erosiver Prozesse umfaßt. Bodentypologisch sind **kolluviale Böden mit Grund- und / oder Staunässeeinfluß** für die Unterhangpositionen charakteristisch.

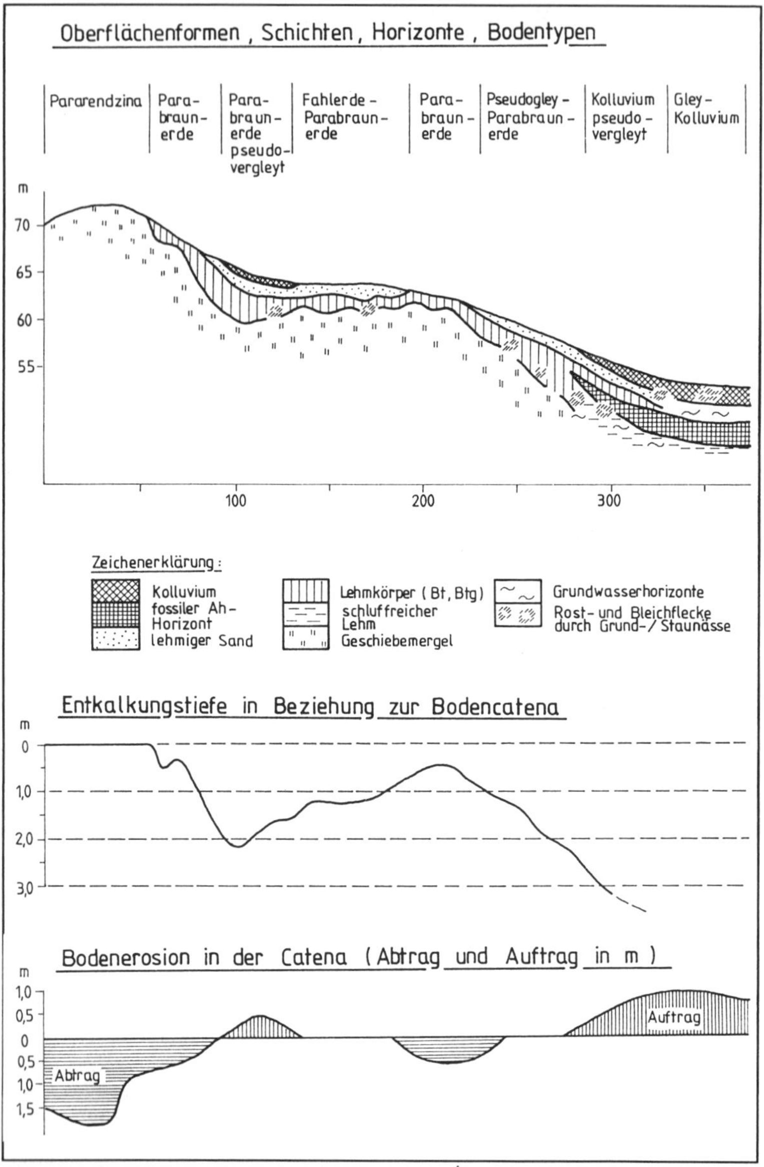

Abb. 5. 6 - 1: Bodencatena der kuppigen Grundmoräne, Beispiel Bölkendorf (Beitrag Schmidt)

Die in der Abbildung dargestellten und in Schmidt (1991) ausführlich erläuterten Befunde lassen erkennen, daß der **Entwicklung von Oberflächenformen und Bodendecke** in der kuppigen Grundmoräne **komplexe Vorgänge zugrunde liegen**, die zu einer heterogenen Ausprägung der Bodendecke und der Landschaft als Ganzes geführt haben. Die unter natürlichen Bedingungen noch verhältnismäßig einheitlich aufgebaute Bodendecke (Abb. 5. 6 - 2 a) ist unter dem Einfluß der Nutzung deutlich differenziert und heterogenisiert worden (Abb. 5. 6 - 2 b).

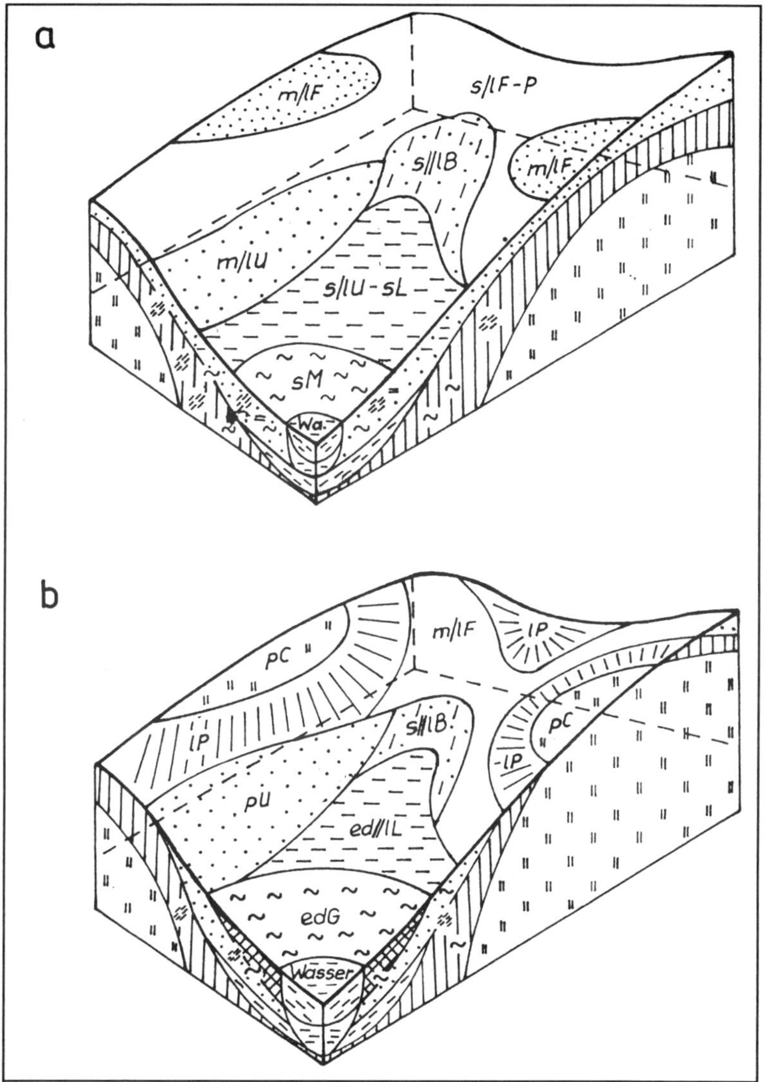

Abb. 5. 6 - 2: Veränderung der Bodendecke der kuppigen Grundmoräne durch Bodennutzung (Beitrag Schmidt)
a. Rekonstruktion der Bodendecke unter natürlicher Vegetation vor der Rodung b. Rezente Bodendecke unter agrarischer Nutzung

Erklärung der verwendeten Symbole

Böden	B -	Braunerde	**Körnung**	ed-	Kolluvialsand
	C -	Pararendzina	**bzw. Substrat**	l -	Lehm
	F -	Fahlerde		m -	Lehmsand
	G -	Gley		p -	Sandlehm
	L -	Braungley		s -	Sand
	M -	Gley	bei Unterlagerung in 60 - 90 cm Tiefe .. /..		
	P -	Parabraunerde	bei Unterlagerung in 90 - 120 cm Tiefe .. //..		
	U -	Braunstaugley	dabei unterlagernde Schicht rechts		
			z. B.: s / l = Sand über Lehm		

Legende für den Profilschnitt s. Abb. 5.6 - 1

Wa = Wasser

Das wird allein schon dadurch deutlich, daß im Vergleich zur Ausgangssituation auf gleicher Fläche eine größere Anzahl von Arealen unterschiedlicher Bodenformen auftritt. Durch anthropogene Überprägung hat sich außerdem der Kontrast zwischen den Böden verstärkt. Die Untersuchungen zur Entwicklung der Böden in der Grundmoränenlandschaft lassen sich in folgender Weise zusammenfassen:

1. **Genese und Aufbau der Bodendecke** der Grundmoränengebiete sind offensichtlich **komplizierter** als aufgrund des spätglazialen Alters der Sedimentablagerung anzunehmen ist. Bereits unter **natürlicher Vegetation**, vor der mittelalterlichen Rodung und der Überführung in Ackernutzung, haben unterschiedliche bodengenetische Vorgänge die Bodenentwicklung bestimmt; dazu gehören

- die **Ausfüllung der Hohlformen durch ein feinsandig-schluffiges Basissediment** mit plombierender Wirkung im Wasser- und Stoffhaushalt;

- eine **frühholozäne Bodenbildung unter stärker hydromorphen Bedingungen**, die wahrscheinlich im Atlantikum ihren Abschluß findet und die im Untersuchungsgebiet durch einen fossilen Ah-Horizont belegt ist;

- die Ausbildung eines weiteren **Hangsedimentes mit Lessivierung** als bodenbildendem Prozeß im Liegenden der seit dem Mittelalter auftretenden kolluvialen Ablagerungen. Trotz der differenzierten Schichten- und Horizontfolgen vor allem im Hang- und Senkenbereich sind die Oberflächenböden vor der landwirtschaftlichen Nutzung relativ einheitlich ausgebildet gewesen.

2. Ein entscheidendes Ergebnis der **anthropogenen Überprägung** ist die **Heterogenisierung der Bodendecke**, hervorgerufen durch den mit der Ackerkultur veränderten Landschaftswasserhaushalt, durch bodenerosive Vorgänge sowie Bewirtschaftung, im einzelnen mit folgenden Konsequenzen:

- **zunehmende Arealdifferenzierung,** indem durch Bodenerosion neue Horizontfolgen und ein kleinräumig wechselndes Bodenmosaik entstehen;

- **Veränderung der hydrologischen Eigenschaften** und der hydrologischen Funktion der Catena oder einzelner ihrer Glieder durch Zunahme des Oberflächenabflusses und Reduzierung des Speichervermögens;

- **Veränderung des pedogeochemischen Milieus** durch Zutagetreten des Geschiebemergels im Kuppenbereich sowie durch Eutrophierung im Hangfuß- und Senkenbereich;

- **Zunahme des Kontrastes wichtiger Bodenfruchtbarkeitseigenschaften**, z.B. der organischen Bodensubstanz, der Verdichtungsparameter, der Bodenfeuchteverhältnisse.

Der hohe Flächenanteil sensitiver Bereiche bzw. bereits degradierter Böden ist charakteristisch für die Bodendecke der kuppigen Grundmoräne (Schmidt, 1991).

Die **Aufschlußsituation** in diesem für die Ausbildung der kuppigen Grundmoräne so charakteristischen Bereich ist leider kompliziert. Ständig zugängliche Aufschlüsse, die den Geschiebemergel, typische Böden oder Bodencatenen zeigen, fehlen. Man ist deshalb auf temporäre Aufschlüsse, die sich aus Baumaßnahmen ergeben, angewiesen. Außerhalb des näher beschriebenen Gebietes ist der **Geschiebemergel** des Pommerschen Stadiums verhältnismäßig gut am Abbruch der Hochfläche gegen das Odertal in der **Ortslage Oderberg** aufgeschlossen.

Ein **sehr guter, ständig zugänglicher Aufschluß** befindet sich weiterhin westlich des dargestellten Gebietes bei **Joachimsthal,** südöstlich des Bahnhofs Werbellinsee nahe dem Forsthaus Voigtswiese. An der Weggabelung 700 m südlich des Forsthauses (Mbl. 3048) zeigt ein Aufschluß die wichtigsten Merkmale der Bodenbildung auf Geschiebemergel (Abb. 5. 6 - 3 , vgl. Scamoni

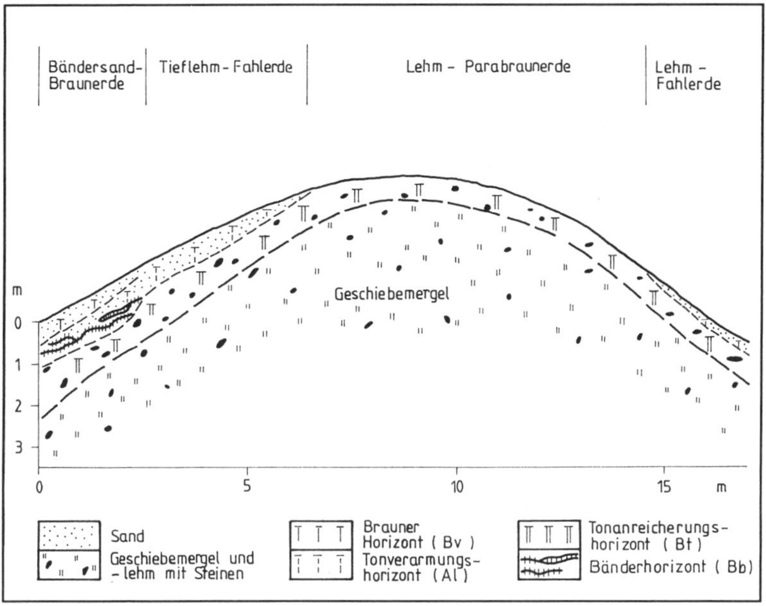

Abb. 5. 6 - 3: Bodenbildung auf einer Endmoränenkuppe
(Beitrag Schmidt)

et al., 1981). Deutlich ist auch hier die vom **Scheitelpunkt zu den Hängen hin zunehmende Mächtigkeit** der Bodenbildung.

Liegt die **Entkalkungsgrenze** im oberen Teil des Aufschlusses nur bei 0,5 m unter der Oberfläche, so befindet sie sich am Unterhang, am Rand des Aufschlusses bereits bei 2,0 m. Die Ursache ist in der gesamten Bodenbildung zu sehen, da die Hänge im Vergleich zum Scheitel in allen Phasen der Bodenentwicklung stärker durchfeuchtet gewesen sein dürften und damit eine höhere Verwitterungsintensität aufweisen. Zeitweilige Ackernutzung mit Bodenerosion scheidet an diesem Standort mit hoher Wahrscheinlichkeit aus. Die Böden am Oberhang weisen unter der geringmächtigen Humusschicht einen Tonanreicherungshorizont auf. An den Mittelhängen setzt die stärkere Differenzierung des Profils ein. Es tritt eine Sanddecke auf, die zum Unterhang hin mächtiger wird. Über dem Tonanreicherungshorizont liegt ein tonärmerer Horizont. Es handelt sich um die typische Fahlerde bzw. Parabraunerde der Grundmoränengebiete. Am Unterhang, wo die Sanddecke bereits über 1,0 m mächtig ist, tritt ein Bänderhorizont auf, der im Kontaktbereich zum geschlossenen Tonanreicherungshorizont entstanden ist, wie dessen allmählicher Übergang hangabwärts und die Auflösung in Bänder beweist.

5. 7 Glazifluvial von Hohensaaten - Lunow

von Alexander Hultzsch

5. 7. 1 Geographisch - geologische Übersicht

Die Lokalität Hohensaaten - Lunow befindet sich im NE des Landes Brandenburg in den Landkreisen Bad Freienwalde sowie Eberswalde, bzw. in dem 1994 neu gebildeten Großkreis Barnim; sie liegt auf den Meßtischblättern 3150 Oderberg sowie 3050 Stolpe (Abb. 5. 7 - 1). Der glazifluviale Lagerstättenkomplex wird östlich durch die Hohensaaten - Friedrichsthaler Wasserstraße begrenzt, von der in die bauende Gewinnung ein Stichkanal führt. Die Lokalität ist über die B 158 von Bad Freienwalde über Hohenwutzen zu erreichen. Zur Zeit wird östlich der Straße Hohensaaten - Lunow von der Firma Haniel Baustoff Industrie Sand und Kieswerke GmbH abgebaut; zum Betreten der Grube ist die vorherige Genehmigung einzuholen (Adresse: Karl - Marx - Str. 145, 15751 Niederlehme, Tel. 03375 / 673250; Fax 03375 / 673280).

Geologisch liegt der Lagerstättenkomplex am Westrand des unteren Odertales und hier auf den morphologisch nur wenig gegliederten Terrassenflächen des weichselspätglazialen Netze - Randower Odertales im Rückland der Pommerschen Randlage. Die Entstehung des Schotterkörpers wird aufgrund der Auswertung von Bohrungen, die bis in das Tertiär reichten, auf eine mit dem Rückschmelzen der g SII - Grundmoräne verbundene Anlage des Odertales zurückgeführt (Ur-Oder).

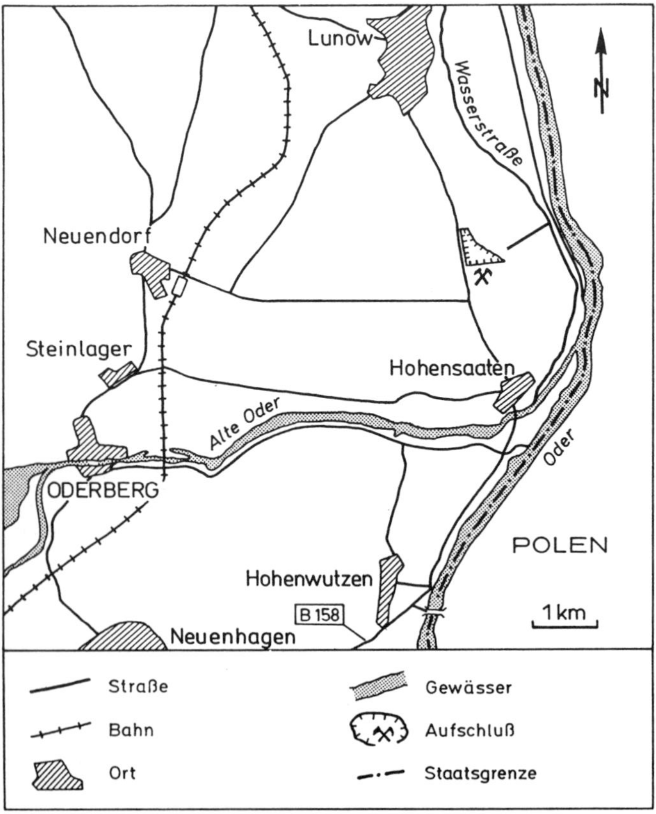

Abb. 5. 7 - 1: Lage des Aufschlusses (Beitrag Hultzsch / Aktualisierung Stiller / Zeichnung Dunker)

5. 7. 2 Der Lagerstättenkomplex

Die Lagerstätte ist durch ein dichtes Netz von Aufschlußbohrungen belegt. Kenntnisse zum Sedimentationsmodell stützen sich deshalb auf einen insgesamt hohen Untersuchungsgrad, der die im Teilfeld Hohensaaten langzeitlich umgehenden Gewinnungsarbeiten stützt. Aus den Bohrungen ergibt sich folgendes Normalprofil (Abkürzungen s. S. 30) :

Schichtenglied	stratigraphische Zuordnung
Sand / Kiessand	gf SIIn - W1n (Randow-Strom)
Geschiebemergel	g SII (Grundmoräne)
Schluff / Sand / Ton	gl SIn - gl SIIv (glazilimnischer Komplex)
Geschiebemergel	g SI (Grundmoräne)
Sand / Schluff / Ton	gl En (glazilimnischer Komplex)
Ton	oberes Mitteloligozän (Rupelton)

Innerhalb dieser Abfolge werden die hangenden Sande und Kiessande des saale-II-kaltzeitlichen Glazifluvials bis einschließlich der Bildungen des weichselzeitlichen Fluvials als produktive Serie bezeichnet. Darunter folgt die g SII - Grundmoräne mit erosiv gegliederter Oberkante; die Erosionsbasis liegt bei 26,7 m ü. NN (Abb. 5. 7 - 3).

Da die Abfolge der produktiven Serie stratigraphisch zwischen Rückschmelzbildungen des SII-Gletschers und nachweichselkaltzeitlichem Fluvial datiert wird, setzt der Oderabstrom mit dem Rückschmelzen des SII-Gletschers in das Oderbecken ein. Jedoch erst im Zuge des Rückschmelzens weichselkaltzeitlicher Inlandeismassen werden nördlichere Abflußbahnen frei. Hierbei kam es zur Ausbildung des Netze - Randower Urstromtals. Im Teilfeld Hohensaaten vereinzelt innerhalb des Sedimentkomplexes diskordant eingelagerte scharfkantige Blöcke aus dem gleichen Sedimentmaterial zeigen, daß zu dieser Zeit die randlichen Sedimente des Oderstromes noch gefroren waren.

Die Schüttung der 15 - 25 m mächtigen Kiessandserie erfolgte zunächst nach NE. Zwischen den Teilfeldern Lunow und Hohensaaten deutet sich eine Hochlage von Grundmoränensedimenten (g SII) an, die während des Sedimentationsprozesses als Strompfeiler wirkte und eine glazifluviale Bifurkation zur Folge hatte.

Erst nach der Aufschüttung bis zu einem Niveau von 5 m ü. NN überlief der Schmelzwasserstrom diese Hochlage in nordwestlicher Richtung und bildete hier mit seinen Sedimenten den Lagerstättenkomplex des Teilfeldes Lunow. Später schwenkte auch dieser Arm des Schmelzwasserstromes in die NE-Hauptrichtung ein.

5. 7. 3 Petrographie / Stoffbestand

Die petrographischen Inhalte der Sedimentkörper weisen darauf hin, daß der Überlauf bereits als weichselkaltzeitlich einzustufen ist.

Petrographischer Anteil	Hohensaaten (Masse-%)	Lunow (Masse-%)
Quarz	11,0	7,9
Quarzit/Kieselschiefer	26,9	33,3
Sandstein/Schluffstein/Grauwacke	2,2	2,8
Flint	4,8	2,0
Ergußgestein	1,5	0,2
Kristallin	31,5	29,3
Kalkstein	22,3	24,5

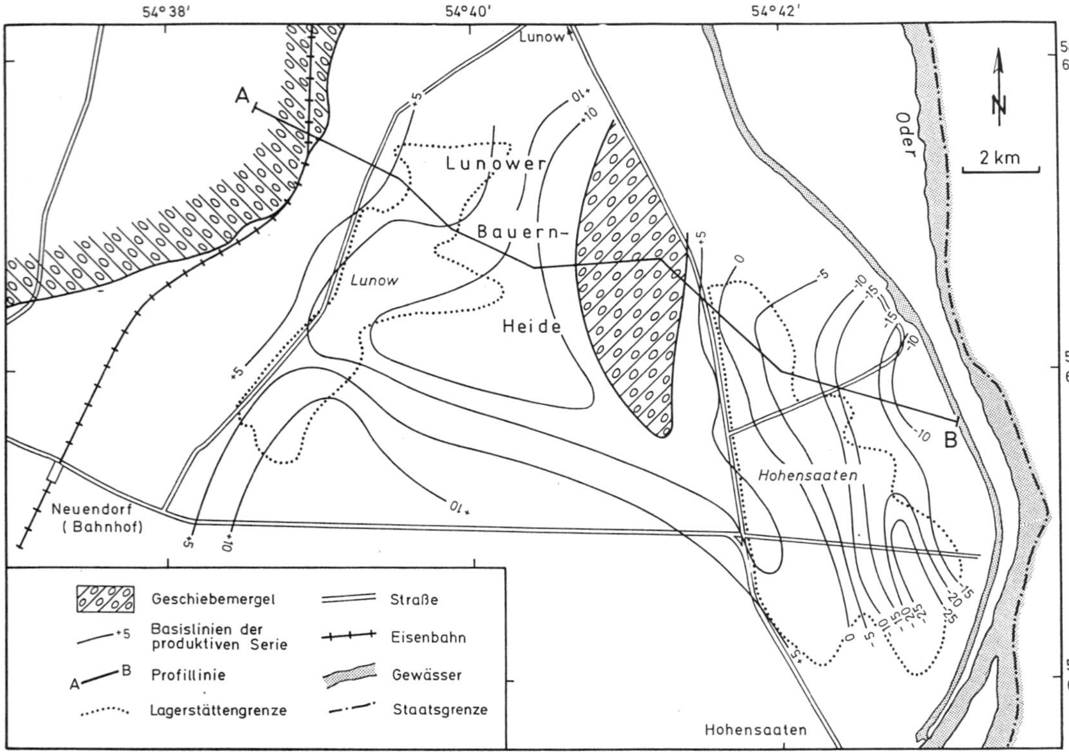

Abb. 5. 7 - 2: Basislinien der produktiven Serie von Hohensaaten - Lunow
(Beitrag Hultzsch / Ergänzung der Lagerstättengrenzen von Stiller / Zeichnung Dunker)

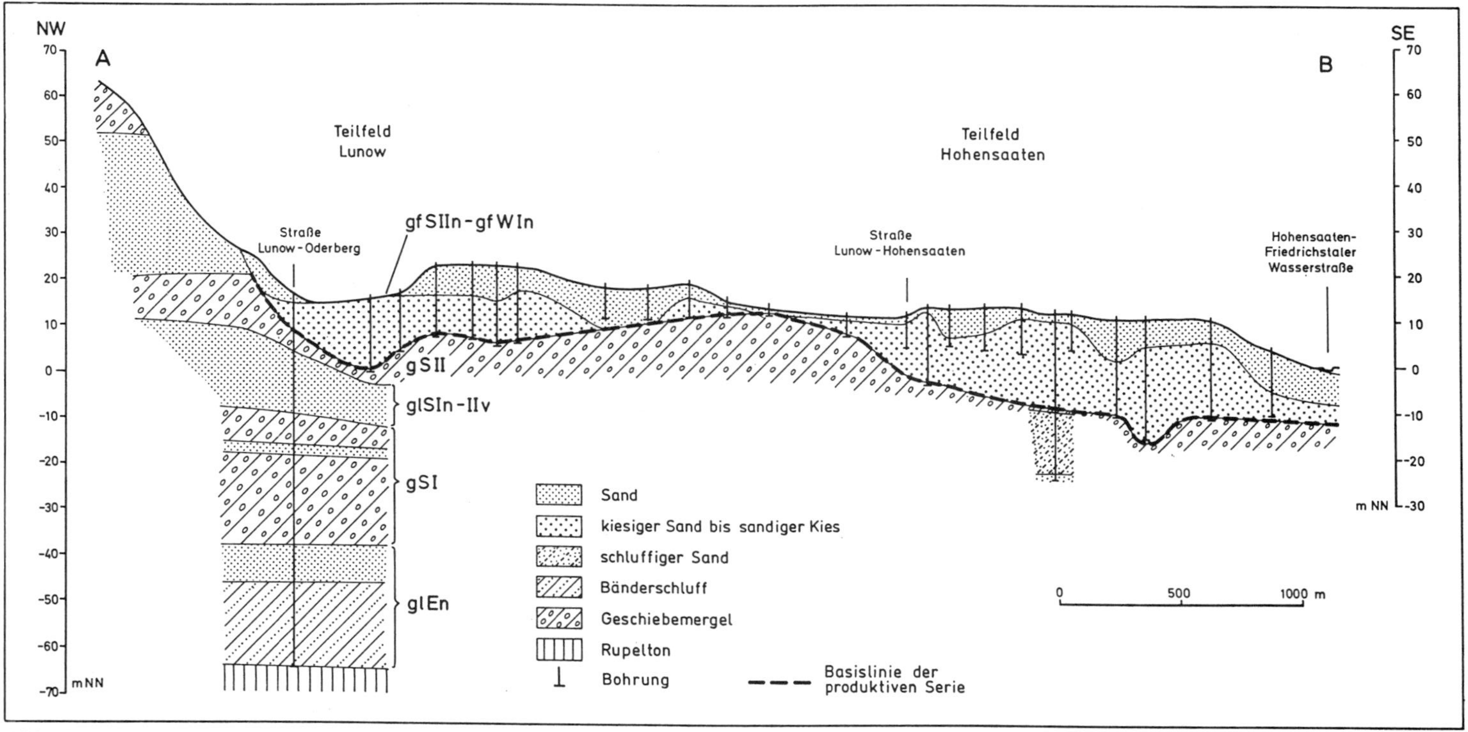

Abb. 5. 7 - 3: NW-SE-Schichtenschnitt; Schnittspur s. Abb. 5. 7 - 2: A - B (Beitrag Hultzsch / Zeichnung Dunker)

Abb. 5. 7 - 4: NE - Stoßprofil Trockenschnitt (Foto Hultzsch)

Die im Ostteil des Lagerstättenkörpers auftretende höhere Mächtigkeit der Kiessandabfolge sowie das von West nach Ost gerichtete flache Einfallen der g SII - Sedimentationsbasis und auch die höhere Mächtigkeit der hier nachweisbaren glazilimnischen Abfolge (gl SIIn) lassen den Schluß auf eine frühsaalekaltzeitliche Anlage des Odertales zu (Ur-Oder).

Die **Abfolge** der produktiven Serie in den Teilfeldern Hohensaaten und Lunow zeigt eine signifikante lithologische Differenzierung. Hieraus lassen sich stärkere Veränderlichkeiten des Strömungsbildes und damit der lokalen Transportenergie der Schmelzwässer erkennen.

Zur stofflichen Qualifizierung der produktiven Serie informieren folgende Durchschnittsdaten:

Körnung (mm ø)		Anteil (Masse-%)
< 0,063	Abschlämmbar	1,3
0,063 - 2,0	Sand	66,7
> 2,0	Kies	32,0

Organische Substanzen wurden nur in unbedeutenden Mengen nachgewiesen (Hultzsch, 1977, Unveröffentl. Ber.). Wasserlösliche Chloride und salzsäurelösliche Sulfate sind ebenfalls lediglich in unbedeutenden Mengen enthalten.

5. 7. 4 Hydrogeologie

Die hydrogeologischen Verhältnisse des Lagerstättenkomplexes sind dadurch gekennzeichnet, daß die produktive Serie den oberen unbedeckten Grundwasserleiter (GWL 1) bildet. Der Aquifer wird von Stauersedimenten (Geschiebemergel / Bänderschluff) unterlagert. Nach hydrogeologischer Kartierung ist die generelle Grundwasserfließrichtung NE. Der Flurabstand des Grundwasserspiegels liegt reliefabhängig zwischen 8 m und 20 m.

5. 7. 5 Industrie

Der **Abbau der Vorräte** im Teilfeld Hohensaaten begann 1972. Die eingesetzte Trocken- bzw. Naßschnittechnologie bestimmt die weitere verfahrenstechnologische Linie der Aufbereitung.

Der durch die Untersuchungsarbeiten nachgewiesene Vorratsvorlauf und die wertstofflichen Inhalte zeigen, daß die Lagerstätte Hohensaaten-Lunow zu einer der **wirtschaftlich interessantesten Kiessandlagerstätten Brandenburgs** gehört.

Abb. 5. 7 - 5: Naßgewinnung mittels Eimerkettenbagger. Dieser ersetzt den früher verwendeten Schwimmgreiferbagger (Foto Lobst)

5. 8 Althüttendorf / Groß Ziethen

5. 8. 1 Blockpackung und Sander

von Alexander Hultzsch

Geographisch-geologische Übersicht

Althüttendorf liegt im NE des Landes Brandenburg, früher Landkreis Eberswalde, jetzt Großkreis Barnim, und zwar auf den Meßtischblättern 3048 Joachimsthal sowie 3049 Groß Ziethen (Abb. 5. 8. 1 - 1). Die Lagerstätte Althüttendorf / Groß Ziethen liegt in dem 1990 eingerichteten Biosphärenreservat "Schorfheide - Chorin" (s. Abschnitt 8, S. 158). Sie ist über die Bundesautobahn E 28, Abfahrt Joachimsthal, und die Bundesstraße B 198 Richtung Groß Ziethen zu erreichen.

Mit Höhen zwischen 50 m und 140 m ü NN wird die Landschaft durch reliefwirksame Elemente **glazialer und glazifluvialer Formen** gegliedert. Beherrschend sind hier die girlandenförmig angeordneten Stauch-Satzendmoränenrücken der Pommerschen Haupteisrandlage, die sich östlich bis in das Gebiet von Oderberg erstrecken und auf der Neuenhagener Oderinsel bei Bad Freienwalde noch nachweisbar sind.

Der geologischen Geschichte aller dieser Formenelemente entsprechen sowohl eine Vielzahl von in Hohlformen entstandenen Freiwasserflächen als auch Sedimenttypen im Gefolge von glazifluvialen Schmelzwasserdurchbrüchen, die bis in das Eberswalder Urstromtal reichten. In Hangenddepressionen sedimentierten sich örtlich und reliefabhängig teilweise Lößlehme.

Die Lokalität Althüttendorf erfaßt als Teilstück dieser Pommerschen Haupteisrandlage **Teile des Joachimsthaler Bogens,** die hier in der Fazies einer Block-

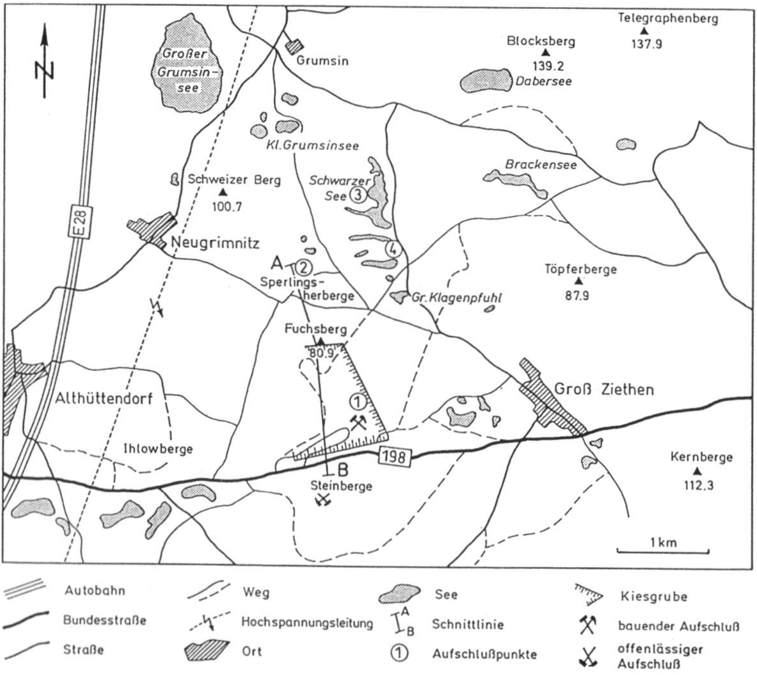

Abb. 5. 8. 1 - 1: Lokalität und Umfeld des Aufschlusses von Althüttendorf (Beitrag Hultzsch / Zeichnung Dunker).

packung ausgebildet sind, **und den vorgelagerten Kegelsander von Althüttendorf.**

Als Erstkartierer identifizierte hier Schröder (1892) Blockpackung und Sander als Teile eines einheitlichen glazifluvialen Systems: "Die Blockpackung ist eben nur ein Geschiebemergel, der ... durch Abschmelzen seiner feinen und z. T. auch gröberen Teile verlustig ging. Diese wurden in das Vorland geschwemmt und bilden dort den Sander".

Dieses genetische Grundprinzip erwies sich auch in der Folgezeit geopraktischer Anwendungen als hinreichend tragfähig, obwohl es mehrfach in Frage gestellt wurde: So nahm Schott (1892) an, daß die Blockpackung eine besondere fazielle Ausbildung des Sanders sei, die glazigen verstellt wurde. Solger (1935) ordnete die Blockpackung als eine Bildung ein, an der kein fließendes Wasser beteiligt sein konnte. Berendt (1894) bezeichnete die Blockpackung als eigentliche Endmoräne, und Gripp (1929) wies darauf hin, daß die Blockpackung eine vor dem Eisrand aufgehäufte Gesteinsmasse sei.

Durch den Zuwachs von Daten (Hultzsch, 1986/1990) wurde das genetische Verständnis vertieft und weiterentwickelt. Als wesentlich für die folgende Darstellung erwiesen sich einerseits die früheren Beobachtungen von Kuschel (1963, Unveröffentl. Ber.), anderseits die Ergebnisse von Petter (1991).

Genetisches Modell

Es wird davon ausgegangen, daß das glazifluviale System von Althüttendorf durch die Bildung endmoränaler Formen im Stapelungsgebiet der Randlage des Pommerschen Stadiums initiiert ist. Durch Oszillation des Eisrandes im klimagesteuerten Wechsel von Vorstoß und Rücktauen auf einer Linie, die vermutlich durch strukturelle Veränderlichkeiten tiefer liegender älterer Schichtenkomplexe (Solger, 1935) beeinflußt war, bildeten sich in der Grundmoräne **Systeme von horizontalen Scherklüften** (Laminarspalten) aus, die jeweils zu Zeiten des Eisrückschmelzens als Wasserwege genutzt und ständig durch Aufschmelzvorgänge erweitert wurden.

Die schichtige Anordnung der Restsedimente in diesen Systemen läßt darauf schließen, daß die Wasserwegsamkeiten langzeitlich zur Verfügung standen; die umgebende Grundmoränenmatrix war gefroren.

Gravimetrische Meßergebnisse weisen durch die Darstellung von **Blockanreicherungszonen** (Summeneffekte) darauf hin, daß die Eisschmelzwässer zunächst die vorhandenen Laminarspaltensysteme als Bewegungsbahnen senkrecht zum Eisrand nutzten (Abb. 5. 8. 1 - 2). Wie das Sedimentationsmodell des vorgelagerten und dem System zugehörigen Sanders belegt, ist das mit hoher Sedimentfracht beladene **Schmelzwasser** jedoch nicht auf diesem direkten Weg in das Vorland abgeflossen, sondern sammelte sich zunächst in einem inglazialen System, **das parallel zum Eisrand einem Hauptvorfluter zufloß** (Abb. 5. 8. 1 - 2). Das hier belassene **Restsediment** erreichte Gesamtmächtigkeiten zwischen 15 und 20 m und **repräsentiert die Blockpackung.**

Der Hauptvorfluter, ein zu dieser Zeit ebenfalls N-S-streichendes inglaziales Rinnensystem, brach südlich des Schwarzen Sees (Abb. 5. 8. 1 - 1, Punkt 3) durch den Joachimsthaler Endmoränenbogen und entwässerte in das Vorland. Die mit hoher Energie und Sedimentlast ankommenden Schmelzwässer strömten durch dieses enge Gletschertor und ergossen sich in die als Falle wirkende Vorlandhohlform. Der Schmelzwasserstrom verlor dabei erheblich Energie. Die anschließende Sedimentationsphase ist ein Ergebnis seiner dabei nachlassenden Transportfähigkeit. Es ist davon auszugehen, daß dieser Prozeß von einer progressiven Rückwärtsverlegung des Gletschertores im Rückschmelzprozeß flankiert wurde.

Unmittelbar im Wurzelbereich des Sedimentationsbeckens liegen heute E-W-streichende Freiwasserflächen, die als **Grundwasserblänken** bezeichnet

Legende

Endmoränenbogen

Schmelzwasserströmungsrichtung

Linien gleicher Körnungsanteile (Masse % Anteil mit Korndurchmesser >2 mm)

Schnittlinie A - B Abb. 5.8.1. - 3

Zur Orientierung sind Elemente aus Abb. 5.8.1 - 1 hier wiedergegeben.

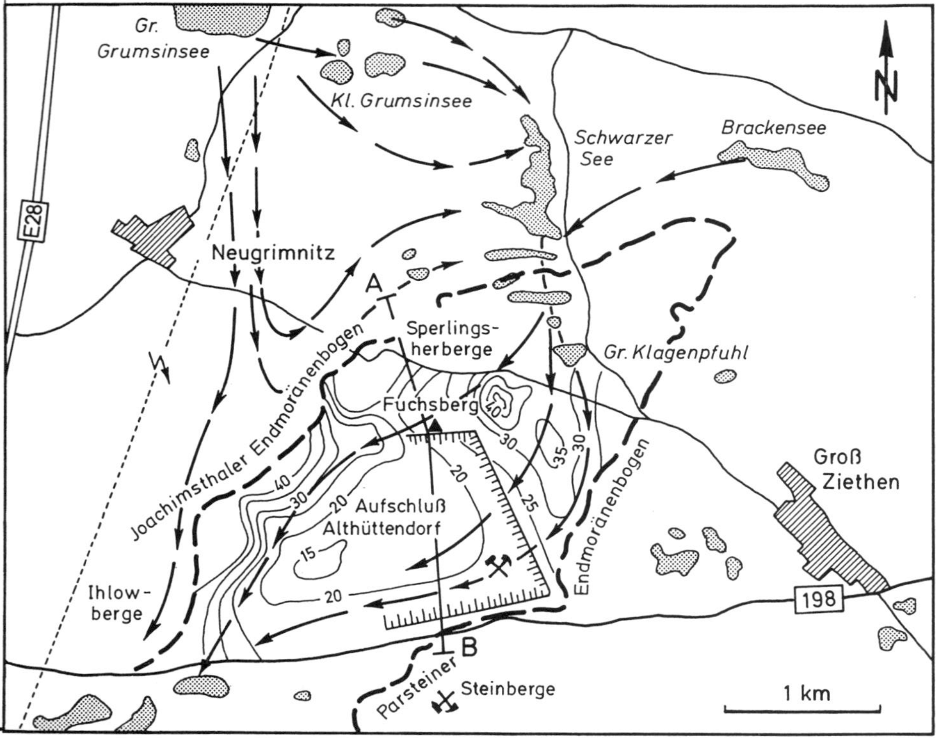

Abb. 5. 8. 1 - 2: Genetische Interpretation des Lagerstättenmodells von Althüttendorf

Die Schmelzwasserströme bewegten sich auf horizontalen Laminarspalten zunächst senkrecht zu den Endmoränenbögen, bei Erreichen der Stauchendmoränen jedoch parallel in Richtung des Hauptvorfluters Schwarzer See weiter. Durch das Gletschertor am Schwarzen See strömte das Schmelzwasser dann in die durch diese beiden Endmoränen gebildeten Hohlformen und bildete hier einen Kegelsander aus.

Der Verlauf der Linien gleicher Anteile über 2 mm Korndurchmesser [Masse %] verdeutlicht die Beziehung zwischen Blockpackung und Sandermodell.

Die in Teilen der Joachimsthaler und Parsteiner Endmoränenbögen gebildete Blockpackung ist ein durch die strömenden Schmelzwässer belassenes Restsediment. (Beitrag Hultzsch / Zeichnung Dunker)

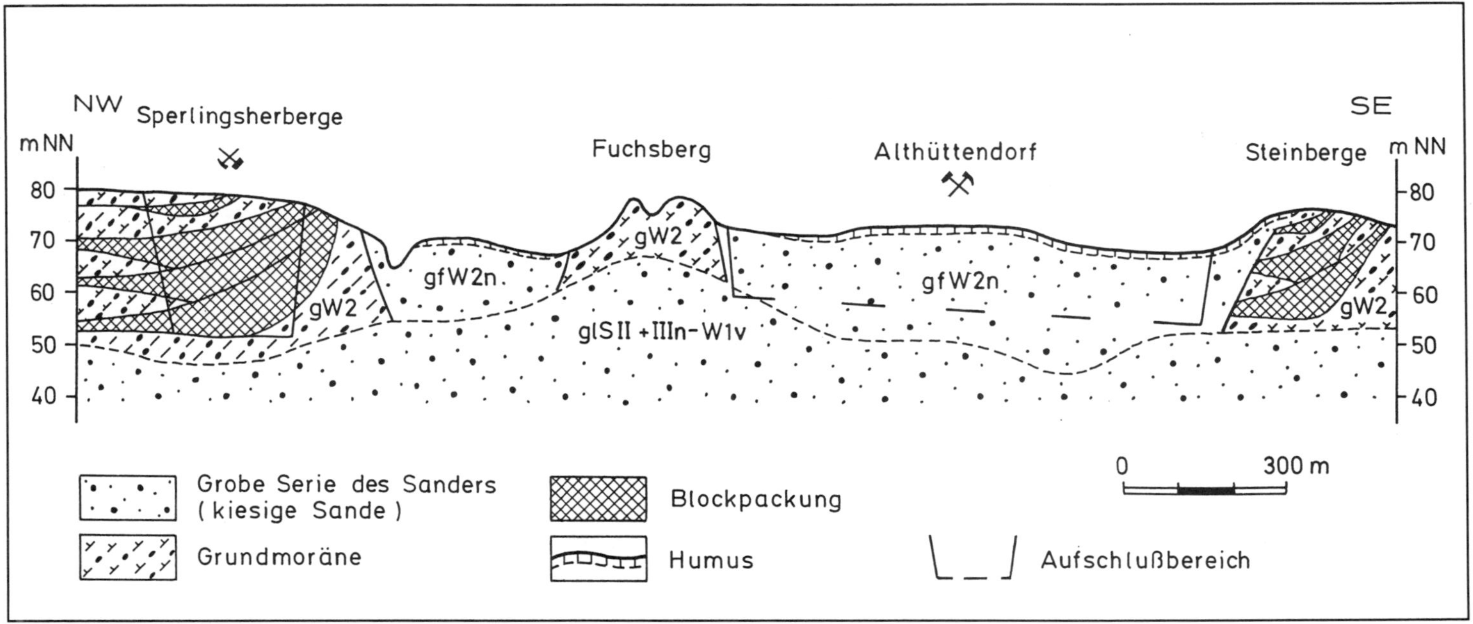

Abb. 5. 8. 1 - 3: Blockpackung / Sander Althüttendorf - Schematischer Schnitt 10-fach überhöht (Schnittspur s. Abb. 5. 8. 1 - 1 & 2)

Der Schnitt verdeutlicht die strukturellen Elemente des morphologischen Formenschatzes: Sperlingsherberge und Steinberge als Bestandteile des Joachimsthaler bzw. Parsteiner Endmoränenbogens bilden morphologische Vollformen; sie enthalten als ursprüngliche Stauchmoränen die Restsedimente. Der Fuchsberg ist eine Durchragung weichselkaltzeitlicher Grundmoränensedimente und differenzierte ursprünglich die Schmelzwasserströme nach Durchbruch aus dem Gletschertor des Schwarzen Sees. (Beitrag Hultzsch / Zeichnung Dunker)

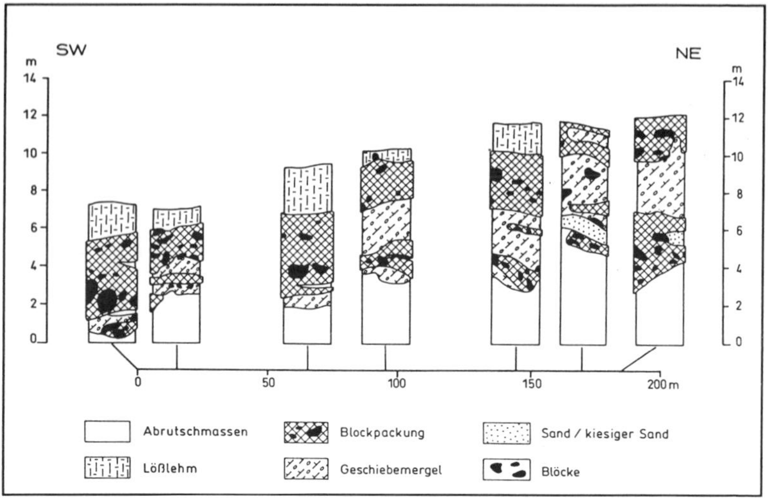

Abb. 5. 8. 1 - 4: Stoßprofilserie im nunmehr aufgelassenen Aufschluß Sperlingsherberge im Zustand von 1963. Die Profile zeigen deutlich die Variation der glazialen Ablagerungen auf geringe Entfernung (Nach Kuschel, 1963, Unveröffentl. Ber., überarbeitet von Hultzsch / Zeichnung Dunker)

werden (Punkt 4 in Abb. 5. 8. 1 - 1). Sie könnten teilweise mit Gripp (1929) als ursprüngliche **Aufeisdepressionen** erklärt werden und wären damit dort entstanden, wo der Gletscher auf den Sander entwässerte und die durch das Gletschertor austretenden Schmelzwässer in Zeiten besonders hoher Energie- und Sedimentlast Eiskörper überlagerten, die erst später abtauten.

Wahrscheinlich existierte der Hauptvorfluter in der gesamten Zeit des Rückschmelzens der Pommerschen Randlage in der tiefgefrorenen Grundmoräne als inglaziales System und wirkte erst zu einem späteren Zeitpunkt, nämlich beim Rückschmelzen des Eises von der Angermünder Staffel, als offenes System.

Die Blockpackung wurde im Aufschluß Sperlingsherberge (Lokalität 2 in Abb. 5. 8. 1 - 1) von Kuschel (1963, Unveröffentl. Ber.) im anstehenden Stoß der offenlässigen Gewinnung kartiert (Abb. 5. 8. 1 - 3). Ebenso wie sich heute der Altaufschluß darstellt, erfaßte die Kartierung die Blockpackung ausschließlich jenseits ihres gewinnungsinteressanten Teiles. Die aus diesem Kartierungsergebnis entwickelten Säulenprofile (Abb. 5. 8. 1 - 4) lassen erkennen, daß die im Laminarspaltensystem entwickelten **Restsedimente nicht horizontbeständig** auftreten. Sie sind im wesentlichen stofflich unsortiert, keilen lokal unvermittelt aus und wechseln damit in hoher Veränderlichkeit ihre räumliche Position. Dieser Befund, von Anfechtern des Grundprinzips von Schröder (1892) oft zitiert, ist auf **Toteiswirkungen** der im späteren Abtauprozeß in sich zusammenstürzenden inglazialen Schmelzwassersysteme zurückzuführen. Kuschel (1963) lieferte durch seine genauen Beobachtungen daneben weitere Beweise für den restsedimentären Charakter der Blockpackung, indem er innerhalb des Restsedimentes jeweils im Luvbereich größerer Blöcke Anlagerungen feingeschichteter Schluffe, Sande bzw. Kiessande beschrieb. Er schloß weiter aus der relativen Geschiebearmut der zwischenlagernden Grundmoränenmatrix darauf, daß das inglaziale Laminarspaltensystem durch Aufschmelzvorgänge kontinuierlich erweitert wurde.

Nach Hesemann (1932) und später vervollständigt durch Cepek (unveröffentlicht) wurden im Restsediment vorwiegend Gesteinsanteile aus dem südschwedischen Bereich nachgewiesen. Neben Kristallin treten Syenite,

Porphyre, paläozoische Schiefer, Quarzite, Kreide und Flint auf.

Die im Joachimsthaler Bogen erreichten Arbeitsergebnisse führen zu folgenden Verallgemeinerungen :

1. Die Blockpackungen in der weichselkaltzeitlichen Pommerschen Randlage sind glazifluviale Restsedimente in Stauchmoränen- bzw. Stapelungsgebieten der glazialen Serie (Abb. 5. 8. 1 - 3).

2. Ihre lagerstättenbildende Anreicherung erfolgte vorwiegend auf erweiterten Laminarspaltensystemen im Ergebnis von Fließbewegungen parallel zum Eisrand innerhalb des tiefgefrorenen Grundmoränenkomplexes. Sie entstanden infolge klimagesteuerter Vorstoß- und Rückschmelzphasen des Inlandeises (Abb. 5. 8. 1 - 2).

3. Die zunächst in Laminarspaltensystemen senkrecht zum Eisrand abfließenden Schmelzwässer schwenkten mit Erreichen der endmoränalen Randzone in eine randparallele Fließrichtung um, da ihr direkter Abfluß in das Vorland durch die Stauch- und Stapelungsformen der Endmoräne verhindert wurde.

4. Von da ab wurde die Abflußrichtung durch ein inglaziales Vorflutsystem bestimmt, das heute nach Abtauen als offenes N-S-streichendes Depressionssystem mit seinem tiefsten Teil, dem Schwarzen See, existiert. Seine Längsachse entspricht der Anordnung des Systems.

5. Die über dieses Sammelsystem gestützte glazifluviale Entwässerung erfolgte über einen Durchbruch durch die Pommersche Randlage.

6. Die durch das Gletschertor in die Vorlandhohlform einströmenden Schmelzwässer sedimentierten mit nachlassender Geschwindigkeit = Transportkraft ihre Sedimentlast und formierten den Althüttendorfer Kegelsander.

7. Veränderliche Anreicherungszonen gröberer Körnungen innerhalb des Sanders sowie bogige Schrägschichtungstypen weisen auf veränderliche Luv- und Leehangsituationen im Ergebnis pendelnder und durch die Aufragung des Fuchsberges beeinflußter Stromstriche hin (Abb. 5. 8. 1 - 3).

8. Die im Sanderprofil auftretenden syn- und epigenetischen Eiskeile (Abb. 5. 8. 1 - 9) sind ein wichtiger Bestandteil des periglazialen Formenschatzes und Klimazeugen für Permafrost. Sie belegen mit ihrem horizontveränderlichen Auftreten einen während der gesamten Sedimentation anhaltenden Permafrosteinfluß und stützen damit das genetische Grundmodell inglazialer Fließbewegungen.

Lokalitäten / Aufschlüsse

mit Illustrationen und deren Erläuterungen
von Johannes H. Schroeder

Bitte beachten: Das Gelände dieser Aufschlüsse ist im Besitz der Firma Haniel Baustoff-Industrie Sand- und Kieswerke GmbH (Karl - Marx - Str. 145, 15751 Niederlehme, Tel. 03375 / 673250, Fax 03375 / 673280); zum Betreten ist die Erlaubnis vorher einzuholen; werkseitige Anweisungen sind genau zu befolgen, damit das Verhältnis zwischen Industrie und Geowissenschaftlern oder geowissenschaftlich Interessierten weiter so gut bleibt wie bisher.

1. Bauende Kiesgrube Althüttendorf

Die produktive Serie des Kegelsanders wird im einstrossigen Trockenhochschnitt gewonnen. Das Panorama des Aufschlusses vom Standort auf der B 198 mit Blickrichtung Nord zeigt den gesamten Industriekomplex von der Gewinnung bis zur Aufbereitung (Brecher / Siebanlage). Der Förderstrom führt von der Gewinnung über Gurtbandanlagen zur Aufbereitung. Nach Zerlegen des Fördergutes in verschiedene Körnungen / Produkte erfolgt der Abtransport per LKW. Den Hintergrund des Aufschlusses bildet die Durchragung des Fuchsberges.

Abb. 5. 8. 1 - 5 : Sand- und Kiesschichten in der Kiesgrube Althüttendorf. A. Anschnitt des Sanders durch den Abbau. Man sieht die deutliche, mehr oder weniger horizontale Schichtung und Variation in der Korngröße. **B.** Einschnitt von **Rinnen** mit konkaven Profilen in die jeweils unterliegenden Schichten (s. Pfeile) und Verfüllung der Rinnen mit schräggeschichteten Sanden/Kiesen; derartige wechselseitige Einschnitte und Verfüllungen von Rinnen sind typische Sedimentstrukturen des Sanders. **C. Schrägschichtungen** in unterschiedlichen Richtungen in Rinnensystemen. A & C: Oststoß; B; Nordstoß (Fotos Schroeder, 1993)

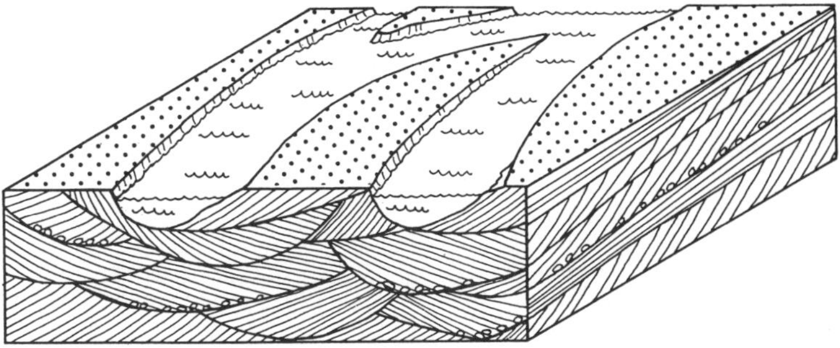

5. 8. 1 - 6: Schematische Darstellung des Rinnensystems eines Sanders: Rinnen schneiden sich in das Liegende ein, verlegen sich seitwärts, erodieren dabei auf einer Seite und lagern auf der anderen Seite schräggeschichtete Sande ab; später schneiden jüngere Rinnen wieder seitlich oder von oben in die Füllungen ein. Schließlich kann der Sedimentkörper nur aus Resten von Rinnenfüllungen bestehen, für welche die konkave erosive Basis diagnostisch ist (s. Abb. 5.8.1 - 5 B). Wenn der Aufschluß ± parallel zur Hauptfließrichtung verläuft, sind die Rinnen nicht offensichtlich (Entwurf Schroeder / Zeichnung Dunker).

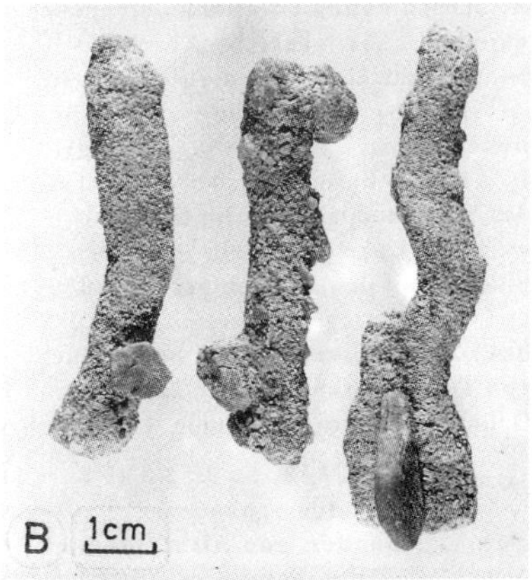

Abb. 5. 8 - 7: Osteokollen im Sander von Althüttendorf.

Es handelt sich um Wurzeln von Bäumen oder Büschen, die noch in Lebendstellung sind und mit Calcit imprägniert wurden .

A (oben): **Aufschlußbild**; Ostseite der Kiesgrube (Foto Schroeder, 1993)

B (links) **Teilstücke von Wurzeln**: Man sieht, daß bei der Calcifizierung auch umgebendes Material zementiert wurde und somit an den Wurzeln haftet (Sammlung Schroeder / Foto Kleeberg).

∧ Abb. 5. 8. 1 - 8: Deformation
∧ der Schichten des Sanders von
∧ Althüttendorf infolge des Austauens von Toteis

A. Abschiebung : Das Schichtenpaket wird durch die geneigte Abschiebungsfläche zertrennt, die rechte Seite ist infolge einer Dehnung relativ zur linken um ca. 20 cm abwärts bewegt.
B. Aufschiebung: Hier wurde ein Teil des Schichtenpaketes (im Bild jeweils der linke) an einer geneigten Fläche über den anderen geschoben. Der Versatz liegt im Bereich von 10 bzw. 20 cm. Einengung ist beim Tauen von Toteis wesentlich seltener als Dehnung. (Fotos Schroeder, 1993)

<<< **Abb. 5. 8. 1 - 9: Eiskeilpseudomorphose im Sander von Althüttendorf**
(Foto Schroeder, 1993)

2. Sperlingsherberge

Der Nordstoß des offenlässigen Aufschlusses zeigt Reste der Blockpackung, die von Grundmoränensedimenten unter- und überlagert wird. Der nichthorizontbeständige Verlauf der Blockpackungsschichten (Abb. 5. 8. 1 - 4) wird durch signifikante Geländestufen bei der Anlage des Sohlniveaus der Gewinnung deutlich.

Abb. 5. 8. 1 - 10: Blockpackung im Aufschluß Sperlingsherberge. Der obere Teil des Aufschlusses besteht aus einer relativ dichten Packung aus Blöcken von mehreren Dezimetern Größe; darunter (s. Hammer) liegt ein Geschiebemergel mit deutlich feinerem Korngrößenspektrum und nur einzelnen Blöcken (Foto Schroeder, 1993).

Abb. 5. 8. 1 - 11: Teil des Joachimsthaler Endmoränenbogens gesehen von Osten, d. h. vom Althüttendorfer Sander aus. Von den Ihlowbergen bis hin zur Sperlingsherberge gab es eine Reihe von Aufschlüssen in der Endmoräne, die aber weitgehend verfallen und zugewachsen sind (Foto Schroeder, 1993).

3. Westseite Schwarzer See

Der Schwarze See als früher inglazialer Hauptvorfluter gehört heute zu den markantesten und attraktivsten Formen der glazialen Serie von Althüttendorf. Der umrandende Buchenbewuchs deutet auf anstehende Grundmoränensedimente hin. Die nach Westen führenden schmalen, rinnenförmigen Ausbuchtungen des Sees markieren Reste ehemaliger Schmelzwassereinzugsbahnen. Der Seeboden ist hier nach Osten in Richtung des Einzugs in den Schwarzen See flach geneigt.

4. Blänken nordöstlich des Schwarzen Sees

Die Blänken sind mit hoher Wahrscheinlichkeit Depressionen, die sich aus früheren Aufeisgebilden entwickelten. Ihr unterschiedliches Spiegelniveau deutet auf orts- und höhenveränderliche Situationen während des Eisrückschmelzens hin.

Industrie und Umwelt

Blockpackung und Sander sind seit langer Zeit Gegenstand industrieller Nutzung. Im Rahmen ihrer Diplomarbeit recherchierte Petter (1991) hierzu mit folgendem Ergebnis:

Die **Gewinnung von Steinen** aus der Blockpackung wird seit fast 150 Jahren betrieben und begann mit den "Steinschlägern", die oberflächig anstehende Steine nutzten. Ein systematischer Abbau im Steinbruchbetrieb ist erst seit 1850 bekannt. Die gewonnenen und mittels Knäpperschuß zerkleinerten Steine wurden im Straßen-, Wasser- und Bahnbau eingesetzt. Später verlagerte sich, dem Bedarf folgend, der Schwerpunkt auf die **Schotterproduktion**. Im Gebiet Groß Ziethen - Joachimsthal setzte 1913 unter der Leitung des Schotterwerkes Althüttendorf ein halbindustrieller Abbau der Blockpackung ein.

Das Schotterwerk am Bahnhof Althüttendorf verfügte über Anlagen für mechanische und Handverladung. Gewinnung, Transport und Aufbereitung wurden bis zum Erliegen der Produktion 1968 mit Dampfkraft betrieben. Gewonnen wurde im Baggerbetrieb an Stößen von 8 m Höhe und mit der Hacke dort, wo für die Bagger nicht genug Platz war, bei einem durchschnittlichen Verhältnis Stein : Abraum von 1 : 3. Der Transport von den Steingruben zum Schotterwerk erfolgte durch Feldbahnzüge (15 km Gleistrasse). Es waren 300 Kleinwagen mit einem Fassungsvermögen von je 2 m^3 im Einsatz. Das Schotterwerk verarbeitete das Grubenmaterial mit Backen- und Kreiselbrechern; Trommeln und Siebe klassierten das vorgebrochene Material in zwei Sorten Schotter, drei Sorten Splitt und Sand. Im Jahre 1929 waren die Steingruben Ziethen (Steinberge westlich Groß Ziethen), Willing (Ihlowberge), Steinecke und Meier (südöstlich von Althüttendorf) sowie die Grube Amt Grimnitz in Betrieb.

Die **Kiessandgewinnung** aus dem Sander wird seit 1968 mit großem wirtschaftlichem Erfolg betrieben. Das gewonnene Rohmaterial wird über verfahrbare Aufgabewagen mit Schutzsieb und Dosiereinrichtung auf die zwei rückbaren Strossenbandanlagen von 300 und 400 m aufgegeben und von hier mittels stationärer Gurtbandanlage von 1200 m zur Trockenklassieranlage gefördert. (1994 / 95 ist der Neubau einer Naßklassieranlage vorgesehen.)

Der **Abraum** wurde bisher parallel zum Aufschluß direkt in die ausgekiesten Lagerstättenteile verkippt und zur Renaturierung eingesetzt. Der produktionsbedingte Entzug landwirtschaftlicher Nutzfläche blieb damit auf einen minimalen Zeitraum beschränkt. Sowohl mit dem zukünftig vorgesehenen Übergang zum Naßtiefschnitt nach Aufgabe der bisher landwirtschaftlichen Nutzung der renaturierten Flächen als auch in Verbindung mit einer zukünftigen Verkippung dieser Flächen mit nicht-kontaminiertem Bodenaushub aus Berliner Baustellen wird dieser Mittelteil des Aufschlusses Althüttendorf wieder so hergestellt, daß er in das intakte Biotop der Umgebung eingegliedert werden kann.

5. 8. 2 Morphologie im Luftbild

von Frank Ebermann

Der verkleinerte Ausschnitt eines panchromatischen Luftbildes im Rahmen der Befliegungen zur topographischen Laufendhaltung aus dem Jahre 1987 zeigt die **Umgebung der Gemeinde Groß Ziethen**. Die Form des Straßenangerdorfes mit teilweise noch erhaltener französischer Bausubstanz der angesiedelten Hugenotten ist deutlich zu erkennen. Zahlreiche Elemente der abwechslungsreichen Landschaft vermitteln ein Bild des Jungmoränenreliefs zwischen dem Parsteiner See im Osten und dem Grimnitzsee im Westen.

Die **Steinberge** (bis 89,8 m Höhe) sind Teil der nach Nordost schwingenden **Endmoräne der Pommerschen Haupteisrandlage**, die hier den Groß Ziethener Spezialbogen (nördlich der Steinberge) und den Buchholzer Spezialbogen bildet (Marcinek, 1981). Nördlich der Steinberge fehlt allerdings bis zu den Polnischen Bergen ein geschlossener Endmoränen-Höhenzug, so daß westlich von Groß Ziethen die Grundmoräne unmittelbar an den davor liegenden Sander von Althüttendorf grenzt. Das kuppige und verkesselte Endmoränenrelief der Steinberge wurde durch einen Abbau der Geschiebe der Endmoränen-Blockpackung erheblich verändert.

Der **Sander** der Pommerschen Haupteisrandlage wird in einer großen Kiesgrube zwischen Althüttendorf und Groß Ziethen abgebaut (Aufschluß 1 in Abschnitt 5. 8. 1) . Östlich des Abbaufeldes ist noch ein Teil der ackerbaulich genutzten Sanderoberfläche erhalten. Gegenwärtig hat sich die Grube noch weiter nach Osten ausgedehnt. Die Fruchtbarkeit der Bändersandbraunerden ist vor allem auf eine Sandlößeinwehung zurückzuführen (Correns, 1965).

Die Sanderoberfläche hat Hohlformen bis ca. 5 m Tiefe; ihre Entstehung infolge von Austauen von Toteis ist aufgrund von Störungen an der Abbauwand der Kiesgrube wahrscheinlich (Abb. 5. 8. 1 - 8 A und B). Eine solche **Toteissenke** im Sander zeigt das Luftbild 400 m östlich der 1987 bestehenden Ost - Abbauwand anhand eines dunklen (weil feuchten) Areals. In diese Senke münden mehrere **Erosionsrinnen**, die als helle, sich verzweigende Linien erkennbar sind.

Der **Ansatz des Sanders an der Moräne** wird etwa durch den NNE - SSW verlaufenden Feldweg westlich Groß Ziethen markiert. Das Relief der Grundmoräne weist zahlreiche Hohlformen auf. Ihre Größe reicht von den typisch rundlichen Söllen mit einem Durchmesser von ca. 10-20 m über sehr unregelmäßig geformte Senken bis 100 m und mehr bis zur Größe des **Ziethener Seebruches** mit über 1 km Längserstreckung. Die Niederung ist zweifellos auf eine **Exarationshohlform** im Bereich des Ziethener Speziallobus zurückzuführen. Ihre komplizierten Umrißformen mit zahlreichen Moräneninseln deuten auf eine toteisbedingte Erhaltung der Senke hin. Bis Anfang des 19. Jahrhunderts war das Ziethener Seebruch noch teilweise ein See.

Die Tönungsstrukturen einer Ackerfläche nordwestlich von Groß Ziethen zeigen parallele Hell-Dunkel-Streifen mit einer Streichrichtung NW - SE. **Stauchungsstrukturen** im unmittelbaren Hinterland der Pommerschen Haupteisrandlage sind hier anzunehmen. Allerdings fehlen bislang die entsprechenden Aufschlußbelege.

Südlich der Ortslage Groß Ziethen läßt die Ackerflur neben zahlreichen Senken auch die typischen Strukturen von **Kappungsböden** des hügeligen bis kuppigen Moränenlandes erkennen. Die am stärksten geneigten Oberhänge der Vollformen haben durch Erosion einen Teil der oberen Bodenhorizonte verloren, so daß der sonst in 40 - 80 cm Tiefe liegende Tonanreicherungshorizont der lehmigen Böden in Oberflächennähe gelangt. Die ton- und eisenreichen Horizonte - (Bt) - erscheinen im Bild als dunkle, ring- bzw: kranzförmige Bereiche um hellere, weil noch weniger abgetragene Bereiche der Vollformen. Ein engräumiger Wechsel der Bodentypen von gekappten Rumpfbraunerden und Rendzinen an den

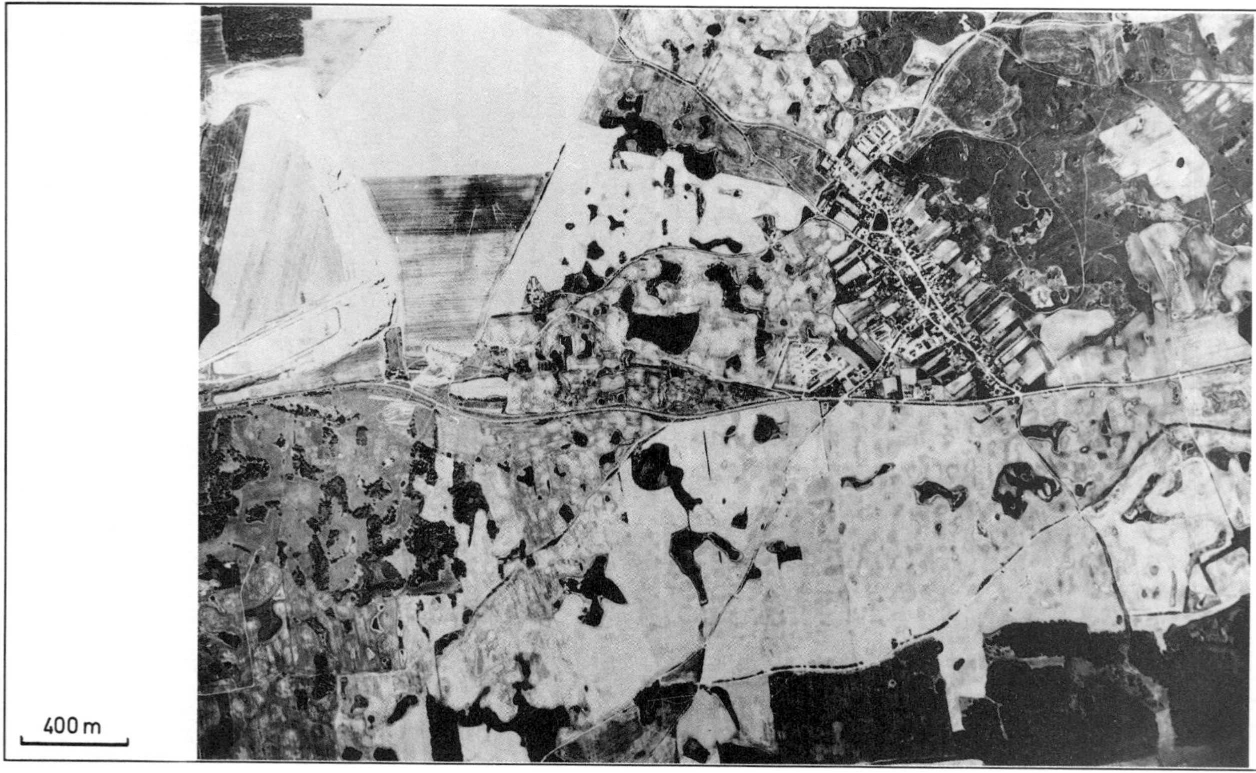

Abb. 5. 8. 2 - 1 A:

Luftbildausschnitt Groß Ziethen

Berliner Spezialflug GmbH: Filmnummer F 106/87, 1987; Genehmigung zur Veröffentlichung vom 17. 12. 1992

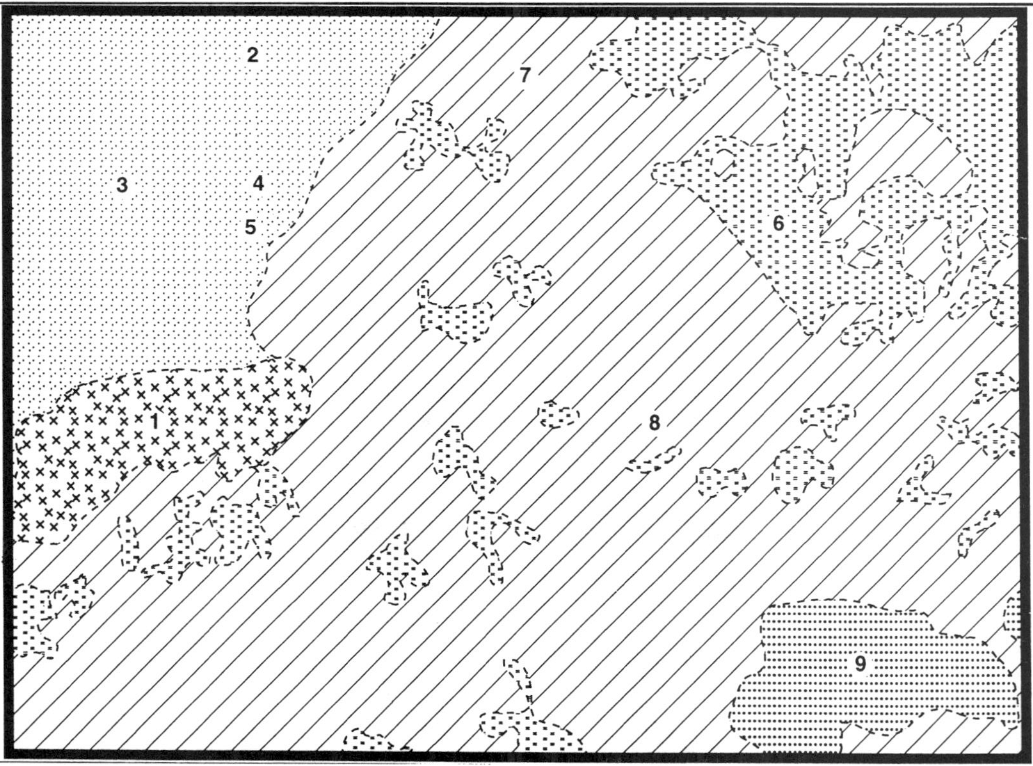

1 Steinberge
2 Sander von Althüttendorf
3 Abbaufeld
4 Toteissenke im Sander
5 Erosionsrinnen
6 Ziethener Seebruch
7 Stauchungs-strukturen
8 Kappungsböden
9 Kernberge

Abb. 5. 8. 2 - 1 B:

Interpretation des inAbb. 5. 8. 2 - 1 A gezeigten Luftbild-ausschnittes Groß Ziethen

(Beitrag Ebermann)

δs , δg (Sand)

δG (steiniger Kies mit Steinunter-grund)

δm , δs (Geschiebe-mergel bzw. - sand)

ds - dg (Sand und Kies der Hochflächen)

t_f (Flachmoortorf)

(vereinfacht nach Geologischer Karte von Preußen, Blatt Groß Ziethen)

Oberhängen bis zu den kolluvialen Bodenformen mit z. T. begrabenen Böden in den Senken und an den Unterhängen ist typisch. Die engräumige Heterogenität der Böden (Wechsel von Substrat, Bodenfeuchte, Humusgehalt usw.) stellt für die Bewirtschaftung ein erhebliches Problem dar.

In der südöstlichen Bildecke sind die bis 112,4 m hohen und bewaldeten **Kernberge** zu sehen. Deren Kartierung durch Schröder in der geologischen Karte von Preußen, 1 : 25 000, Blatt Groß Ziethen als "ds", also "Sande mit Geschiebebeschüttung auf Hochflächen mit unentschiedenem Alter", die isolierte Lage im Hinterland des Buchholzer Lobus und die von Hannemann (1965) vorgenommene saalezeitliche Einordnung zahlreicher Höhenzüge im brandenburgischen Raum legten zunächst eine saalezeitliche Genese der Kernberge nahe. Nach Brose (persönliche Mitteilung 1993) ist eine saalezeitliche Deutung nicht nachzuweisen. Die morphographische Situation läßt vielmehr an Ablagerungen einer **Rückzugsstaffel von der Pommerschen Haupteisrandlage** im Bereich der Lobusnaht zwischen Groß Ziethener und Buchholzer Speziallobus denken.

Von den Kernbergen ist nach Osten ein Blick in **das Becken des Parsteiner Sees** und auf die Schüttungen des **Angermünder Sanders** möglich. Nördlich und nordwestlich von Groß Ziethen erblickt man die bewaldeten Höhen des Forstes Grumsin. Hier greifen Höhenzüge zwischen dem Joachimsthaler Hauptbogen und dem Parsteiner Hauptbogen (z. B. Ihlowberge, Schweizer Berge) weit nach Norden und nähern sich auf wenige Kilometer der Angermünder Staffel. Nach Süden wird der Horizont vom geschlossenen Endmoränenzug der Pommerschen Haupteisrandlage zwischen Chorin und Parstein markiert.

5. 9 Sedimentärgeschiebe in den Kiesgruben Oderberg - Bralitz, Hohensaaten und Althüttendorf

von Michael Zwanzig, Reinhard Bülte, Stefan Liebermann & Steffen Schneider

unter Mitarbeit von Günther Meyer & Frank Keller

Fachgruppe Paläontologie am Museum für Naturkunde Berlin

5. 9. 1 Allgemeine Bemerkungen

In Skandinavien, im Baltikum und auf dem Grund der Ostsee wurden während der Eiszeit durch die **Gletscher** kristalline **Gesteine und fossilhaltige Sedimente abgetragen, zerkleinert und mit dem Inlandeis bis in die Berliner Umgebung transportiert**. Die Schmelzwässer des abtauenden Eises lagerten diese "hergeschobenen Blöcke" (Geschiebe) erneut um. Erdgeschichtlich alte Gesteine **vermischten** sich mit jüngerem Gesteinsmaterial. In den Kiesgruben im Berliner Umland kann der aufmerksame Beobachter Gesteine aus **fast allen Erdzeitaltern** aufsammeln, und mit etwas Glück sind in den Sedimentgesteinen Reste vergangenen Lebens (Fossilien) zu finden. Die **fossilen Reste** gewähren Einblicke in die Entwicklung der Lebewelt über einen Zeitraum von mehr als 550 Millionen Jahren. Eine **Exkursion in die Kiesgrube** gleicht so einer **Reise durch die Erd- und Lebensgeschichte Nordeuropas und des Baltikums**. Wer einmal diesen besonderen Reiz des Geschiebesammelns erlebt hat, der kommt davon nur schwer wieder los.

Die drei großen Kiesgruben des Exkursionsgebietes werden von Berliner Geschiebesammlern **seit vielen Jahren regelmäßig** besucht. Die dabei gewonnenen Sammelerfahrungen sollen im folgenden mitgeteilt werden.

5. 9. 2 Die drei großen Kiesgruben des Exkursionsgebietes

Die **Kiesgrube Oderberg - Bralitz** (s. Karte I und Abb. 5. 4. 2 - 1 , S. 81) auf der Neuenhagener Oderinsel ist über die Straße von Neuenhagen nach Oderberg zu erreichen. Der Eingang der Grube liegt unweit des Bahnhofs Oderberg-Bralitz. Die Steinhaufen in der Nähe des Grubeneingangs stammen nicht aus der Kiesgrube. Hier wird zur Zeit Kies aus Polen gesiebt. Der Abbau in der Kiesgrube Oderberg-Bralitz erfolgt leider nur noch sporadisch.

Die **Grube Hohensaaten** (Karte I, Punkt 5. 7; Abb. 5. 7 - 1) ist in Abschnitt 5. 7 lithologisch, stratigraphisch und als Lagerstätte ausführlich beschrieben. Die **Kiesgrube Althüttendorf** (Karte I, Punkt 5. 8. 1; Abb. 5. 8. 1 - 1) ist im Abschnitt 5. 8. 1 vorgestellt worden. Das Betreten beider Gruben und das Sammeln erfordern die Genehmigung der Firma Haniel Baustoff-Industrie Sand- und Kieswerke GmbH (Karl - Marx - Str. 145, 15751 Niederlehme, Tel. 0 33 75 / 673 250, Fax 0 33 75 / 673 280).

Von den drei genannten Kiesgruben ist die **Grube Oderberg - Bralitz für Fossiliensammler** besonders interessant. Hier wurden in den letzten Jahren zahlreiche bemerkenswerte Sedimentärgeschiebe gefunden. Die Geschiebe sind oft fossilreich, und es konnten einige seltene Sedimentgesteine geborgen werden, die erstaunlich groß waren.

5. 9. 3 Quantitative Analyse der Sedimentärgeschiebe in der Kiesgrube Oderberg - Bralitz

Ansatz

Nach einem Besuch der Kiesgrube haben Geschiebesammler immer wieder betont, daß in Oderberg-Bralitz bezogen auf den Gesamtgeschiebebestand besonders viele Sedimentgesteine gefunden werden können. Dieser Eindruck sollte durch eine Geschiebezählung überprüft werden. Das **Mengenverhältnis zwischen kristallinen und sedimentären Geschieben** war zu ermitteln, und die Sedimentärgeschiebe waren möglichst genau zu bestimmen. Ziel der Untersuchung war die Zuordnung der gezählten Sedimentärgeschiebe zu den verschiedenen geologischen Formationen und zu bekannten Sedimentgeschiebetypen.

Methodik

Die Bestimmbarkeit der Sedimente hängt entscheidend von der **Größe** der untersuchten **Geschiebe** ab.

Als statistisch günstig wurde für die stratigraphische Einordnung von Grundmoränen die Korngröße von 4 - 10 mm empfohlen (Cepek, 1961; siehe Abschnitt 3. 2. 2, S. 27 ff). Diese kam für die gestellte Aufgabe nicht in Frage, weil eine genauere Bestimmung der Sedimente bei so kleinen Geschieben nur selten möglich ist. Außerdem kann in Kiesen ein Teil der kalkigen Sedimente dieser Größe durch zirkulierende oder sickernde Wässer aufgelöst sein, so daß falsche Zählergebnisse zu erwarten sind.

Auch Geschiebe mit einer Kantenlänge größer als 12 cm sind für diese Aufgabenstellung nicht geeignet: Sie sind Hauptsammelobjekte des Geschiebesammlers und werden deshalb durch den erfahrenen Sammler nicht mehr zufällig ausgewählt. Sedimente, die als fossilarm gelten, und Kristallingeschiebe bleiben oft unbeachtet. Außerdem ist es schwer, in kurzer Zeit eine genügend große Zahl dieser Geschiebe auszuwerten.

Für das Projekt wurde deshalb eine mittlere Korngröße zwischen **4 cm und 10 cm Kantenlänge** gewählt. Eine vorgesiebte Fraktion dieser Korngröße wurde ausgezählt. Die Sedimentärgeschiebe wurden aufgeschlagen und mit Hilfe von Fossilien und unter Berücksichtigung petrographischer Vergleichsmerkmale **möglichst genau bestimmt**.

Ergebnisse

Im Rahmen dieses Projektes wurden innerhalb von zwei Stunden auf diese Weise 724 Geschiebe ausgewertet. Es wurden 375 kristalline Geschiebe gezählt. Der Anteil der **Sedimente** am Gesamtgeschiebebestand betrug somit **48,2 %** (Abb. 5. 9 - 1 A).

Bei der Analyse der Sedimentärgeschiebe nach dem Gesteinstyp fällt der hohe **Anteile an Kalksteinen** auf (Abb. 5. 9 - 1 A). Untersucht man die Verteilung der Sedimente auf die verschiedenen geologischen Formationen, so sind in der Kiesgrube Oderberg-Bralitz besonders **Sedimentärgeschiebe** aus dem **Ordovizium** und aus der **Kreide** häufig (Abb. 5. 9 - 1 B). Eine grafische Darstellung der genaueren Zuordnung der Geschiebe zu bestimmbaren Geschiebetypen lohnt nur für das Ordovizium. Für die anderen Zeitalter liegen zu wenige Daten vor. Die Zählung erbrachte folgende vorläufige Ergebnisse:

- **Kambrische** Geschiebe waren hauptsächlich durch Sand- und Siltsteine des Unter- und Mittelkambriums vertreten. Von den 35 Geschieben des Kambriums wurden 9 als Sandstein-, 24 als Siltsteingeschiebe angesprochen, die restlichen zwei Geschiebe sind dem oberkambrischen Stinkkalk zuzurechnen.
- Von den 102 gezählten **ordovizischen** Geschieben (Abb. 5. 9 - 1 C) wurden 56 Stück dem nicht näher differenzierten Grauen Orthocerenkalk zugerechnet. Bemerkenswert häufig war mit 18 Stück der Ostseekalk.
- Unter den 55 **Silurgeschieben** wurden sieben Stück grünlich-graues Graptolithengestein und fünf Stück Beyrichienkalk gezählt.
- **Jura** war durch zwei Rhät-Lias-Geschiebe und zwei Kelloway-Geschiebe vertreten.
- Bei den **Kreidegeschieben** dominierte erwartungsgemäß der Feuerstein (47 Stück Feuerstein unter insgesamt 80 Kreidegeschieben).

Zusammenfassend kann man feststellen, daß sich die gewählte **Zählmethode gut bewährt** hat. Die Ergebnisse spiegeln ausreichend die Erfahrungen wider, die man bei der Suche nach größeren Geschieben in der Kiesgrube Oderberg - Bralitz über die Jahre gemacht hat. Der Zeitaufwand erscheint vertretbar,

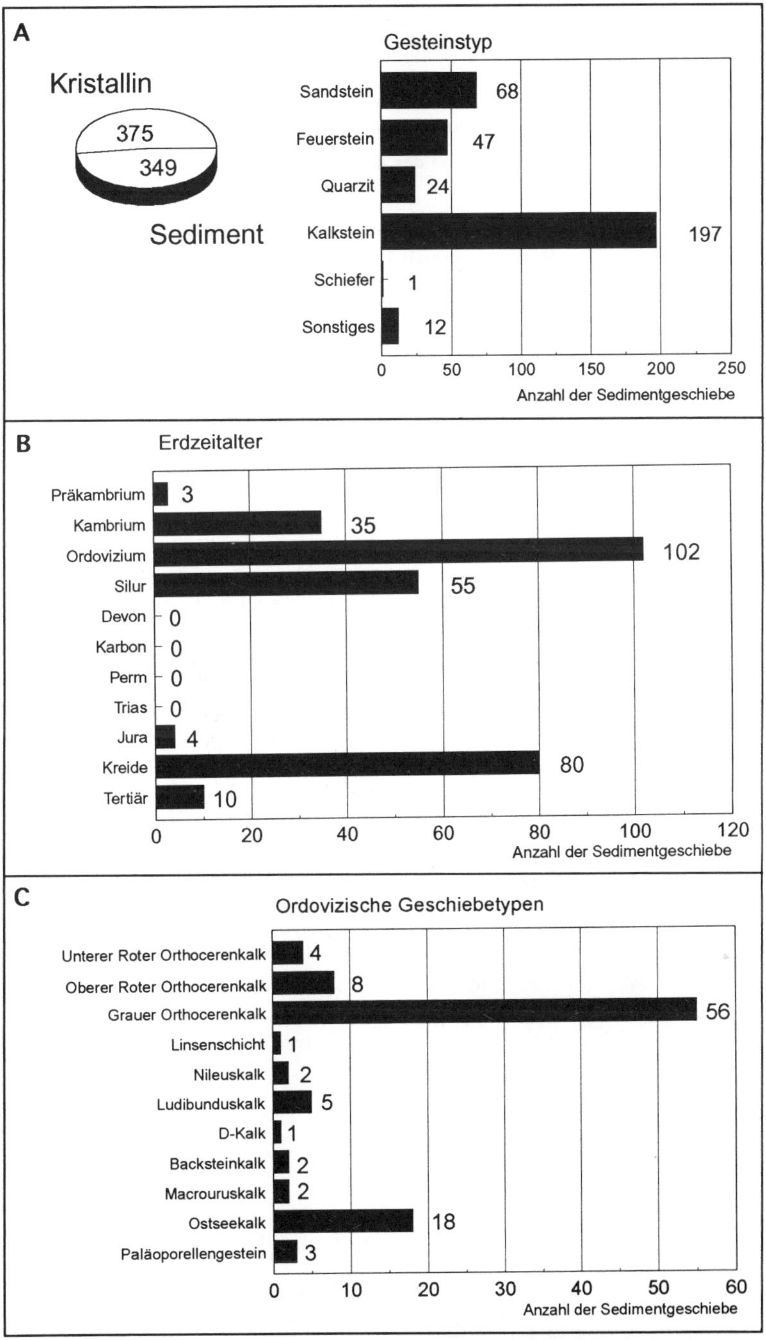

Abb. 5. 9 - 1: Quantitative Auswertung von 724 Geschieben aus der Grube Oderberg - Bralitz **A**. Anteil der Sedimentgeschiebe **B.** Verteilung der Sedimentgeschiebe auf die Erdzeitalter (60 Sandsteine wurden mangels spezifischer Charakteristika nicht zugeordnet.) **C.** Verteilung ordovizischer Sedimentgeschiebe auf verschiedene Gesteinstypen (Beitrag Fachgruppe Paläontologie)

so daß auch größere Mengen an Geschieben auswertbar sind. Eine genügend große Anzahl gut bestimmbarer Sedimentärgeschiebe sollte ein **Geschiebeverteilungsmuster** über alle Erdzeitalter ergeben, das typisch für die jeweilige Kiesgrube ist. Durch Vergleiche solcher Daten aus verschiedenen Kiesgruben können **regionale Verteilungsmuster** erarbeitet werden.

5. 9. 4 Die Sedimentärgeschiebe des Exkursionsgebietes

Präkambrium und Kambrium

Der **präkambrische rote Dalasandstein** mit Wellenrippeln wurde in der Kiesgrube Oderberg-Bralitz mehrmals beobachtet. **Unterkambrische** Sandsteine und Quarzite, die Spurenfossilien enthalten, sind in allen Kiesgruben des Exkursionsgebietes häufig zu finden. Dazu gehören der fossilleere **"Tigersandstein"**, der **Skolithen-Sandstein** und Sandsteine mit *Syringomorpha*, *Monocraterion* (Abb. 5. 9 - 3) und *Diplocraterion* .

In der Kiesgrube Oderberg - Bralitz sollte besonders auf den **glaukonitischen unterkambrischen Sandstein** mit ***Mobergella holsti*** (Abb. 5. 9 - 2) geachtet werden. In grobkörnigen, glaukonitarmen Varianten des Gesteins sind die Schalen von *Mobergella* oft besonders gut erhalten. Ein Teil des in Oderberg gefundenen Materials von *Mobergella* gehört wahrscheinlich zu einer bis jetzt noch nicht beschriebenen neuen Art der Gattung.

Auch der unterkambrische Sandstein mit quergerippten, bandförmigen Kriechspuren (*Plagiogmus*) ist in Oderberg - Bralitz erstaunlich oft zu finden. Fast alle guten Funde der letzten Jahre stammen aus dieser Kiesgrube. Bei einer gemeinsamen Exkursion im Januar 1993 konnten gleich zwei Fundstücke mit *Plagiogmus* geborgen werden.

Das **Mittelkambrium** in Oderberg ist in erster Linie durch **Siltsteine mit Kratz- und Harkspuren** vertreten, die *Paradoxides* -Reste enthalten. Der plattige **"Tessini"-Sandstein** mit lagig angeordnetem Trilobitenpanzerschill ist ebenfalls relativ häufig zu finden. Von diesem Gestein wurden mehrfach große Platten (Durchmesser > 1 m) beobachtet. Auch Geschiebe des ***Oelandicus*** **-Mergels**, die jedoch recht kompakt, mehr als ***Oelandicus*** **-Kalkstein** ausgebildet sind und lagenweise Trilobitenreste von *Paradoxides* und *Ellipsocephalus* enthalten, sind in Oderberg nicht selten. Sehr selten wurden in Oderberg-Bralitz Geschiebe des ***Exsulans*** **-Kalksteins** gefunden. Beim Sammeln sollte besonders

Abb . 5. 9 - 2 :

Mobergella holsti , Napfschnecke (Unterschale mit Muskelgruben) in glaukonitischem Sandstein, Unterstes Unterkambrium; Kiesgrube Oderberg - Bralitz

(Sammlung Schneider / Foto Zwanzig)

Abb. 5. 9 - 3 : ***Monocraterion tentaculatum,*** trichterförmige Wurmbaue in einem Sandstein (angeschliffen); Unterkambrium; Grube Hohensaaten (Sammlung Klaus Imlau, jetzt in Sammlung Zwanzig; Gegenstück im Museum für Naturkunde, Berlin / Foto Zwanzig)

auf Geschiebe des mittelkambrischen Stinkkalkes geachtet werden. Sie sind selten und unterscheiden sich durch ihre mehr bräunliche Färbung und die feinere Körnung von den oberkambrischen Stinkkalkgeschieben.

In Oderberg - Bralitz werden **oberkambrische Stinkkalkgeschiebe** häufiger gefunden. Diese Geschiebe enthalten eine individuenreiche Trilobitenfauna. *Agnostus-*, *Olenus-*, *Sphaerophthalmus-* oder *Parabolina-* Reste kann man aus diesen Geschieben bergen. Auch der Brachiopode *Orusia lenticularis* kann massenhaft in das Gestein eingebettet sein.

Ordovizium

In der Kiesgrube Oderberg - Bralitz konnten einige wenige Funde des unterordovizischen, aus dem Baltikum stammenden ***Obolus-*** **Sandsteins** gemacht werden. Ebenfalls selten wurden kleine Stücke des ***Dictyonema-*** **Schiefers** mit dem bezeichnenden Graptolithen *Dictyonema flabelliforme* gefunden. Im Exkursionsgebiet blieben diese Funde auf die Kiesgrube Oderberg - Bralitz beschränkt. Dagegen ist die breite Palette der roten und grauen **Orthocerenkalke** in allen drei Gruben, jedoch mit unterschiedlicher Häufigkeit anzutreffen. In Oderberg-Bralitz sind Geschiebe aus diesem Bereich besonders häufig vertreten und zum Teil in erstaunlich großen Abmessungen (bis fast 2 m Durchmesser) zu beobachten. Oft sind die Blöcke fossilarm. Geschiebe des Unteren **Grauen Orthocerenkalksteines**, die oft glaukonithaltig sind, wurden bisher selten gefunden. Häufig sind dagegen Geschiebe des Unteren Roten, des Oberen Grauen und des Oberen **Roten Orthocerenkalksteines**. Es wurden große Geschiebe des Oberen Roten Orthocerenkalksteines gefunden, die bis zu 1 m lange Gehäuse von Orthoceren bzw. Endoceren enthielten. Besonders bemerkenswert ist der Fund eines schwach gekrümmten ungewöhnlich großen Gehäuses von *Rhynchorthoceras angelini* . Auch Haftscheiben von Pelmatozoen auf Gehäusen von Endoceren und Orthoceren sollten beachtet werden. Immer wieder findet man Schwanzschilde des Trilobiten *Neoasaphus platyurus* . Sehr selten sind dagegen Funde vollständig erhaltener Trilobiten in diesem Kalkstein. Das fast komplette Exemplar eines *Neoasaphus laevissimus* blieb ein Einzelfund. Beim Sammeln sollte besonders auf **Kalksteine der Linsenschicht** geachtet werden, die man an ihren millimetergroßen eisenschüssigen oolithischen Linsen erkennt, die unregelmäßig im Gestein verteilt sind. Ein besonders großer, wahrscheinlich aus dem Baltikum stammender Block, enthielt mehrere Reste vollständiger Trilobiten, darunter ein Exemplar von *Neoasaphus kowalewskii*, der besonders durch seine sehr hohen, schlanken Stielaugen auffällt.

Die Obere Stufe des Grauen Orthocerenkalksteines ist durch Geschiebe des ***Schroeteri*- Kalkes** vertreten. Die Panzerschale der großen Schwanzschilde und Cranidien von *Illaenus schroeteri* ist gut erhalten und zeigt sogar Muskelflecken auf dem Kopfbereich. Die Geschiebe sollten nur auf einer größeren Unterlage aufgeschlagen werden, damit abfallende Schalenteile nicht verloren gehen. Auf seltene Trilobiten, wie Kopfschilde des harpesähnlichen Trilobiten *Hibbertia* sollte besonders geachtet werden. Etwa gleichalt wie der *Schroeteri* - Kalk ist der ***Nileus*- Kalkstein**. In allen drei Kiesgruben kann man die grauen, feinkörnigen etwas flaserigen Geschiebe dieses Kalksteintypes finden. Neben Resten von *Illaenus schroeteri* enthält der Kalkstein nicht selten vollständige, eingerollte Trilobiten der Gattung *Nileus* .

Seltene Funde von Rhombenporhyr aus dem Oslograben (s. Abschnitt Perm und Trias, S. 139) in der Kiesgrube Oderberg-Bralitz lassen weitere **norwegische Geschiebe** vermuten. Einige Fundstücke eines fast schwarzen Orthocerenkalkes aus dieser Kiesgrube könnten aus Norwegen stammen. Es sollte mit verstärkter Aufmerksamkeit nach solchem Material gesucht werden.

Besonders in Oderberg - Bralitz treten relativ häufig Geschiebe des zuckerkörnigen ***Ludibundus*- Kalksteines** auf, die nicht selten vollständige Trilobiten der Gattungen *Illaenus* , *Nileus* und *Ogmasaphus* enthalten. Aus Hohensaaten und Oderberg-Bralitz liegen einige gute Stücke des **Echinosphaeriten-Kalksteines** vor, die fast vollständig mit Resten des namengebenden Beutelstrahlers erfüllt sind. Das Innere der kugeligen Gehäuse ist oft mit Calcit ausgefüllt ("Kristalläpfel").

Backsteinkalk, Macrouruskalk, Ostseekalk und **Palaeoporellengestein** sind häufige Geschiebe in den Kiesgruben des Exkursionsgebietes.

Der feinkörnige, dem Lithographenkalkstein ähnliche **Ostseekalk** tritt in Oderberg - Bralitz hauptsächlich in seiner hefefarbenen Varietät auf. Der rotgefleckte Ostseekalk wird weniger häufig gefunden. Ostseekalkgeschiebe erscheinen meist fossilleer, aus der grauen Variante lassen sich jedoch vollkörperlich erhaltene **Graptolithen** mittels Salzsäurebehandlung herauslösen. Trilobiten, besonders die stark tuberkulierten Erratencrinuriden findet man jedoch nur im Anschnitt, nachdem man das Gestein scheibchenweise zerlegt hat. Die Präparation der sehr schönen Trilobitenreste erfordert viel Erfahrung und Zeit.

Wer ein sehr großes Sedimentgeschiebe mit parallelen Gletscherschrammen besichtigen möchte, der sollte unbedingt das Museum in Oderberg unweit der Kanalbrücke besuchen (s. Abb. V - 1, S. 4). Der vor dem Museum aufgestellte Geschiebeblock wurde beim Pflügen in der Nähe des Vorwerkes Zaun bei Brodowin gefunden. Das Geschiebe enthält von außen sichtbare Korallenreste und konnte als **seltenes oberordovizisches Kalksteingeschiebe der Stufe F** bestimmt werden. Der Gesteinstyp entspricht dem berühmten Sadewitzer Gestein, das 1861 von Ferdinand Roemer beschrieben wurde.

Nur auf die Kiesgrube Oderberg - Bralitz beschränkt blieben seltene Funde des oberordovizischen hellroten, calcitischen, sehr fossilreichen **Boda-Kalksteines** und des grünlich-roten **Kullsberg-Kalksteines** mit fleischfarbenen Fossilien, vor allem Seelilien-Resten.

Selten traten in Oderberg - Bralitz und in Hohensaaten Geschiebe des schwarzen, verkieselten **Sularpschiefers** auf. Dagegen konnten relativ häufig in allen drei Kiesgruben kleinere, zumeist leicht zerbröckelnde schwarze,ordovizische **Graptolithenschieferstücke** mit *Didymograptus*- und *Dicellograptus* -

Arten gefunden werden.

Überwiegend aus Althüttendorf wurden größere Bruchstücke von ordovizischen Korallenstöcken (*Sarcinula organa*) bekannt.

Silur

In Oderberg - Bralitz wurden Einzelstücke von untersilurischem ***Borealis* - Kalkstein**, der aus dem Baltikum stammt, gefunden.

Verschiedene Varianten des **Leperditiengesteines** sind in Oderberg - Bralitz relativ häufig. Sie enthalten oft besonders große Leperditien - Arten.

Abb. 5. 9 - 4 : *Leonaspis* cf. *crenata angelini*, ein seltener Trilobit des grünlich-grauen Graptolithengesteines, Silur; Kiesgrube Oderberg - Bralitz (Sammlung & Foto Zwanzig).

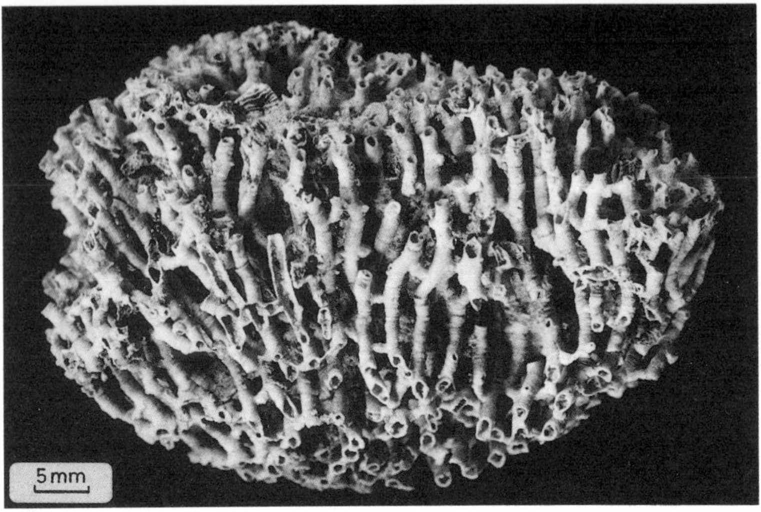

Abb. 5. 9 - 5: ***Syringopora bifurcata*, freigewitterter Korallenstock** aus dem Gotländer Korallenkalk; Silur; Kiesgrube Oderberg - Bralitz (Sammlung Schneider / Foto Zwanzig)

Ein sehr markantes Silurgeschiebe ist das **grünlich-graue Graptolithengestein**. Es ist in allen drei Kiesgruben des Exkursionsgebietes zu finden, kommt aber in Oderberg-Bralitz besonders gehäuft vor. In dieser Kiesgrube wurden auch größere Blöcke (bis 50 cm im Durchmesser) beobachtet. Oft enthalten die Geschiebe lagenweise eingestreute Graptolithen (besonders *Monograptus* sp.), die auch vollkörperlich erhalten sein können. In graptolithenführenden Geschieben des grünlich-grauen Graptolithengesteines werden selten Trilobitenreste gefunden. Nur stark bestachelte Formen wie *Raphiophorus* sp. und *Odontopleura* sp. treten auf. In einer anderen Variante des Gesteins, die selten Graptolithen enthält, kommen neben Brachiopoden, Schnecken und Cephalopoden auch Trilobitenreste vor. Sogar vollständige Trilobiten der Gattungen ***Leonaspis*** (Abb. 5. 9 - 4.) und *Calymene* wurden in Oderberg-Bralitz gefunden. Das Gestein sollte vorsichtig aufgeschlagen werden, um die gut erhaltene Oberfläche der Trilobitenpanzerreste nicht zu beschädigen.

Größere Stücke des **Gotländer Korallenkalkes** konnten in Oderberg - Bralitz geborgen werden. Darunter befand sich ein Geschiebe, das weiche mergelige Schichten enthielt, aus denen sich die fossile Fauna leicht herausbürsten ließ (Korallenstöcke, Einzelkorallen, Bryozoen, Brachiopoden, Trilobitenreste, Seelilienteile u.a.). Isolierte Korallenstöcke aus diesem Gestein (*Favosites* sp., *Heliolites* sp., *Catenipora* sp., *Syringopora* sp,) sind besonders in Althüttendorf und in Oderberg - Bralitz häufig. Diese Korallenstöcke sind manchmal durch die Verwitterung sehr schön herauspräpariert (Abb. 5. 9 - 5).

Der obersilurische fossilreiche **Beyrichienkalkstein** mit Brachiopoden, Ostrakoden, Bryozoen, Schnecken, Trilobiten- und Fischresten ist im gesamten Exkursionsgebiet häufig zu finden. Einige Fundstücke von **Phacitenoolith** und **Sphaerocodienkalkstein** wurden nur aus der Kiesgrube Oderberg-Bralitz bekannt.

Devon

Devonische Geschiebe sind in Oderberg-Bralitz nicht selten. Die hellgelben, teilweise rötlich gefleckten **dolomitischen Kalksteine** sind in größeren Abmessungen oft unverwittert erhalten. Handtellergroße Stücke zeigen dagegen gut

Abb. 5. 9 - 6: Rhombenporphyr - Geschiebe, klassischer oder Kolsås - Typ, Perm des Oslogebietes; Kiesgrube Oderberg - Bralitz (Sammlung Schneider / Foto Zwanzig)

herausgewitterte bzw. leicht zu präparierende Brachiopoden und Seelilienreste. Unter den Brachiopoden sind *Spirifer*- und *Productella* -Arten hervorzuheben.

Perm und Trias

Eine nicht-sedimentärer Fund sei hier wegen seiner großen Seltenheit dokumentiert: In Oderberg - Bralitz wurde ein **Rombenporphyr - Geschiebe** (Abb. 5. 9 - 6) gefunden, das in seiner Ausbildung dem Kolsås - Typ entspricht und das östlichste Vorkommen dieses Geschiebetyps markiert. Der Rhombenporphyr stammt aus dem Oslo-Graben und ist ein Beleg für den intensiven Vulkanismus in diesem Bereich zur Zeit des Rotliegenden.

In der Kiesgrube Oderberg-Bralitz und in Hohensaaten kommt häufiger ein Konglomerat vor, das neben anderen Geröllen **Roten Beyrichienkalk** enthält und **Postsilurisches Konglomerat** genannt wird. Diese Geschiebe sollen aus Schichten des Perm oder der Trias stammen, ihre Heimat ist unbekannt. Das Gestein ist die einzige Quelle für den obersilurischen Roten Beyrichienkalk und sollte auf der Suche nach Fossilien in diesem seltenen Gestein durchgeklopft werden.

Nur in **einem Fall** gibt es den Beleg für ein **Muschelkalk - Geschiebe**. Das ausgeblichene und mürbe Handstück stammt aus der Kiesgrube Hohensaaten und enthält Abdrücke der Muschel *Myophoria vulgaris* .

In allen drei Kiesgruben sind braune bis rotbraune **Toneisensteine** häufig, die oft nur **Pflanzenhäcksel** enthalten. Sie sind wahrscheinlich den **Rhät - Lias - Schichten** von Schonen zuzuordnen. Es lohnt sich, diese Gesteine sorgfältig aufzuklopfen und mit der Lupe nach **Insektenresten** abzusuchen. In helleren und etwas quarzitisch erhaltenen Geschieben dieses Typs ist manchmal eine

Abb. 5. 9 - 7: ***Kosmoceras jason,*** **Ammonit** aus einem sehr großen Kelloway - Geschiebe, Jura; Kiesgrube Oderberg - Bralitz (Sammlung Keller / Foto Zwanzig)

gut erhaltene Flora zu finden. Diese Toneisensteingeschiebe können aber auch aus den **Mitteljura**schichten von Bornholm stammen.

Sehr selten findet man in Oderberg - Bralitz den hellen, fast weißen grobkörnigen **Hörsandstein** mit kohligen Pflanzenresten.

Jura

Liasgeschiebe mit Pflanzenresten (z. B. mit einem erhaltenen Wurzelboden) bleiben auf Oderberg-Bralitz beschränkt. Hier ist anzumerken, daß eine Lias-Flora in der näheren Umgebung erbohrt wurde und Lokalgeschiebe mit *Neocalamites lehmanni* in der etwa 30 km südlich von Oderberg - Bralitz gelegenen Kiesgrube Gusow gefunden wurden.

Doggergeschiebe dagegen sind nicht nur in Oderberg - Bralitz, sondern auch in Hohensaaten und - etwas weniger häufig - in Althüttendorf anzutreffen. Die Fossilzusammensetzung dieser meist bräunlich verfärbten, eisenschüssigen Sand- und Kalksandsteine, der sogenannten **Kelloway-Geschiebe** schwankt. In Bralitz überwiegen Sandsteine, die mitunter vollständig mit Schalen der Muschel *Astarte pulla* ausgefüllt sind. Bemerkenswert ist hier auch der Ammonitenreichtum einiger Kelloway-Geschiebe; beispielsweise *Kosmoceras jason* (Abb. 5. 9 - 7), *K. gulielmi, K. enodatum* sind zu finden. In Oderberg - Bralitz können die Kelloway-Geschiebe große bis sehr große Abmessungen (>1 m) erreichen. Das Gestein ist dann im Inneren blaugrau und größtenteils unverwittert. Fossilien sind unter diesen Bedingungen schwer zu bergen. Das Zerschlagen der Blöcke ist nur mit sehr großem Kraftaufwand und schwerem Hammer möglich. Gute Funde lohnen jedoch den Aufwand. In Althüttendorf überwiegen mürbe Kelloway-Geschiebe, die oft mit zahlreichen Exemplaren einer einzigen Muschelart (z. B. *Pseudomonotis* sp.) in guter Schalenerhaltung ausgefüllt sind.

Malmgeschiebe konnten in den drei Gruben vorrangig als Bruchstücke von **Korallenstöcken** (relativ häufig *Thamnastraea concinna*) nachgewiesen werden. Diese Korallenstöcke zeigen fast alle Bohrspuren von Bohrmuscheln und Bohrschwämmen. Größere Fundstücke dieser Koralle sind in Althüttendorf nicht selten. Hier wurden auch **Serpulit** und **bläulich grauer Kalkmergel** mit Muschelsteinkernen gefunden.

Kreide

Unterkreide-Geschiebe sind in Oderberg-Bralitz häufiger, aber sie sind auch in Hohensaaten anzutreffen (z. B. **Wealden-Sandstein** mit *Cyrena* sp.).

Kalksandsteine der Oberkreide (z.B. **Köpinge-Sandstein** mit Belemniten, Muschel- und Schwammresten), Sandstein (z. B. **Holma-Sandstein** mit kohligen Pflanzenresten), **Tosterup-Konglomerat**, **Harte Kreide** mit Austern, Schwammresten, Serpeln usw. sind vor allem in Oderberg-Bralitz häufiger, aber nicht auf diese Grube beschränkt.

Auffallend häufig sind in Oderberg - Bralitz Funde der eigentlichen **Schreibkreide** mit ihren bekannten Fossilien in z.T. beachtlichen Abmessungen (z. B. hatte ein aus der Kreide herauspräparierter Schwamm *Ventriculites radiatus* einen Trichterdurchmesser von 32 cm). Reichlich anzutreffen sind Kreidebrocken mit Fischresten und stabförmigen Ammoniten (*Baculites* sp.). Erwähnenswert sind ebenfalls knollige **Feuersteine**, die chondrites - ähnliche Gangsysteme bzw. andere Lebensspuren enthalten.

Tertiär

Mit Ausnahme des **Faxe-Kalkes** und des **Aschgrauen Paleozängesteins** bilden Tertiärgeschiebe in Hohensaaten und in Althüttendorf eine Seltenheit. Gelegentlich anzutreffen sind **verkieselte**, ausgeblichene **Nadelhölzer**. Der Faxe-Kalk enthält neben häufigen, ästigen Korallen auch kleine Brachiopoden und etwas seltener Krabbenreste.

In das Aschgraue Paleozängestein mit Muscheln, Schnecken und Dentalien müssen wohl auch die röhrenförmigen Sandsteingebilde mit den Ausfüllungen von Krebsbauten (*Ophiomorpha nodosa*) eingeordnet werden. In einigen Fällen weist die Begleitfauna darauf hin.

In Oderberg-Bralitz gibt es außer diesen Tertiärfunden noch weitere Geschiebe zu nennen. So konnte ein Stück **Bryozoenkalk** geborgen werden, das sehr mürbe ist und fast nur aus Bryozoenfragmenten besteht. Weiterhin wurde **Saltholmskalk** mit Seeigel- und Brachiopodenresten sowie **Echinodermen-Konglomerat** mit abgerollten Resten von Stachelhäutern, Seelilien und Haifischzähnen gefunden. Ein Stück rostbraunes **Turritellengestein** mit Steinkernen der Schnecke *Turritella* sp. und **Bernsteinfunde** sollen nicht unerwähnt bleiben.

Quartär

Gut erhaltene **Knochen und Zähne von Großsäugern** finden sich gelegentlich in Oderberg - Bralitz. Auch Kleinsäugerreste, z. B. der Kiefer einer Schermaus (*Arvicola* sp.) wurde in den Sandschichten isoliert gefunden. Zertrümmerte Knochenreste sind selten in Hohensaaten und wurden gar nicht in Althüttendorf bemerkt. Aus beiden Gruben liegen jedoch einige abgerollte **Mammut-Backenzähne** vor.

5. 10 Rotes Land und Brunnental - periglaziale Trockentäler

mit der Besonderheit einer Talanzapfung

von Joachim Marcinek

5. 10. 1 Einführung

Die Täler südlich von Bad Freienwalde (Abb. 5. 10 - 1) lösen den **Rand der Barnimhochfläche zum Oderbruch** auf. Sie verleihen ihm gebirgsähnlichen Charakter und locken zum Wandern.

Der **Weg** zu den Tälern und zur Talanzapfung führt vom Stadtzentrum südwärts zur Straße nach Sonnenburg (schmale asphaltierte Straße). Am Rand zum bewaldeten höheren Gelände leitet ein künstlicher Einschnitt von mehreren hundert Metern die Straße in das **Tal "Das Rote Land"** (Die Darstellung dieses Zieles stützt sich weitgehend auf die Untersuchungen von Lembke, 1954). Es ist **30 - 40 m tief** in die Hochfläche **eingeschnitten**, besitzt eine rund **300 m breite Talsohle** mit den Resten eines höheren Talbodens, hat relativ steile Talhänge, folgt der Abdachung zum Oderbruch in **genereller Ostrichtung** und erreicht bei Altranft das Oderbruch, wo am östlichen Talausgang der zweiphasigen Talanlage entsprechend ein älterer und ein jüngerer Schwemmfächer liegen.

Von der weiterhin südwärts verlaufenden Straße geht gleich am Talnordhang ein Waldweg in westliche Richtung, dem gefolgt werden muß. Nach etwa einem Kilometer wird so die **Anzapfung durch das rund 40 m tiefer liegende**, Süd-Nord-verlaufende **Brunnental** erreicht. Auf der Westseite des Brunnentales liegen etliche ehemalige Zuflüsse des Tales "Das Rote Land". An der betreffenden Stelle setzt sich westlich des Brunnentales das "Rote Land" über dem als "Grüner Weg" in das Brunnental hineinführende Tal fort. Aus dem Brunnental führt das Tal "Grüner Weg" steil aufwärts. Nach rund 900 m wird ein breiter Trockentalboden erreicht, der in der Höhe liegt, in der die Fortsetztung des Tals "Das Rote Land" talauf zu erwarten ist. Talab (ostwärts) läßt sich der zerschnittene Talboden des "Roten Landes" als Terrasse über dem engen Einschnitt des Tals "Grüner Weg" beobachten. Quelläste des Tales "Das Rote Land" lassen sich bis westlich der Berliner Straße (B 158) verfolgen.

Zwei Phänomene lassen sich bei diesem Exkursionsziel in selten deutlicher Ausprägung beobachten:

1. Die Trockentäler

2. Die Anzapfung des Roten Land-/Grüner Weg-Tals durch das Brunnental.

5. 10. 2 Trockentäler und deren Bildung

Gefrorener sandig-kiesiger Untergrund ist unter kaltzeitlichen Bedingungen wasserundurchlässig, so daß die abfließenden Schneeschmelzwässer Täler bilden und einschneiden können. Schwindet unter warmzeitlichen Bedingungen der Dauerfrostboden, werden Sande und Kiese wasserdurchlässig. Infolgedessen fallen diese Täler oberhalb der Grundwasseroberfläche trocken. Sie wurden deshalb als Trockentäler bezeichnet.

Entsprechend den Abdachungsverhältnissen konnten auf diese Weise selbst im Jungmoränenland bei bedeutenderen Höhenunterschieden unter kaltzeitlichen Bedingungen schon in wenigen Jahrtausenden solche Täler entstehen (periglazifluviale Phase).

Für das Brunnental, das bereits durch Austauen von Rinnen-Toteis im Wendezeitraum von der Weichsel-Kaltzeit zur heutigen Warmzeit entstand, galten mithin besondere Bedingungen. Sie ließen eine periglazifluviale Überformung nur noch im unteren Bereich zu (weichselspätkaltzeitliche-altholozäne Übergangsphase mit endperiglazialer Eintiefung).

Wird dem Brunnental talauf, in südliche Richtung gefolgt, so läßt sich zunächst kontinuierlich, mäßige Steigung, kurzum eine fluvial überformte, ehe-

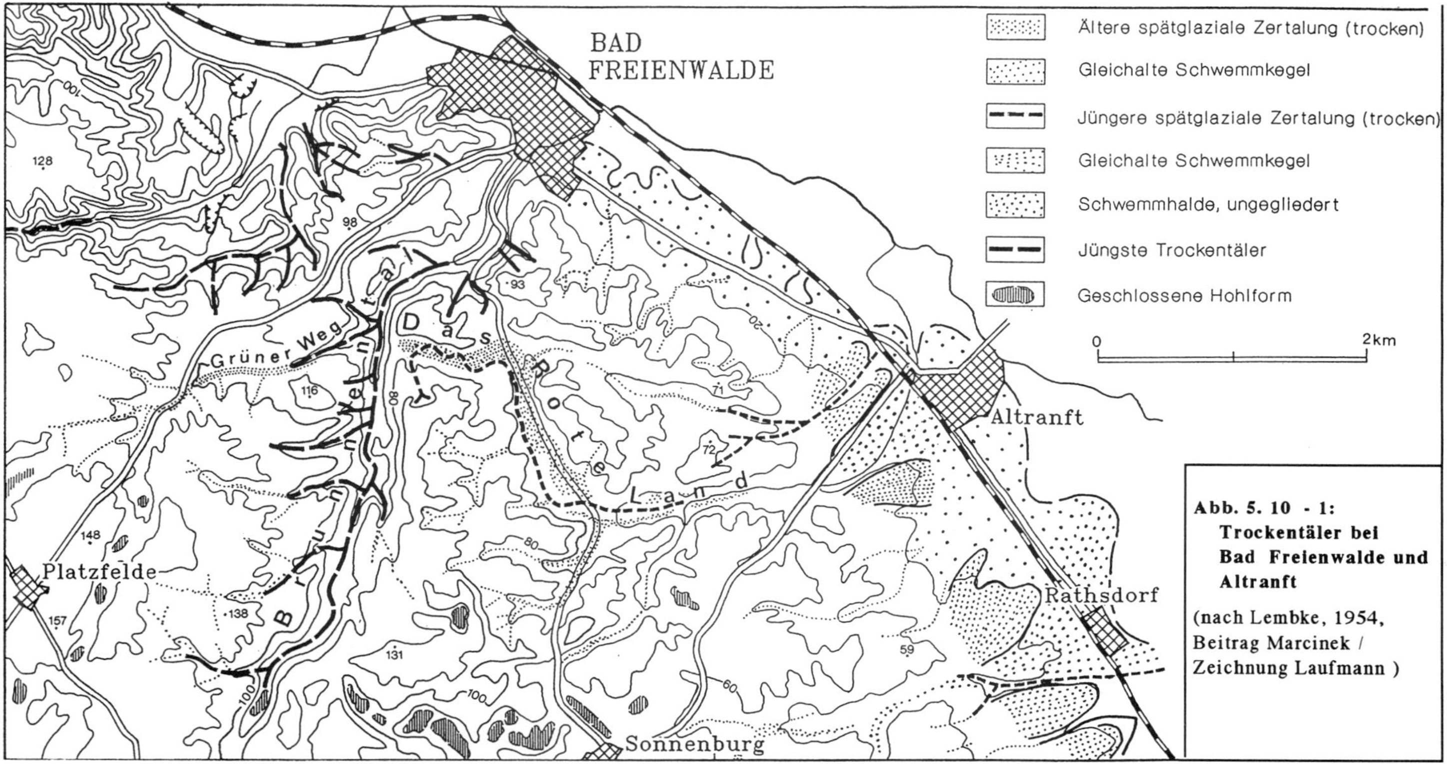

Abb. 5. 10 - 1:
Trockentäler bei Bad Freienwalde und Altranft

(nach Lembke, 1954, Beitrag Marcinek / Zeichnung Laufmann)

mals glazial angelegte Rinne erkennen. Oberhalb der 75 - m - Höhenlinie ist der Verlauf dann jedoch durch eine Serie von ringsum geschlossenen Hohlformen und Querschwellen gekennzeichnet. Sie können nicht auf die Erosion fließenden Wassers zurückgeführt werden, sondern sind das Ergebnis des Austauens von Toteis. Damit ist auch der Zeitraum der Talbildung im unteren Abschnitt bestimmt: Dieses Tal ist in dem sandig-kiesigen Material nicht unter gegenwärtigen Bedingungen fluvial umgeformt worden, sondern aus einer zuvor subglazial angelegten Rinne entstanden, deren Hohlformen durch eine Füllung mit Toteis erhalten geblieben waren. Sie wurde erst später, also im Wendezeitraum von der letzten Kaltzeit zur heutigen Warmzeit (Holozän) fluvial überprägt. Dieser Befund ist für die Diskussion der Morphogenese dieser Region von beträchtlicher Bedeutung (s. Abschnitt 10).

5. 10. 3 Talanzapfung

Während die Trockentäler insgesamt in der älteren periglazifluvialen Phase entstanden, liegt die Bildung der Talanzapfung in der ersten Stufe (endperiglaziäre Eintiefungsstufe) der Übergangsphase zur gegenwärtigen Warmzeit (Holozän). Die Tatsache, daß das Brunnental wesentlich tiefer als beispielsweise das Tal "Das Rote Land" eingeschnitten ist, führt Lembke (1954) auf das Vorhandensein einer subglazialen Rinne, die mit Toteis gefüllt war, zurück, die im Austauprozeß am Ende der Kaltzeit im Relief sichtbar wurde sowie aufgrund der geringen Entfernung zur Erosionsbasis im Oderbruch weiter eingetieft und im unteren Abschnitt noch fluvial überformt werden konnte. Dieses Eintiefen war intensiver als das über die weiteren Wege anderer Täler zur Erosionsbasis, beispielsweise über "Das Rote Land", so daß es zur Anzapfung kam. Dabei wurden Nebentäler gekappt und zu hängenden Tälern.

Abb. 5. 11 - 1: Vegetation in Kesselmooren bei Chorin. 1. Jungwuchs von Birken und Kiefern; nach wenigen Jahren erreichen die Wurzeln das Grundwasser im Moor, die Bäume sterben ab und eine neue Generation wächst nach. Der Außenrand dieses Bereiches ist besonders durchfeuchtet. **2. Randzone** mit Kräuter- und Grasvegetation. **3. Hochwüchsiger Wald** außerhalb des Kesselmoores (Text Jäger / Foto Schroeder, 1993)

5. 11 Moore

von Klaus - Dieter Jäger

5. 11. 1 Kesselmoore östlich von Chorin

Allgemeine Erläuterung

Kesselmoore sind kleinflächige Vermoorungen von Hohlformen mit etwa 1 - 5 ha großer Oberfläche, steilwandigen Randflanken oberhalb wie auch unterhalb der Mooroberfläche und oft mit sehr erheblichen Moormächtigkeiten, für die in Mitteleuropa Werte von 5 - 15 m durchaus als Normalfall gelten. Ihr Flächendurchmesser unterschreitet 1 km im Regelfall erheblich. Ihr Auftreten ist an reliefstarke Landschaftsteile gebunden, hauptsächlich an Endmoränen, untergordnet auch an die kuppige Grundmoräne (s. Abschnitt 3. 1).

Lokalität

Zwischen Chorin und Oderberg gibt es eine reliefreiche Endmoränenlandschaft. Man erreicht schöne Beispiele von Kesselmooren an der Straße von Chorin nach Brodowin (s. Karte I).

Beobachtungen

Diese Moore befinden sich in kesselförmigen, zumeist abflußlosen Hohlformen, die auf austauendes Toteis nach dem Abschmelzen der vormaligen Inlandeisdecken zurückzuführen sind. Die Mooroberfläche ist flach. Sie ist bestanden entweder von Gräsern oder aber von einer Busch - / Baum - Vegetation (Abb. 5. 11. 1 - 1). Letztere entsteht in trockenen Jahren, wenn der Grundwasserspiegel fällt und sich Birken und Kiefern ansiedeln können; wenn der Grundwasserspiegel wieder steigt, sterben die Bäume ab, und infolgedessen findet man in diesen Kesselmooren viele junge abgestorbene Bäume, die in der Regel über das Stadium des Vorwaldes nicht hinausgekommen sind.

Bildungsbedingungen und Entwicklung

Ein Profil durch ein Kesselmoor gibt Aufschluß über seine Entwicklung.

Der basale Teil der Ablagerungsfolgen von Kesselmooren bezeugt durch Mudden über geringmächtigen Torflagen zunächst die Versumpfung der Tieflagen im Gelände, die zum Hangenden zuerst durch Mudden als Ablagerungen eines nachfolgend entstandenen Stillgewässers abgelöst werden.

Häufig tritt an der Basis der Muddeabfolge noch eine geringmächtige aschenführende Schicht auf. Die Aschen können auf einen vulkanischen Ausbruch in der Eifel zurückgeführt werden, der dort mit der Entstehung eines Maars, des Laacher Sees, ursächlich verknüpft und zeitlich genau zugeordnet werden kann. Diese vulkanischen Aschen wurden gegen Ende der letzten Kaltzeit, im Alleröd - Interstadial, weit über Mittel-, West- und Nordeuropa verweht; sie bilden dort einen Leithorizont, der als Zeitmarkierung hervorragend zu nutzen ist.

Der Entstehung abflußloser Stillgewässer im Endabschnitt der letzten Kaltzeit folgte alsbald die Verlandung der so bewirkten Kleinseen und schließlich, durch eine Unterbrechung des Moorwachstums angezeigt, deren Trockenfallen. Schließlich setzte in den letzten 2 - 3 Jahrtausenden die Vermoorung mit der Bildung von Torfmoosarten (*Sphagnum* sp.) wieder ein. In den Schichtenfolgen der Kesselmoore wechseln deshalb Moos- und Bruchwaldtorfe vielfach einander ab.

Über Pollenanalysen gestatten die Torffolgen Einblicke in die Vegetationsentwicklung kleinräumiger Polleneinflugsgebiete in reliefstarker Landschaft mit ihrer räumlichen Differenziertheit. Entsprechende Untersuchungen erfolgten bereits durch Mesmer (1931, 1933) im Gebiet zwischen Eberswalde und Chorin.

5. 11. 2 Hangquellmoor von Falkenberg

Allgemeine Erläuterung

Hangquellmoore sind an **Quellaustritte in Hanglagen** gebunden. Sie treten folglich vor allem in Hangfuß- und Unterhanglagen, seltener auch in Mittelhanglagen auf. Für das Tiefland, insbesondere das Jungmoränengebiet, im nördlichen Mitteleuropa hat Kirchner (1975, S. 615) die charakteristischen standortlichen Voraussetzungen näher beschrieben. Voraussetzung für das Enstehen solcher Vermoorungen ist danach eine in Hanglage angeschnittene "Wechsellagerung lehmig-toniger Subtrate mit sandig-kiesigen Substraten". Sie "bietet günstige Voraussetzungen für das Auftreten von gespanntem, im Extremfall artesisch austretendem Grundwasser". Diese Quellen sind oft charakterisiert durch hohe Ergiebigkeit und Stetigkeit, weitgespanntes Einzugsgebiet und vielfach noch nicht näher umgrenzbaren Herkunftsraum.

Nach den Beobachtungen von Succow (1988, S. 203) bilden die Hangquellmoore "häufig an Niederungsrändern langgestreckte Quellmoorbereiche", und "auch in Endmoränengebieten mit ihrem starken geologischen Schichtwechsel treten häufig Quellmoore auf".

Lokalität

In typischer Weise ist ein Hangquellmoor am Steilabfall von der östlichen Barnimplatte zum Oderbruch ausgebildet. Zwischen Falkenberg und Bad Freienwalde säumt es die westliche Begrenzung des Niederen Oderbruches. Das Bruchland erstreckt sich zwischen dem Endmoränenzug bei Schiffmühle und Neuenhagen im Osten (vgl. Abschnitt 5. 4) und dem Steilhang der Barnimplatte im Westen mit einer Höhendifferenz von ca. 100 m (vgl. Abb. 3. 1 - 1). Am Hangfuß befindet sich das Moor.

Beobachtungen

Wenige Meter über dem angrenzenden Bruchland, in hangfußnaher Höhenlage, führt die Bundesstraße 167 in ihrem Abschnitt etwa von NNW nach SSE. Östlich der Straße vermittelt ein im Vergleich zum Steilhang geringeres Gefälle den Übergang vom Steilhang zum Bruchland, überrascht aber zugleich in Höhen, die deutlich über dem Niveau der Niederung liegen, durch Schilfbestände (*Phragmites communis* L.), die eine Durchfeuchtung der gesamten Hangfußfläche anzeigen.

Bildungsbedingungen und Entwicklung

Wie alle Hangmoore kann sich auch das Hangquellmoor zunächst hangaufwärts ausbreiten (Succow 1978, S. 198). Entscheidend ist die Art der Wasserversorgung für das vermoorte Gelände. Es gibt Hangmoore, die die Wasserzufuhr **oberflächigem Niederschlagsabfluß** über einem mehr oder minder wasserundurchlässigen Untergrund verdanken, der in tieferen Hanglagen zur Ansammlung von Feuchtigkeit führt. Das Hangquellmoor aber verdankt seine Existenz dem **Quellwasser,** dessen Austrittsniveau aus dem Hang für die Obergrenze der Vermoorung von bestimmender Bedeutung ist.

Das Hangquellmoor von Falkenberg verfügt über eine Besonderheit, die aus der räumlichen Nachbarschaft zu einem im Oderbruch östlich angrenzenden Auen-Überflutungsmoor resultiert. Gemeinsam ergeben beide Moore einen saumförmig ausgebildeten Moorkomplex am westlichen Rand des unteren Oderbruches (s. auch Abb. 6. 2 - 1).

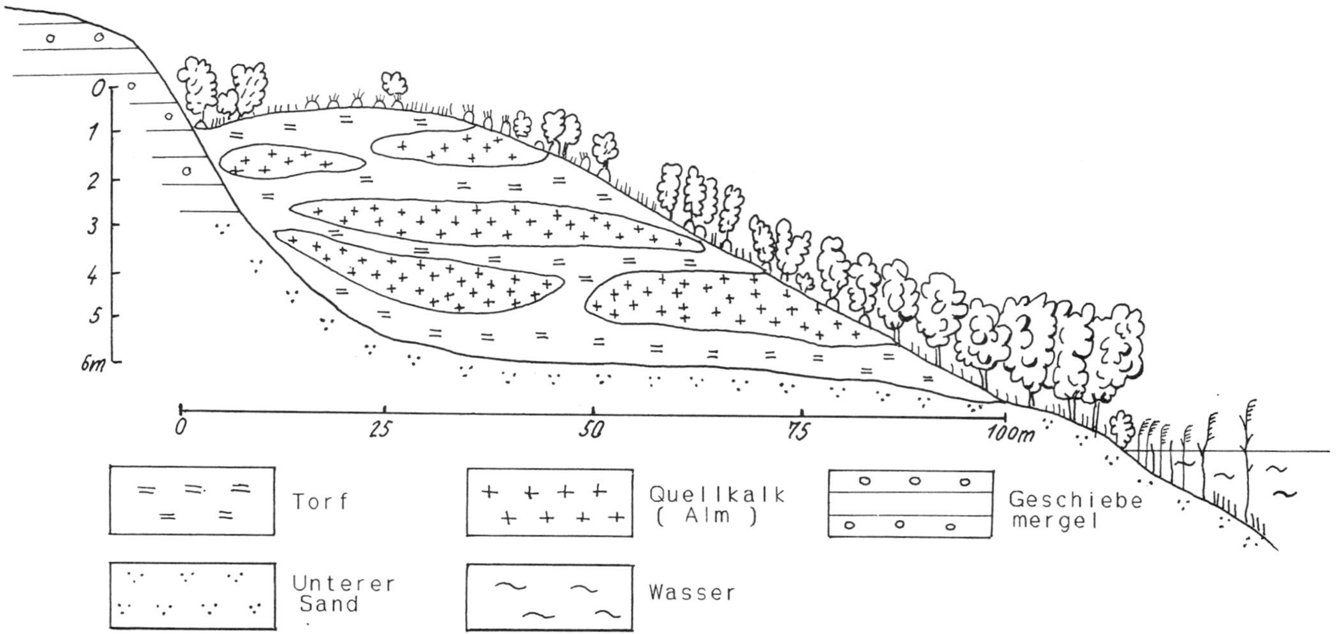

Abb. 5. 11. 2 - 1: Profil durch ein Hangquellmoor: **Natürliche torfbildende Vegetation:** Wechsel von Erlenbruchwald mit Großseggen- und Binsenrieden. **Substrat:** Kalktorf als Kalkhalbtorf oder Kalkvolltorf bzw. reiner Quellkalk (Alm) oder Kalkhalbmudde. **Stratigraphie:** Meist mächtiger, durch Wechsellagen von Kalk-, Eisen- und /oder Sandablagerungen sehr heterogener hochzersetzter muddiger Torfkörper, Untergrund meist Sand (Beitrag Jäger, nach Succow, 1982).

6 Organogene Rohstoffe

6. 1 Braunkohle

von Helmut Ahrens

6. 1. 1 Altersstellung und geologische Übersicht

Braunkohle ist einer der wichtigsten Rohstoffe im Tertiär des Exkursionsgebietes. Sie gehört altersmäßig der miozänen jüngeren Braunkohlenformation an (Quitzow, 1953; Lotsch u. a., 1969; siehe auch Abb. 2 - 4). Hauptsächlich sind es Braunkohlen des 3. miozänen Flözhorizontes (M F 3), untergeordnet auch Erosionsreste des 2. miozänen Flözhorizontes (M F 2). Die Lagerungsverhältnisse sind hier im Bereich der **Frankfurter Staffel** der Weichsel-Vereisung fast ausschließlich stark gestört. Es liegen Faltenzüge mit Sattel- und Muldenstrukturen, Schuppen und auch isolierte Einzelschollen, häufig mit komplizierten Internstrukturen, vor. Für den Bergbau ergeben sich so im Gesamtgebiet nur Kleinvorkommen von ausschließlich lokaler Bedeutung.

6. 1. 2 Kurze historische Angaben

Abbauversuche auf Braunkohle im Exkursionsgebiet, speziell in Bad Freienwalde, **reichen historisch weit**, d. h. bis ins 17. Jahrhundert, zurück. Um 1850 gab es in der Mark Brandenburg zahlreiche Braunkohlengruben (vgl. u. a. Zincken, 1867). Interessanterweise hat der Braunkohlenbergbau in Brandenburg gerade an den glazigen gestörten Vorkommen begonnen und zwar aus verschiedenen Gründen, von denen zwei hervorgehoben werden sollen:

- **Anhebung des topographischen Niveaus** der Braunkohlenflöze in diesen Vorkommen und dadurch lokale Verringerung von Deckgebirge und Wasseranfall;
- starke Dezentralisierung der Förderpunkte und damit **größere Nähe zum Verbraucher**. Die stark wasserhaltige märkische Braunkohle war ohne Veredlung nur über relativ geringe Entfernungen (ca. 30 km) transportabel.

Die kleinen Förderanlagen waren mit der Entwicklung der Großtagebaue in Mitteldeutschland und der Lausitz - hier auch verbunden mit einer Verbesserung des Produktes (z.B. Hochdruckbrikettierung) - **nicht mehr konkurrenzfähig**. Aus dem Exkursionsgebiet führt Zincken (1867) eine relativ große Zahl von Braunkohlenabbauen bzw. Fundpunkten an, an denen aber schon damals die Förderung eingestellt war. Als Beispiele seien hier aufgeführt: Grube *König von Preußen* zwischen Trebnitz und Jahnsfelde, Grube *Eiger* bei Müncheberg, Gruben bei Schlagenthin und Sieversdorf, Grube *Cuno* bei Lietzen, Gruben bei Marxdorf und Behlensdorf, Gruben *Max* und *Willenbücher* bei Bollersdorf, Gruben *Ferdinand* und *Robert* bei Grunow. Weitere Fundpunkte gibt Zincken (1867) u.a. noch von den Orten Prötzel, Harnekop, Sonnenburg, Bad Freienwalde, Altranft, Herzhorn (Grube *Bölitz*), Wriezen und Falkenberg an.

6. 1. 3 Braunkohlenvorkommen Bad Freienwalde - Altranft

Bei Freienwalde wurde 1948 zur **lokalen Notversorgung** die Förderung im früheren *Wilhelmschachtfeld* als Grube *Friedensschacht* wieder aufgenommen und bis zum 30. 04. 1960 mit rund 20 000 t / a Förderung betrieben. Parallel dazu wurde 1958 das kleine Nachbarvorkommen von Altranft als Ersatzlagerstätte für Bad Freienwalde erkundet.

Da hiervon genauere Daten vorliegen (Ahrens, 1960, Unveröffentl. Ber.), soll **Altranft** gewissermaßen als **Prototyp** der Braunkohlenlagerstätten des Exkursionsgebietes etwas genauer dargestellt werden. Das Vorkommen Altranft wurde bereits in den Erläuterungen zu Blatt 3250 (Freienwalde) von Wahnschaffe (1908) sowie von Hucke (1922) erwähnt, die Förderung ist seit 1904 auflässig.

Die Erkundung von **Altranft** durch Bohrungen hat die wichtigsten geologischen und Lagerstättenparameter reproduziert: Das **einheitliche 4 - 6 m mächtige Flöz** ist dem **M F 3** (s. Abb. 2 - 4, S. 15) zuzuordnen ist.

Glazigene Beeinflussung hat das Flöz und sein umgebendes Nebengestein **kräftig gefaltet**. Die Faltenachsen streichen NNE-SSW und verlaufen damit spitzwinklig zum Hochflächenrand des Odertals. Die Amplitude der Faltung beträgt rund 50 m. Im untersuchten Gebiet treten am Vorwerk Bergthal zwei Teilmulden von 200 m Breite auf, die durch eine flözleere Sattelzone von 80 - 120 m Breite getrennt werden. Die Muldenflanken fallen mit 30 - 60° ein, im Muldenkern ist die Lagerung söhlig.

Über der Kohle liegen diskordant tertiäre bis 20 m mächtige kohlige Schluffe und Feinsande ("Formsande") und das quartäre Deckgebirge (0 - 20 m); **unter dem Flöz** folgen 18 - 20 m Mittelsande, wechselnd feinsandig und grobsandig und mit geringem Feinkiesanteil ("Quarzsande"), die partienweise kieselig verfestigt sein können. Darunter wurden noch max. 35 m kalkfreie Glimmerfeinsande ("Glimmersande") erbohrt. Der Rupelton wurde nicht erreicht. Daraus ergibt sich für Altranft folgendes Profil:

5.	0 - 20 m	Sande, Kiese, Geschiebemergel	Quartär
			Tertiär
4.	- 20 m	kohlige, teilweise gebänderte Schluffe und Feinsande	tmi BRu
3.	4 - 5 m	Braunkohle	tmi MF3
2.	18 - 20 m	Mittelsande, gröberkörnig, kohlig	tmi Mia
1.	- 35 m	Feinsande, glimmerig, kalkfrei	tol COo

Die Tiefenreichweite der glazigenen Stauchung ist unbekannt. Es wird angenommen, daß unter dem Glimmersand in den Muldenkernen im Bereich von - 70 bis - 80 m NN schwach gestauchter, aber noch autochthoner Rupelton (tol R) ansteht.

6. 1. 4 Qualität der Braunkohle am Beispiel Altranft

59 **Kohleanalysen** ergaben folgende charakteristische Einzelparameter (alle Angaben auf wasserfreie Kohle bezogen; der Wassergehalt der anstehenden Rohkohle dürfte zwischen 50% und 65% liegen):

Asche	12,7 -	44,3	(Ø 23,0)	%
Schwefel	0,8 -	4,0	(Ø 1,3)	%
Heizwert	3594 -	5744	(Ø 5147)	Kcal
	≥ 15047	- 24049	(Ø 21549)	KJ

Von dem relativ **hohen Aschegehalt** eines Teils der Proben sind erfahrungsgemäß 3 - 5 % auf das Bohrverfahren, ein großer Teil aber auf die glazigene Beanspruchung der Kohle (sandgefüllte Klüfte und Scherzonen, partienweise Oxidation oberhalb des Grundwasserspiegels) zurückzuführen.

6. 2 Torf

von Fritz Brose

Torf wird nachweislich seit dem Mittelalter als Rohstoff genutzt. Einträge von Torfstichen auf alten Karten sind indirekte Zeugen dieser Nutzung. Bis zur Mitte des vorigen Jahrhunderts galt das Interesse allerdings dem Torf nur als **Brennstoff**. Seit 1840 wird jedoch in Bad Freienwalde der Torf auch zu **balneologischen Zwecken** gewonnen.

Das vorgenannte Vorkommen ist Teil eines **großen geschlossenen Torflagers im "Kleinen Oderbruch"** (s. Abb. 6. 2. -1), jenem Teil des Odertales zwischen Bad Freienwalde und Oderberg, der die westliche Umrahmung der Neuenhagener Oderinsel bildet.

Das gesamte Lager ist als **holozänes Durchflutungsmoor** über pleistozänen Schmelzwassersanden einzustufen (s. Abschnitt 5. 11. 2). Vom Hochflächenrand bei Bad Freienwalde schieben sich zwischen Schmelzwassersande und organogene Holozänbildungen noch flache periglaziale Schwemmkegel (s. Abschnitte 5. 1 u. 5. 10). Nur zwei Teile des großen Vorkommens sind lagerstättenwirtschaftlich näher untersucht, jedoch zeigt das gesamte Moorgebiet analoge Verhältnisse.

Die Lagerstätte "Amalienhof", zwei Kilometer nördlich von Falkenberg unterhalb des Schloßberges nahe am Bruchrand gelegen, ist als **Badetorf** ausgewiesen. Über pleistozänen Schmelzwassersanden wurden durchschnittlich 3,6 m Schilftorfe mit Seggentorfanteilen und wechselnder Gyttjaführung akkumuliert.

Die größte erbohrte **Torfmächtigkeit** in dieser Lagerstätte betrug 6 m. Der Torf weist zumeist einen Zersetzungsgrad von 6 nach v. Post auf, sein pH-Wert wurde mit 6,07 bestimmt.

Die **Lagerungsverhältnisse** variieren in der Vertikalen sehr und im Bereich holozäner Uferwälle treten starke Mächtigkeitsverringerungen auf. Den Abschluß der Sedimentfolge bildet ein nur lokal nachzuweisender Auelehm mit durchschnittlicher Mächtigkeit um 0,7 m. Südlich angrenzend an diese Lagerstätte wurde eine weitere Teilfläche für die Torfnutzung als **Düngemittelrohstoff** untersucht. Sie wies gleiche geologische Verhältnisse auf, allerdings lag die durchschnittliche Mächtigkeit in diesem Abschnitt bei 5,3 m und die größte nachgewiesene Organogenmächtigkeit bei 7,5 m. In den tiefsten Teilen trat hier zwischen Liegendsanden und Torf noch eine geringmächtige tonige Torfmudde auf.

Der **Grundwasserspiegel** ist im gesamten Niederungsgebiet saisonabhängigen Schwankungen unterworfen; er liegt zumeist bei etwa 1 m unter der Geländeoberfläche.

Betrachtet man das Verhältnis **von Nutzung zu Vorräten**, so wird die Badetorflagerstätte Amalienhof jährlich nur mit geringen Mengen im Verhältnis zum nachgewiesenen Rohstoffvorrat genutzt, so daß aus dem vorhandenen Vorrat bei gleichbleibendem Bedarf noch Generationen versorgt werden können. Die Düngetorflagerstätte stand nur in den Jahren 1989 und 1990 in Nutzung. Während dieser Zeit wurde jedoch schon knapp die Hälfte der nachgewiesenen Vorräte abgebaut.

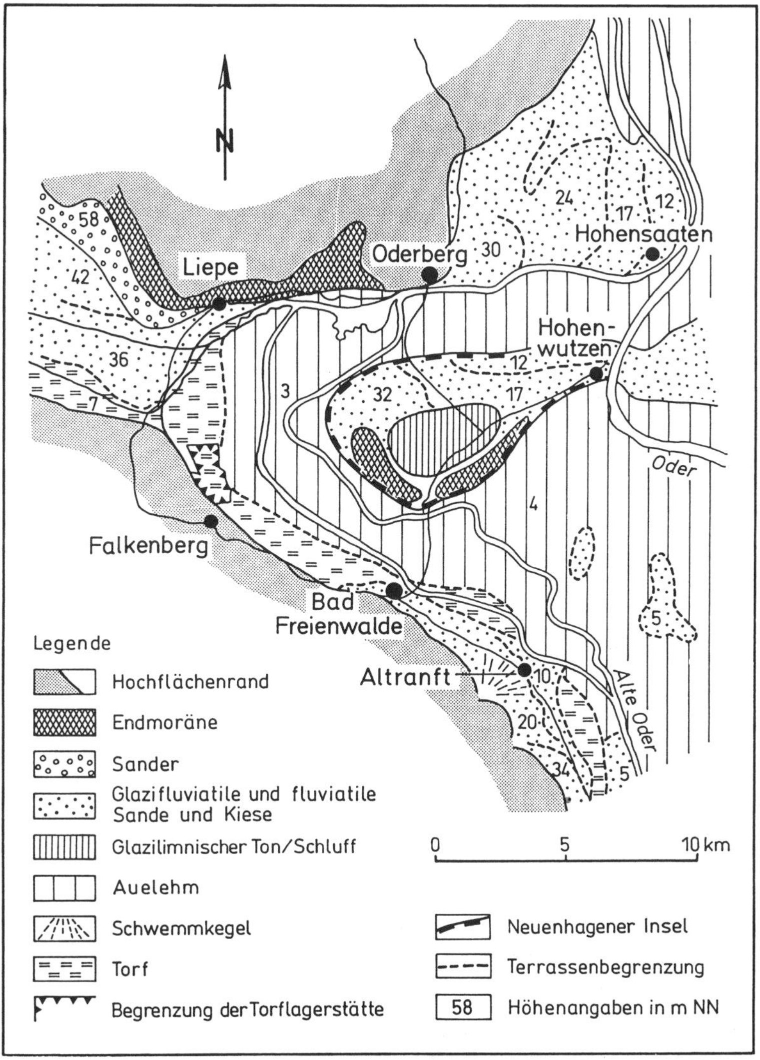

Abb. 6. 2 - 1: Skizze des Vorkommens glazifluviatiler und fluviatiler Sedimente im Bereich von Bad Freienwalde (Beitrag Brose / Zeichnung Dunker).

7 Das untere Odertal: Talentwicklung, Nutzung und Wasserbau

von Fritz Brose

7. 1 Talentwicklung

Die **randliche Begrenzung** des unteren Odertales besteht in seiner heutigen Form bereits **seit dem Spätweichselglazial.** Ältere Terrassen aus der Zeit des Schmelzwasserabflusses durch das Randow-Welse-System, zeitgleich mit der Rosenthaler Staffel (Szczecin-Phase), sind an den Hängen der begrenzenden Hochflächen vielfach nachweisbar (s. Abb. 6. 2 - 1).

Während des **Bölling-Interstadials** erfolgte, durch eine Tiefenlage der Erosionsbasis bedingt, in diesem Raum eine **Eintiefung** der "Ur - Oder" bis etwa 40 m unter NN mit nachfolgender schneller **Aufschotterung** auf etwa 8 m unter NN (Abb. 7 - 1).

Wasserführung und Gefälle beeinflussen maßgeblich die Entwicklung der **Flußauen**. Die Wasserführung ist hauptsächlich von der Ausbildung des Einzugsgebietes sowie dem ober- und unterirdischen Abflußregime abhängig. Das Einzugsgebiet der Oder war nach den vorgenannten Ereignissen in seinen Grundzügen ausgebildet. Damit wurde das Klima zur steuernden Größe des Abflusses und der Wasserführung.

Die Entwicklung der unteren Oderaue bestätigt den für Mitteleuropa bekannten **holozänen Klimaablauf** mit einem Wechsel von trockenen und feuchten Abschnitten. Dabei korrespondieren die Feuchtphasen mit hoher Dynamik im hydrographischen Geschehen.

Nach der böllingzeitlichen Aufschotterung stellte sich im Wechselspiel von Akkumulation und Erosion ein **Auenniveau** mit einer generellen Tendenz der **Aufhöhung** in der Zeit ein. Nach einer präboreal-borealen **Dünenbildungsphase**, deren Basis im Niveau etwa 3 - 4 m unter der rezenten Auenoberfläche gelegen hat und von deren Dünen heute nur die höchsten Teile die rezente Auenoberfläche durchragen, setzte in der Aue im Boreal die dichte Bewaldung ein.

Ein Diagramm der Spiegelschwankungen der Oder während der letzten 3000 Jahre (Abb. 7 - 2) verdeutlicht die Schwankungen des Wasserspiegels in der Aue und deren Auswirkungen.

Für das gesamte "kleine" Oderbruch, den Talabschnitt zwischen Bad Freienwalde und Oderberg, treffen die vorstehend getroffenen Aussagen nur in beschränktem Maße zu, da oberhalb der Querschnittsverengung bei Oderberg dieser Raum gleichsam die Funktion eines flußaufwärts verlegten Deltas innehatte.

Natürlich bedingte Laufverlegungen des Hauptstromes der Oder sind ab der Bronzezeit zu belegen. Sie sind an Zeiten verstärkter Wasserführung geknüpft.

7. 2 Nutzungsbedingungen

Befunde an archäologischen Untersuchungsobjekten in der Oderaue und im Auenrandbereich belegen, daß der **Wasserspiegel als steuernder Faktor** bei der Herausbildung unterschiedlicher **Besiedlungsmuster** für verschiedene, zeitlich aufeinander folgende Kulturen wirkte. Die Oderaue war in großen Zeitabschnitten des Holozäns bevorzugter Siedlungsraum. Mit der Entstehung der Aue im beginnenden Holozän nahm der Mensch sie als Siedlungsraum in Besitz. Ein Stielspitzenfund auf dem Garmischberg, einer Düne nahe Genschmar, beweist, daß die Aue im ausgehenden Paläolithikum bereits begangen wurde. Die **Paläolithiker** trafen auf eine relativ trockene, birkenbestandene **Stromlandschaft.** Während des **Mesolithikums** bildete sich die typische **Auwaldvegetation** heraus. Die paläolithischen und mesolithischen Jäger bevorzugten sandige Böden am Wasser oder in Wassernähe. Daher sind Bildungen

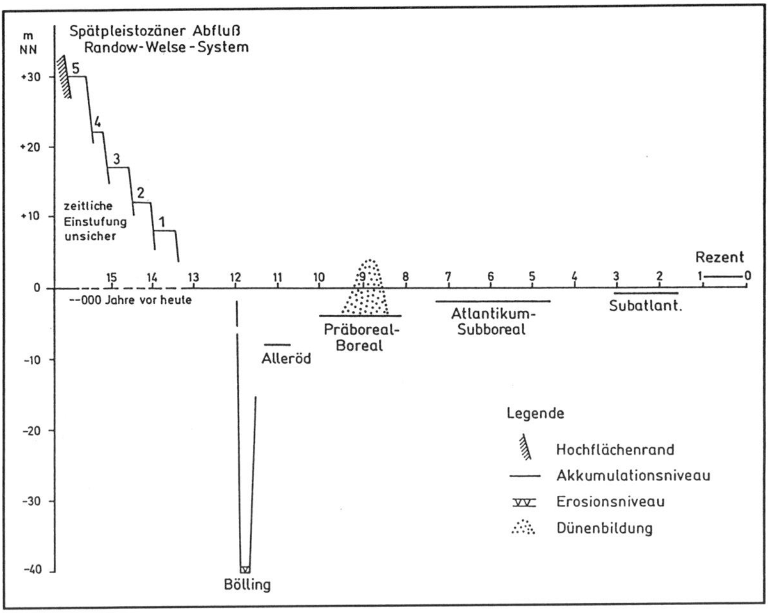

Abb. 7 - 1: Schema der nachweisbaren Erosions - und Akkumulationsniveaus im Raum Neuenhagen - Stolpe (Beitrag Brose)

wie der Garmischberg bei Genschmar auch Fundpunkte für Hinterlassenschaften unterschiedlich alter steinzeitlicher Kulturen.

Zu Beginn des **Neolithikums** herrschten noch trockenwarme Klimaverhältnisse, für die Zeit der Wende vom Neolithikum zur Bronzezeit deutet sich zunehmende Verfeuchtung des Klimas bei gleichzeitigem Anstieg des Meeresspiegels an. Dieser **Anstieg**, der auch in der **Oderaue** feststellbar ist, bewirkte in Verbindung mit klimatischer Verfeuchtung auf der Aue eine flächenhafte Aufhöhung.

Einwandernde neolithische Stämme brachten die Kenntnisse über Ackerbau und Viehzucht in den unteren Oderraum, wobei dem Wasserlauf der Oder und deren Aue offenbar als Verbindungselement für die neolithischen Gruppen des norddeutschen Flachlandes und des Küstenraumes besondere Bedeutung zukam. Ein Großteil **steinzeitlicher Kulturen ist auf der damaligen Auenoberfläche**, unter mehreren Metern jüngerer Sedimente zu erwarten, denn nur die höchsten Punkte der damaligen Aue wie die Dünenkuppen durchragen die Sedimentdecke.

Während der **Bronzezeit** verbesserten sich die klimatischen Verhältnisse wiederum und die Oderaue wurde aufgrund verbesserter Produktionsmöglichkeiten, verbunden mit günstigen klimatischen Verhältnissen, intensiv genutzt. Es wurde nachgewiesen (Brose, 1988), daß das durchschnittliche Auenniveau zur Spätbronzezeit um 1,2 bis 1,6 m unter der rezenten Oberfläche lag. Damit befinden sich die potentiellen Fundstraten rund 1,5 m unter der rezenten Oberfläche, und nur morphologische Erhebungen wie Dünen, Talsandinseln und Uferwälle, die derzeit über das Auenniveau hinausragen, bieten oberflächennahe Funde. Der für die **Spätbronzezeit konstatierte niedrige Wasserstand hielt bis in die frühe vorrömische Eisenzeit an.**

Um 2300 a BP trat kurzfristig eine in Mitteleuropa weiträumig feststellbare Klimaverschlechterung ein. Der klimatisch verursachte **Wasserspiegelanstieg** wird im peri-marinen Einflußbereich durch einen etwa

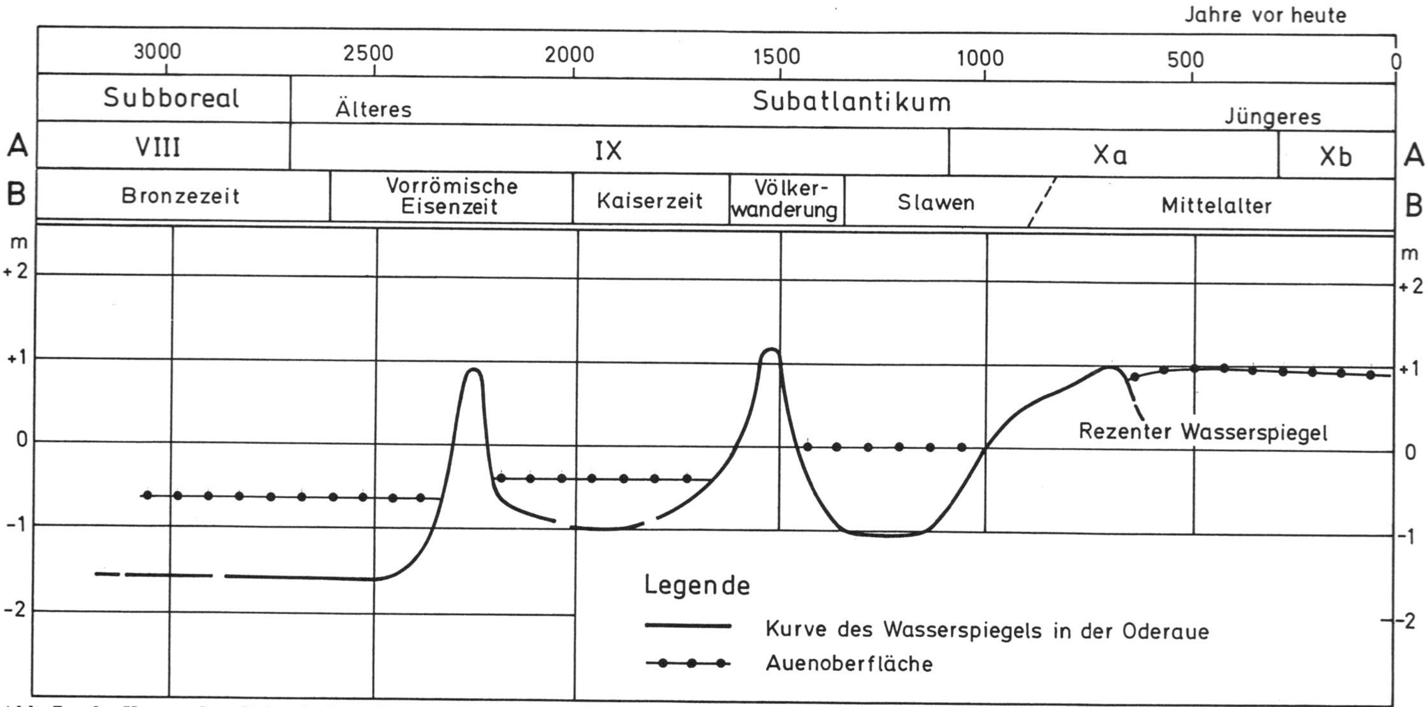

Abb. 7 - 2: Kurve der Spiegelschwankungen im unteren Oderlauf ab 3000 a BP Skalen: **A**. - Pollenzonen nach Firbas; **B** - Archäologische Gliederung (Beitrag Brose)

zeitgleichen Meeresspiegelanstieg verstärkt. Dadurch wurden die Siedlungen in dieser Zeit aus der Oderaue verdrängt, gleichsam auf die angrenzenden, höherliegenden Gebiete hinaufgeschoben. Dies wird sehr deutlich am Beispiel der Göritzer Gruppe der Lausitzer Kultur. Die Fundstellen dieser Gruppe liegen anfangs an der Unteren Oder, am Unterlauf der Warta (Warthe) sowie an Nebenarmen und Seen dieses Raumes. In der Zeitstufe II dieser Kultur bricht diese in der Oderaue mit einer flußaufwärts gerichteten Zeitverschiebung ab. Nur auf den Hochflächenrändern am Oderbruch bleiben Reste der Gruppe erhalten, deren materielle Hinterlassenschaften in die Zeitstufe III zu stellen sind (Griesa, 1982).

In der **Römischen Kaiserzeit** ist die Aue jedoch wieder besiedlungsfähig. Die **Auenaufhöhung** während der vorangegangenen Feuchtphase war mit Ø 0,3 m gering. Mit Fallen des Wasserspiegels traten nochmals ähnliche Verhältnisse wie während der Spätbronzezeit ein.

Die beiden vorstehend dargestellten Spiegelschwankungen in der Oderaue waren neben der Niveauaufhöhung jeweils mit Verlegungen der Hauptwasserläufe verknüpft.

Nach Abwanderung der kaiserzeitlichen Bevölkerung in westliche und südwestliche Gebiete war der weite Raum des Unteren Oderlaufes bis auf einige kleine Restgruppen etwa zwei bis drei Jahrhunderte unbesiedelt.

Zur Zeit der **Einwanderung slawischer Stämme** lag die Auenoberfläche noch etwa **1 m unter dem rezenten Niveau**. Die Oder bildete für die aus dem Südosten einwandernden Stämme eine Leitlinie bei der Erschließung des Landes (Geisler, 1976; Hermann, 1979).

Die anfangs in Flußnähe siedelnden Gruppen erweiterten den waldfreien Raum um ihre Siedlungen zu waldfreien Siedlungskammern. Damit entfiel die Funktion des Waldes als Grenze und die anfangs verbindenden Flüsse wurden zu Elementen der Grenzziehung.

Zeitgleich mit der **frühdeutschen Einwanderung** im frühen Mittelalter in das Gebiet um die Untere Oder ist der letzte weiträumig nachweisbare **Grundwasseranstieg** mit großer Amplitude zu konstatieren. Die Ursache ist wiederum in einer Kombination klimatisch und marin gesteuerter Faktoren zu suchen. Während dieses Hochstandes erfolgte die endgültige Aufhöhung der Auen auf rezentes Niveau, verbunden mit der letzten großen Verlagerung des Hauptstromes. Dieser Spiegelanstieg führte zur Aufgabe slawischer Auesiedlungen. Die Neuanlage frühdeutscher Siedlungen begann zumeist am Auenrand auf höhergelegenen pleistozänen Terrassen.

Zu dem **naturbedingten Spiegelanstieg** kommt in dessen Endphase der weiträumig wirkende **anthropogene Faktor "Mühlenstau"** hinzu. Wichtig ist jedoch festzustellen, daß nicht die frühdeutschen Mühlenstaue allein als Ursachen für die Grundwasseraufhöhung in Frage kommen, sondern daß sie lediglich den bereits ablaufenden Prozeß des allgemeinen Grundwasseranstiegs extrem überhöhten. Zu diesem Zeitpunkt hatte der Mensch seine Einflußmöglichkeiten auf die Natur soweit vervollkommnet, daß er als gestaltender Faktor in den Auen wirksam wurde. Ab dieser Zeit liegen außer geologischen und archäologischen Befunden erste schriftliche Dokumente vor.

7. 3 Wasserbau

Seit dem Mittelalter begann der Mensch durch Flußbauarbeiten direkten Einfluß auf das Abflußgeschehen der Oder zu nehmen.

1536 findet sich der erste Hinweis auf die Tätigkeit eines Damm-Meisters am **Damm** zwischen dem damals noch am Ostrand des Odertales verlaufenden Hauptstrom der Oder und einem "Dreyß" genannten Nebenarm, dem einstigen Hauptlauf des Flusses.

1539 wird im Vertrag zwischen dem Kurfürsten Joachim II. von Brandenburg und dem Markgrafen Hans über die **Teilbewallung der Oder** bei Reitwein, Görzig und Küstrin berichtet.

Während des Dreißigjährigen Krieges (1618 - 1648) verfielen die Anlagen und erst um 1700 ist wieder über notdürftige Dämme bei Lebus zu lesen. Zu diesem Zeitpunkt hatten die Anlieger Hand- und Gespanndienste zum Erhalt der Dämme zu leisten.

Ab 1717 trat unter Friedrich Wilhelm I. eine grundlegende Änderung bei den **Deicharbeiten** ein. Die Oder wurde von Lebus bis Zellin voll eingedeicht. Eine Deichordnung bestimmte, daß alle beteiligten Grundstücksbesitzer verpflichtet waren, die Deiche zu schützen und instandzuhalten.

Simon Leonhard v. Haerlem legte 1732 ein **Projekt zur Entwässerung des Oderbruches** vor. Unter Friedrich II. gewann, angesichts seiner Interessen an Gebieten östlich der Oder, das Oderbruch zunehmend an Bedeutung. Daher wurde im Januar des Jahres 1747 das Projekt v. Haerlems in Berlin durch den Mathematiker Euler überprüft. Es wurde befürwortet, und im Juli desselben Jahres konnte die Lage des **neuanzulegenden Kanals** während einer gemeinsamen Bereisung des Gebietes durch v. Haerlem und Euler festgelegt werden. Unmittelbar darauf begannen die Arbeiten. Am 2. Juli 1753, nach sechsjähriger Bauzeit, öffnete man das von Güstebiese bis Hohensaaten gegrabene neue Oderbett. Damit wurde der Oderlauf um 28 km verkürzt, das Gefälle vergrößert und die Fließgeschwindigkeit der Oder erhöht. Das war zwar der bedeutendste, doch nur der erste Schritt bei der Kultivierung des Oderbruches.

Umfangreiche **Deicharbeiten** am nunmehr alten Oderarm zwischen Güstebiese und Wriezen, die Trockenlegung ehemaliger Seen und die Vervollkommnung des Entwässerungssystems waren die nächsten Aufgaben. Ein **außergewöhnliches Hochwasser** im Jahre 1785 hatte katastrophale Folgen, besonders unterhalb von Hohensaaten. Das zu eng angelegte Bett des Durchstiches wurde ausgeschwemmt und die Sandmassen gelangten im vorgenannten Raum zur Ablagerung und verschütteten Felder, Wiesen und wasserbauliche Anlagen. Daher beschloß man die Begradigung des Hauptstromes bei Lunow. Drei Flußschlingen wurden abgeschnitten und ein neuer Kanal angelegt.

Mit der Schließung der Deichlücke zur alten Oder bei Güstebiese war dann ein zusammenhängender Deich von Lebus bis Neuglietzen hergestellt und damit der Prozeß der Eindeichung des Oderbruches abgeschlossen. Große, ehemals unzugängliche **Teile des Bruches waren in fruchtbares Ackerland** umgewandelt, 29 Dörfer und eine Reihe stattlicher Vorwerke entstanden und die Zahl der Bruchbewohner erhöhte sich um fast 6000. Ein Niederungsgebiet von rund 780 km^2 war durch den Einfluß des Menschen völlig umgestaltet.

All dies ging jedoch nicht ohne Widerstand der einheimischen Bevölkerung vor sich. Der vordem sagenhafte **Fischreichtum des Bruches** und damit die Existenzgrundlage der überwiegend vom Fischfang lebenden Bewohner ging rapide zurück. Die Fischer lehnten sich u.a. durch Beschädigung der Deiche dagegen auf, so daß 1754 ein Edikt gegen die Durchstechung von Oderdämmen erlassen werden mußte.

1833 verursachte ein Eisstau bei Zäckerick drei **Deichbrüche**, durch die das gesamte Mittelbruch mit 28 Ortschaften überflutet wurde. Die Auswirkungen dieses Hochwassers waren besonders schwerwiegend, weil der sonst mögliche Abfluß über die alte Oder bei Oderberg ebenfalls eisversetzt war.

Um dem immer noch wirksamen Rückstau der Oder, der nach Schließung der Deichlücke bei Güstebiese jetzt über die alte Oder von Hohensaaten aus bis nach Wriezen wirkte, zu begegnen, legte der Oderbruchinspektor Heuer 1848 ein Projekt vor.

Dieser **Meliorationsplan**, der im August 1848 durch Gesetz zur Durchführung bestimmt wurde, sah vor, die Ausmündung der alten Oder mit einem Hauptdeich von Hohenwutzen bis Stützkow zu schließen, einen Kanal zur Ableitung des Binnenwassers von Hohensaaten bis Stützkow zu führen, ein Wehr zur Abhaltung des Rückstaus in diesem Kanal einzubauen sowie den Polder von Lunow-Stolpe und das Zehdener Bruch einzudeichen. Die Bauarbeiten dauerten von 1849 bis 1859. Nach Abschluß dieser Arbeiten war das Grundsystem der Wasserhaltung im Oderbruch hergestellt.

Mit der Regulierung des Oderbruches und den nachfolgenden Deichbauten waren die Hochwassergefahren immer noch nicht voll gebannt. Durch Vervollkommnung der Deichsysteme nahm allerdings die Gefahr der Sommerhochwässer ab, da diese berechenbar und demzufolge die Deiche entsprechend zu gestalten waren. Dagegen häuften sich **Eishochwässer mit Schadenswirkungen**. Deren Mechanismus mit der typischen Querschnittsverengung und dem dadurch verursachten Rückstau ist nicht berechenbar, lediglich Schwerpunkte für Eisstaubildungen zeichnen sich ab. Die letzte schwere Überflutung trat im Oderbruch im Jahre 1947 ein. Durch einen Eisstau verursacht, überflutete das Wasser in den Morgenstunden des 23.03.1947 die durch Kriegseinwirkungen geschädigten Deiche bei km 14,8 und km 15,0. Die Deiche brachen und in kürzester Zeit stand ein Großteil des Oderbruches unter Wasser.

Gegenwärtig besteht aufgrund der gesammelten Erkenntnisse und der zur Verfügung stehenden Technik die **Möglichkeit, auch unberechenbare Eishochwässer abzuwehren**, wie es die Ereignisse des Eishochwassers vom Januar 1982 bewiesen, bei dem die rund 100 Jahre registrierten Werte des Höchsten Hochwassers (HHW) zum Teil weit überschritten wurden, ohne daß es zu bedeutsamen Schäden kam.

Bei allem Stolz über das Erreichte sollte jedoch nicht übersehen werden, daß die durchgreifenden Veränderungen dieser Landschaft im Interesse des Menschen auch mit **negativen Auswirkungen für die Natur** verbunden waren. So verschwand mit der Urbarmachung des Oderbruches aus diesem ein Teil der Tierwelt, wovon nur Wolf und Wildkatze sowie Stör und andere Fischarten genannt sein mögen.

Mit der in den sechziger Jahren unseres Jahrhunderts intensiv, aber z.T. nicht mit dem erforderlichen Maß an Sachkunde durchgeführten Meliorationsmaßnahmen wurde der Lebensraum für viele Tiere weiter eingeschränkt oder gar beseitigt. Hier gilt es, künftig ein für den Erhalt der Natur und die wirtschaftlichen Aktivitäten des Menschen gleichermaßen **vertretbares Mittelmaß zwischen Nutzung und Erhalt der naturgegebenen Bedingungen** zu finden und durchzusetzen.

8 Biosphärenreservat Schorfheide - Chorin

von Dietrich Schulzke

8. 1 Konzept

Das, was der Besucher im vorgestellten Gebiet als eine **"schöne Landschaft"** erfährt, ist das Ergebnis der **Oberflächenformung der Eiszeiten**. Das Urstromtal, die weiten Sanderflächen, die End- und Grundmoränen mit vielgestaltigen Seen und Mooren sind direkt auf das Geschehen vor etwa 10.000 - 15.000 Jahren zurückzuführen (s. Abschnitt 3, S. 19 ff).

Neben der quasi stabilen Vorgabe der Oberflächenformen des Gebietes ist der **Mensch mit seinem Nutzungsanspruch** der immer stärker gewordene Gestaltungsfaktor der Landschaft. Seit dem 13. Jahrhundert wurde die geschlossene Waldlandschaft der Uckermark durch groß- und kleinflächige Rodungen zu einem wesentlichen Teil in Acker- und Grünland umgewandelt. Die fruchtbaren Grundmoränenstandorte sind gerodet worden und gelangten bis zum 15. Jahrhundert zum größten Teil in feudalen Grundbesitz. Auf den ärmeren und schwer zu bewirtschaftenden Flächen haben sich große Wälder erhalten, in denen Rodungsinseln noch gut erkennbar sind, die von bäuerlichen Familienbetrieben in kleinen Dorfstrukturen bewirtschaftet wurden.

Im Ergebnis dieses Gestaltungsanspruches des Menschen erleben wir heute eine vielgestaltige **Kulturlandschaft**, die für den nordostdeutschen Raum charakteristisch und repräsentativ ist. Eine für Deutschland sehr dünne Besiedlung (ca. 28 Einwohner auf 1 km), große Räume ohne Industrieansiedlung und eine wenig entwickelte Infrastruktur kennzeichnen das Gebiet nach ökonomischen Kennzahlen traditionell als ein "Entwicklungsgebiet". Nach zeitgemäßer Bewertung - die den Ressourcenschutz, die Nachhaltigkeit der Bodenfruchtbarkeit, die dazu notwendige Artenvielfalt an Flora und Fauna, den Erholungswert für die Stadtbevölkerung durch eine ökologisch gesunde Umwelt und die Stille der Landschaft mit den kleinen Dörfern, sehr alten Feldsteinkirchen, den einmaligen Alleen der Landstraßen aus Linden, Ulmen, Kastanien, Obstbäumen und hier und da noch einen alten Schloßpark und ein Gutsherrenhaus einbezieht - ist diese Landschaft eigentlich ein **Geheimtip für das individuelle Erlebnis.**

In solchen Landschaften kann der urbane Zeitgenosse zu seinen Wurzeln finden und Identität entwickeln zu den Menschen und der Landschaft. Hier kann das Bewußtsein wachsen, daß die Großstadt und das Umland sich ergänzen und voneinander leben. Aber auch in der Landschaft selbst soll demonstriert werden, wie man **ökologische Ansprüche mit ökonomischen Wünschen** verbindet. Die Hauptnutzer der Landschaft sind Forst-, Land- und Fischereiwirtschaft mit z. Z. nur geringen Verarbeitungskapazitäten. Die biologischen Produktionsprozesse müssen sich von der einseitig profit-orientierten Interessenslage weg zu einer ökologisch vertretbaren zukunftsorientierten Landnutzung hin entwickeln. Aus dem Gesagten ist zu entnehmen, daß der Begriff "Biosphärenreservat" nichts Konservierendes, Museales beinhaltet, sondern ein Entwicklungskonzept für ausgewählte Beispiellandschaften ist.

Biosphärenreservate sollen **Modellandschaften** sein, in denen neue **Landnutzungskonzepte** erprobt und bewertet werden, in denen **Umweltbeobachtungen** in hoffentlich langen Zeitreihen vorgenommen werden können und in denen **Forschungsprojekte** der Ökosystemforschung, der Stoffflußbilanzen, des Artenschutzes, der ökologischen Landnutzung in Angriff genommen werden. Das erfordert eine an der Sache orientierte Bündelung politischer und finanzieller Kompetenzen und Kapazitäten. Die Fachministerien, Verbände, Bürgerinitiativen müssen in diesen Modellandschaften zusammenwirken, um Überlebensstrategien unter realistischen Bedingungen zu entwickeln und politische Rahmenbedingungen zu definieren, die über aktuelle Problemlagen hinausweisen.

8. 2 Fläche, Nutzung, Schutzzonen

Das Biosphärenreservat mit einer Gesamtfläche von 1.258 km^2 befindet sich ca. 50 km entfernt nordöstlich von Berlin im Bundesland Brandenburg und umfaßt **wesentliche Teile der südlichen Uckermark**. Mit einer Einwohnerdichte von 28 Einwohnern / km^2 gehört es zu den am dünnsten besiedelten Gebieten Deutschlands. 75 Dörfer und drei Kleinstädte (Joachimsthal, Oderberg, Greiffenberg) der ehemaligen Kreise Eberswalde, Angermünde, Prenzlau, Bad Freienwalde, Gransee und Bernau, bzw. der neugebildeten Großkreise Barnim und Uckermark, liegen im Biosphärenreservat.

Das Gebiet ist ein **repräsentativer Ausschnitt des Nordostdeutschen Tieflandes**. Den größten Flächenanteil nimmt Wald mit 48 % ein; es folgen Ackerflächen (31 %) , Wasserflächen (7 %), Grünlandflächen (6 %), Verkehrswege (3 %), Ortslagen (1 %) und sonstige Nutzungen (4 %).

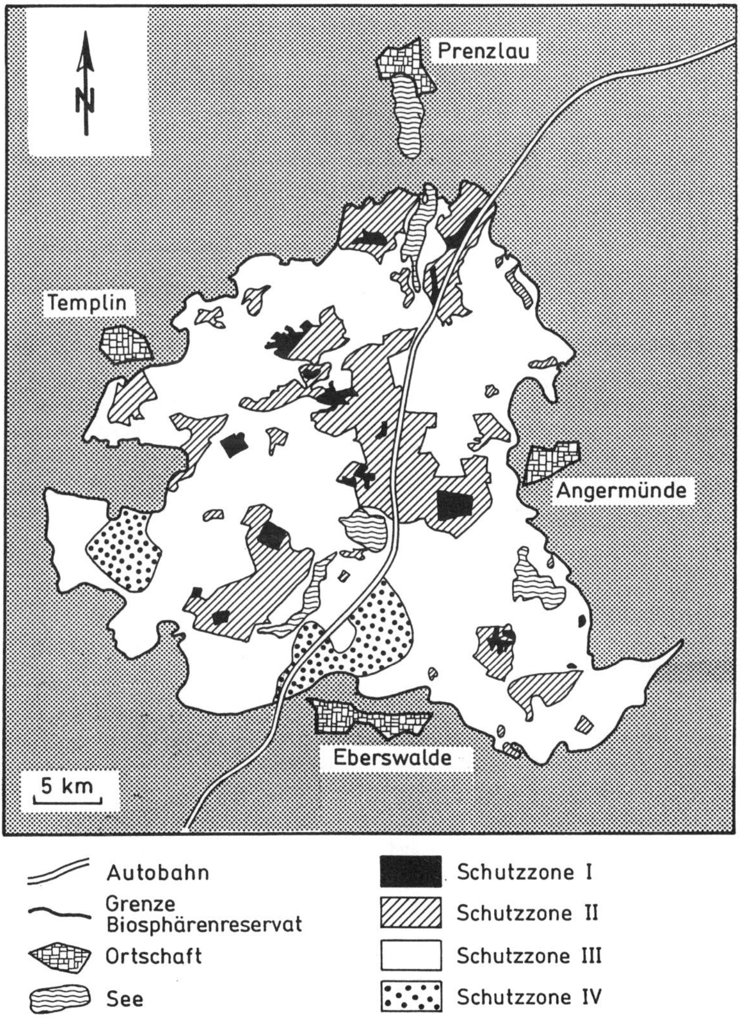

Abb. 8 - 1: Die Schutzzonen im Biosphärenreservat "Schorfheide-Chorin" (Beitrag Schulzke / Zeichnung Dunker)

Das Biosphärenreservat gliedert sich in die folgenden vier Schutzzonen:

- **Schutzzone I (Kernzone)** wird als **Naturschutzgebiet von zentraler Bedeutung ohne wirtschaftliche Nutzung** ausgewiesen. Diese Kernzone bleibt ganz der natürlichen Dynamik überlassen. Der Mensch ist nur als wissenschaftlicher Beobachter natürlicher Strukturen und Prozesse zugelassen.

- Zur **Schutzzone II** gehören alle ausgewiesenen Naturschutzgebiete, die nicht zur Schutzzone I gehören. Diese Schutzzone II dient der **Pufferung** von Schadeinflüssen auf die Kernzone und der Erhaltung und Pflege landschaftlicher Vielfalt sowie als Experimentierzone. Naturschutz hat hier Vorrang vor anderen Belangen.

- Die **Schutzzone III** (Zone der wirtschaftlich genutzten harmonischen Kulturlandschaft) wird als Landschaftsschutzgebiet ausgewiesen. Die harmonische Kulturlandschaft nimmt in der Regel den größten Teil eines Biosphärenreservates ein. In ihr werden **traditionelle Landnutzung und Landschaftspflege** beispielhaft verwirklicht. Natur und Kultur verbinden sich zu harmonischer Ganzheit.

- Zur **Schutzzone IV** gehören die vernutzten Flächen der Britzer Platte sowie der westlichen Schorfheide; sie werden als Landschaftsschutzgebiet ausgewiesen. In dieser **Regenerierungszone** sollen geschädigte Landschaften -soweit möglich- in reich gegliederte, wenig belastete Kulturlandschaften zurückverwandelt werden.

Die Abgrenzung der Schutzzonen ist in einer Karte, die Bestandteil der Schutzgebietsverordnung ist, festgesetzt worden. Zur Kernzone I gehören nur 3.500 ha (2,8 % der Gesamtfläche), zur Schutzzone II 23.100 ha (18,3 % der Gesamtfläche). Der übrige Teil des Gebietes teilt sich in Nutzungszone III und Regenerierungszone IV auf (Abb. 8 - 1).

Nach der vorherrschenden Landnutzung ist das Gebiet des Biosphärenreservates im nordöstlichen Teil vorwiegend eine Ackerlandschaft mit vielen Seen und Mooren, während der größere südwestliche Teil eine weitgehend geschlossene Waldlandschaft ist. (Auf Zeugnisse der kulturellen und zivilisatorischen Entwicklung des Gebietes wird im Abschnitt 11 , S. 170 ff, hingewiesen.)

8. 3 Naturausstattung

8. 3. 1 Naturräumliche Gliederung

Die Landschaftsformen des Gebietes sind im wesentlichen durch das Pommersche Stadium der letzten Eiszeit geprägt (s. Abschnitt 3. 1). Der Nordosten und Norden bestehen aus der landwirtschaftlich genutzten **kuppigen Grundmoräne** mit den zahlreichen Seen und Söllen der Uckermark (60 - 90 m über NN). Südwestlich zur Grundmoräne liegt die charakteristische **Endmoräne in mehreren Staffeln** mit hoher Reliefenergie (90 - 139 m über NN) und zahlreichen Mooren unterschiedlichster Stratigraphie und Topographie. Hier bestimmen ausgedehnte Buchenwälder mit Eichen- und Kiefernanteilen das Bild. In diesem Teil liegt auch der größte Teil der Schutzzonen I und II.

Südwestlich zur Endmoräne liegen die ausgedehnten **Sanderflächen**, die im Westen in die Havelniederung und im Süden in das **Thorn - Eberswalder Urstromtal** übergehen. Das Sandergebiet ist im nordwestlichen Teil mit ausgedehnten Dünenkomplexen bedeckt. Sie kommen als Sichel-, Strich- und Flächendünen vor. Dieser Teil liegt auf einem relativ niedrigen Höhenniveau (40 - 60 m über NN) und hat häufig Grundwasser in Oberflächennähe. Der kleinere östliche Teil des Sanders ist dagegen grundwasserferner und ohne Dünen.

Nördlich von Eberswalde im Dreieck zwischen Autobahn und Eisenbahnlinie nach Templin liegt eine flache Grundmoräne, die Britzer Platte, die nach ihrer Entstehung einem älteren Vereisungsstadium zuzuordnen ist. Diese Platte trennt den Sander in den Schorfheide- und Mönchsheide-Sander.

8. 3. 2 Böden

Den **pleistozänen Bildungen entsprechen auch die Böden** (s. auch Abschnitte 3. 5 u. 5. 6). Auf den Grundmoränen wechseln Sandbraunerden, Tieflehm-Fahlerden, Parabraunerden und Sand- bzw. Lehmrendzinen mit unterschiedlichem Steingehalt miteinander. Wenn die Oberfläche auf kleiner Fläche kuppig ist, sind die Kuppen stark durch Wasser erodiert und die Senken bis zu 50 cm kolluvial aufgefüllt. Auf den Kuppen tritt dann häufig der Geschiebemergel (C-Horizont) an die Oberfläche.

In den **Endmoränen** wechseln **Sande und Lehme** mit stellenweise abbaufähigen Blockpackungen; es sind Braunerden mit unterschiedlichen Ausprägungen und Kalkanteilen im C-Horizont.

Auf den großflächigen **Sanderflächen** des Schorfheidegebietes sind im grundwasserfernen Bereich schwach ausgeprägte **Sand-Podsole und podsolige Sand-Braunerden** sehr verbreitet. Bei Grundwassernähe sind im oligotrophen Bereich **Gley-Podsole** und im mesotrophen und eutrophen Bereich Sand-Gleye, Sandmoor-Gleye und Flachmoore vorhanden. In den flächigen Dünenkomplexen kommen häufig oligotrophe Kesselmoore (s. Abschnitt 5. 11. 1, S. 145) vor.

Die relativ jüngeren **Dünen** haben auf den Nordseiten schwach ausgeprägte **Sand-Podsole** und auf den Südseiten **Sand-Ranker**. Auf ebenen Dünenflächen wechseln podsolige Sand-Braunerden mit schwach ausgeprägten Sand-Podsolen. In diesem Gebiet sind alle Böden tiefgründig entkalkt. Dagegen sind die Mönchsheide-Sanderflächen nährstoffreicher und unter dem Verbraunungshorizont läßt sich häufig Kalk nachweisen. Die Oberfläche ist eben; der am weitesten verbreitete Bodentyp sind Sand-Braunerden.

Im **Finowtal** kommen im Gebiet des Biosphärenreservates stark entwässerte **Moore** und an den Rändern **Sand-Gleye** vor. Die Teile des Oderbruchs bestehen aus bis zu 1 m mächtigen Auetonen, die bei ständig hohem Grundwasser Moordecken tragen.

8. 3. 3 Klima

Das östliche Brandenburg liegt nach meteorologischen Kennwerten im **Übergangsbereich zwischen dem atlantisch geprägten Klima** Nordwestdeutschlands **und den kontinentalen Klimaten** Polens. Im Gebiet des Biosphärenreservates lassen sich im westlichen Teil noch atlantische Merkmale in der Vegetation nachweisen, während im östlichen Teil kontinentale und auf trocke-

Tabelle 8 - 1 : Lufttemperatur (^{o}C) 1901-1950 in Eberswalde (42 m über NN) : Monats-, Jahreszeiten- und Jahresmittel sowie Jahresschwankung (aus Kollektiv, 1981)

Monate:	1	2	3	4	5	6	7	8	9	10	11	12
Ø Temp.	-0,8	-0,1	3,6	8,2	13,6	16,6	18,5	17,3	13,8	8,6	3,6	0,5

Jahresdurchschnitt: 8,6
Jahresschwankung: 19,3

Vegetationsperiode (April - Sept.): 14,3

Jahreszeitliche Mittelwerte: Winter (Dez. - Febr.): -0,1
Frühling (März - Mai): 8,1
Sommer (Juni - August : 17,1
Herbst (Sept. - Nov.): 8,5

Durchschnittlich letzter Frosttag: 28. 04.
Durchschnittlich erster Frosttag: 16. 10.

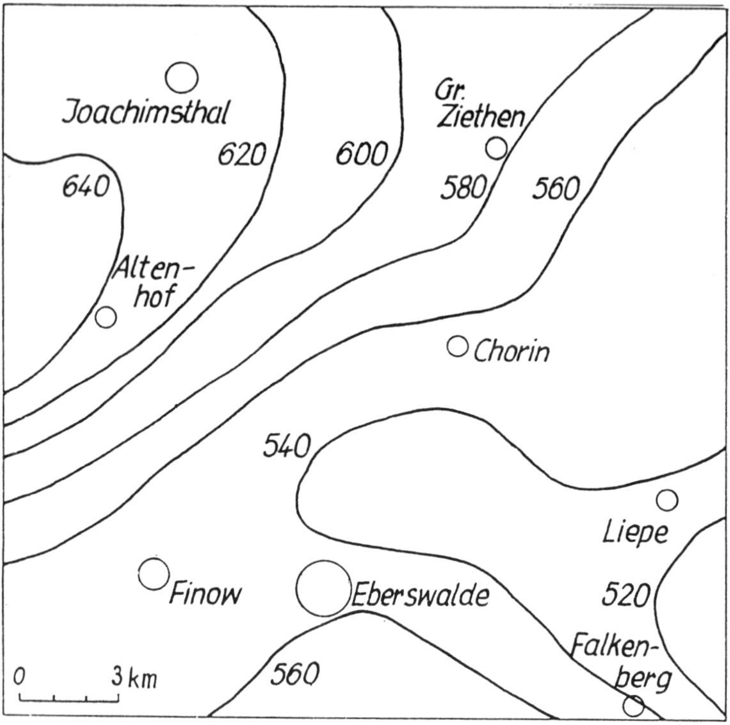

Abb. 8 - 2: Mittlere jährliche Niederschlagshöhe im Raum Eberswalde im Zeitraum von 1891 - 1930 (Entwurf Lützke, nach Kortüm, 1955; aus Kollektiv, 1981)

nen Kuppen und nach Osten und Süden geneigten Hängen pontische Florenelemente vorkommen.

Die klimatische Information wird hier gebracht in enger Anlehnung an den Band 34 aus der Serie Werte der Heimat: Kollektiv, 1981: Um Eberswalde, Chorin und den Werbellin-See.

Die **Niederschlagsverteilung** nimmt im Gebiet von West nach Ost ab (640 - 480 mm, Abb. 8 - 2). Daten von der forstlichen Meßstation in Eberswalde charakterisieren das Gebiet (Tab. 8 - 1, Abb. 8 - 3).

Eine **Tagesmitteltemperatur** von 5 °C wird durchschnittlich an 224 Tagen gemessen: von 32 Sommertagen (> 25 °C) entfallen auf die Monate Mai bis August 25. Nachtfröste können noch in der ersten Junihälfte und schon in der ersten Septemberhälfte vorkommen.

8. 3. 4 Zusammenfassung: Regionale Charakterisierung

Eine Gebietsgliederung nach ökologischen Gesichtspunkten, in der die Böden, der jährliche Witterungsverlauf und die Vegetation berücksichtigt werden, ergibt für das Biosphärenreservat eine Teilung in eine östliche und eine westliche Hälfte, die sich deutlich voneinander unterscheiden und infolgedessen eine eindeutige Beziehung zur Ertragsbildung der drei Wintergetreidearten erkennen lassen.

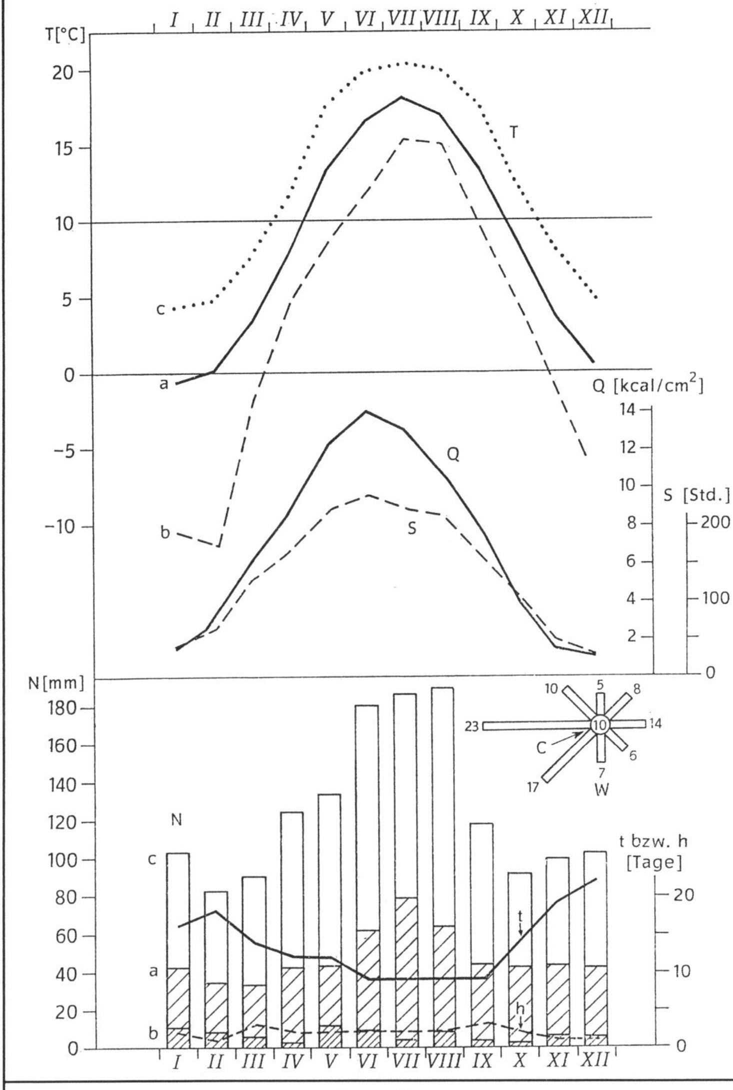

Legende

T - Lufttemperaturen **a** - Durchschnittliche Monatsmittel (1901 - 1950)
b - Niedrigste Monatsmittel seit 1876 **c** - Höchste Monatsmittel seit 1876

Q - Durchnittliche Monatssumme der Globalstrahlung
(Sonnenstrahlung und kurzwellige Himmelsstrahlung)

S - Durchschnittliche Sonnenscheindauer (1891-1910, 1931, 1944, 1950-1962)
(Jahressumme: 1667 Stunden)

N (Säulen) **a** - Durchschnittliche Monatssumme der Niederschläge (1901 - 1950)
b - Niedrigster Monatsniederschlag seit 1876
c - Höchster Monatsniederschlag seit 1876

t - - Durchschn. Zahl der trüben Tage im Monat (1950 - 1971; im Jahr: 163)

h - - Durchschn. Zahl der heiteren Tage im Monat (1950 - 1971; im Jahr: 23)

W - - Durchschn. % Häufigkeit der Windrichtung (**C** - Calme = Windstille)

Abb. 8 - 3: Klimadaten von Eberswalde, Station Drachenkopf
(Entwurf Lützke; aus Kollektiv, 1981)

9 Botanische Besonderheiten

von Joachim Gründel & Gunther Klemm

9. 1 Allgemeine Charakterisierung

Das Exkursionsgebiet liegt im Übergangsbereich zwischen den **atlantisch-boreal** beeinflußten Traubeneichen-Buchen-Wäldern im Norden und Nordwesten und den **kontinental** geprägten Kiefern - Traubeneichen - Wäldern im Süden und Südosten.

9. 2 Waldgesellschaften

Auf den **End- und Grundmoränen** stocken, soweit die Gebiete nicht in landwirtschaftlich genutzte Flächen umgewandelt wurden, mittlere bis reiche **Buchenwälder** mit Rotbuche (*Fagus sylvatica*), Traubeneiche (*Quercus petraea*), Waldmeister (*Galium odoratum*), Einblütigem Perlgras (*Melica uniflora*), Buschwindröschen (*Anemone nemorosa*), Scharbockskraut (*Ranunculus ficaria*), Goldnessel (*Galeobdolon luteum*) u. a.. Den reichsten Blütenschmuck in der Krautschicht findet man in den Monaten April/Mai.

Besonders **im Süden und Osten** treten wärmeliebende, kontinental beeinflußte **Kiefern-Traubeneichen-Wälder** auf. Sie sind nur noch in Resten vorhanden, da ihre Gebiete weitgehend als Äcker und Weiden in Nutzung sind bzw. auf ärmeren Standorten (z. B. Mönchsheider Sander) durch Kiefernforsten ersetzt wurden. Neben Traubeneichen und Kiefern (*Pinus sylvestris*) treten Hainbuche (*Carpinus betulus*), Weißer Schwalbenwurz (*Cynanchum vincetoxicum*), Leberblümchen (*Hepatica nobilis*), Ästige Graslilie (*Anthericum ramosum*), Pfirsichblättrige Glockenblume (*Campanula persicifolia*), Zwerglerchensporn (*Corydalis pumila*) u.a. auf. Besonders interessant sind diese Wälder im März / April und im Juni / Juli.

Weit verbreitet sind heute **Kiefernforsten**, die vielfach naturnahe Laub-(Misch-)Wälder ersetzen. Das Oderbruch war früher großräumig von Auenwäldern bedeckt, die ebenfalls verschwunden sind. In **nassen Senken** besonders der Moränengebiete stocken **Erlensumpfwälder** mit Schwarzerle (*Alnus glutinosa*), Gemeiner Esche (*Fraxinus exelsior*), Sumpfschwertlilie (*Iris pseudacorus*), Gemeinem Gilbweiderich (*Lysimachia vulgaris*), Gemeinem Blutweiderich (*Lythrum salicaria*), Sumpffarn (*Thelypteris palustris*) und anderen.

9. 3 Trockenrasen

Die Trockenrasen sind **keine natürlichen Gesellschaften,** sie entstanden durch menschliche Tätigkeit (Abholzen der Wälder, danach extensive Weidenutzung). Charakteristisch sind wärme- und trockenheitsliebende (Niederschläge nur ca. 550-600 mm/Jahr) Pflanzen, die teils aus dem Süden, überwiegend aber aus dem Osten zu uns kamen. Diese **Trockenrasen** bilden die eigentliche **botanische Besonderheit** des Gebietes. Sie sind noch an zahlreichen Stellen vorhanden, insbesondere an den **Hängen des Odertales** und des Eberswalder Urstromtales; z.B. Krähen- und Jungfernberge bei Stoltenhagen, Tulpenberg am Weg Gellmersdorf-Stolpe, Pimpinellenberg nahe Oderberg, Kanonenberg bei Niederfinow, Rummelsberge bei Brodowin.

Die nährstoffreicheren Standorte mit ihren **lehmig-mergeligen Böden** werden vom **Fiederzwenken-Rasen** eingenommen mit Fiederzwenke (*Brachypodium pinnatum*), Frühjahrsadonisröschen (*Adonis vernalis*), Kreuzenzian (*Gentiana cruciata*), Wiesensalbei (*Salvia pratensis*), Purpurroter Schwarzwurzel (*Scorzonera pratensis*), Hirschwurz (*Peucedanum cervaria*), Ackerwachtelweizen (*Melampyrum arvense*), Großblütiger Braunelle (*Prunella grandiflora*) und vielen anderen. Diese Gesellschaft ist reich an farbenprächtigen, auffallenden Pflanzen. Besonders der Frühjahrsaspekt (Ende April/Anfang Mai) mit *Adonis vernalis* lockt alljährlich viele Besucher an. Sehenswert ist auch der Hoch- und Spätsommeraspekt (Juli /August) mit blühenden Hochstauden.

Auf ärmeren, **trockeneren** Standorten siedelt die **Haargras-Steppe;** mit Haargras (*Stipa capillata*), Goldaster (*Aster linosyris*), Grauer Scabiose (*Scabiosa canescens*), Sibirischer Glockenblume (*Campanula sibirica*), Sandfingerkraut (*Potentilla arenaria*), Natterkopf-Habichtskraut (*Hieracium echioides*), Wiesenküchenschelle (*Pulsatilla pratensis*) und manchen anderen Arten. Die Haargras-Rasen führen gegenüber der vorigen Gesellschaft mehr Arten kontinentaler Prägung. Neben den Frühjahrsblühern fällt in dieser Gesellschaft die Blütenfülle des Hoch- und Spätsommers (Juli / August) auf.

Auf extrem armen **Sand**standorten ist der **Blauschillergras-Rasen** ausgebildet mit Blaugrünem Schillergras (*Koeleria glauca*), Sandschwingel (*Festuca psammophila*), Grünlichem Leimkraut (*Silene chlorantha*), Bergsteinkraut (*Alyssum montanum*) u.a. Diese Rasen sind noch stärker kontinental getönt als die Haargras-Rasen.

Die **offenen** Standorte sind vielfach mit **Gebüschen** durchsetzt, die sich bei fehlenden Gegenmaßnahmen immer weiter ausbreiten und die botanisch wertvollen Rasen verdrängen. Hier finden sich Schlehe (*Prunus spinosa*), Eingriffeliger Weißdorn (*Crataegus monogyna*), Wildrosen (*Rosa sp.*), Blutroter Storchschnabel (*Geranium sanguineum*), auch das Große Windröschen (*Anemone sylvestris*) u.a.. Den schönsten Anblick bieten diese Bereiche wohl im Juni.

Eine Reihe von Arten, die **aus östlichen Steppengebieten** bei uns eingewandert sind, haben im Bereich des Odertales ihre westliche Verbreitungsgrenze. Hierzu gehören beispielsweise Grünliches Leimkraut (*Silene chlorantha*), Sibirische Glockenblume (*Campanula sibirica*), Natterkopf-Habichtskraut (*Hieracium echioides*) und Sprossender Donatsbart (*Sempervivum soboliferum*).

9. 4 Seen

Das Gebiet ist seenreich, besonders im Bereich der End- und Grundmoränen. Der größte See ist der Parsteiner See. Er zählte zu den **kalkhaltigen mesotrophen Klarwasserseen**. Ausgedehnte Rasen von Characeen (Armleuchteralgen) bedeckten den Seeboden, am Rand war ein breiter Schilfgürtel entwickelt. Durch Intensiv-Fischwirtschaft und Badebetrieb stieg die Eutrophierung. Der Characeenbestand ging zurück, der Röhrichtgürtel (*Phragmites australis*) wurde geschädigt. Ob die seltene Wasserfalle (*Aldrovanda vesiculosa*) noch vorkommt, ist unklar.

Der Oderberger See ist ein **Oderaltgewässer** im Oderbruch. Er galt als Musterbeispiel eines **flachen Gewässers mit wärmeliebender Wasservegetation** und seltenen Arten, z. B. Seekanne (*Nymphoides peltata*) und Gemeinem Schwimmfarn (*Salvinia natans*). Beide sind wahrscheinlich verschwunden. Außerhalb des breiten Schilfgürtels ist der größte Teil der Wasseroberfläche mit See- (*Nymphaea alba*) und Teich- (*Nuphar lutea*) rosen bedeckt.

10 Wissenschafts-historische Aspekte: Im klassischen Gebiet der norddeutschen Eiszeitforschung

von Joachim Marcinek

Vier Jahre nach der denkwürdigen Sitzung der Deutschen Geologischen Gesellschaft in Berlin (3. November 1875), auf der von dem schwedischen Forscher Torell Nachweise für die **Inlandeisvergletscherung Norddeutschlands** erbracht und allgemein akzeptiert wurden, verknüpfte Berendt seines Erachtens vom Inlandeis emporgedrückte Höhenrücken mit Urstromtälern, die er seinerzeit "Hauptthäler" nannte. Die großen ost-west-verlaufenden, breiten Talzüge waren bereits bekannt (Girard 1855).

Die **modellhafte Vorstellung der Verbindung von einer Endmoräne mit einem Urstromtal** stellte Berendt (1888) aus der Gegend von Eberswalde, Chorin und Joachimsthal vor. Dieses Gebiet wurde damit zum klassischen Raum der Eiszeitforschung im Norddeutschen Tiefland. Es erhielt seine wesentliche Gestaltung in der Wende vom Weichselhoch - zum Weichselspätglazial. Die Verknüpfung des Choriner und Joachimsthaler Endmoränenbogens mit den in seinem Rückland gelegenen "flachen Stauseen" erfolgte über sogenannte "Schmelzwasser" zum Eberswalder Haupttal (Abb. 10 - 1).

Penck (1882) hatte sechs Jahre zuvor eine immer wiederkehrende Formengemeinschaft am Gletschereisrand erkannt (1882, S. 123, S. 145), die er schließlich (in: Penck & Brückner, 1902) als **"glaciale Serie"** bezeichnete (siehe auch Abschnitte 3. 1 und 5. 3).

1899 suchte Keilhack im Norddeutschen Tiefland feste Beziehungen zwischen einem bestimmten Eishalt, dessen davorliegenden Schmelzwasserabsätzen und dem jeweiligen Urstromtal nachzuweisen, um somit die Gleichzeitigkeit der Anlage einer solchen Formengemeinschaft zu dokumentieren. Die **Unterbrechung in der Endmoräne von Chorin**, in der Kloster Chorin gebaut wurde, scheint Berendt bekannt gewesen zu sein und wurde 1899 als "thalartige Unterbrechung" (52 m ü. NN) charakterisiert. Über sie sollte der Schmelzwasserabfluß aus dem "Choriner Stausee" geführt haben. Louis (1934) deutete die "thalartige Unterbrechung" von Kloster Chorin als **"Hauptgletschertor"**, das länger als kleinere und höhere Gletschertore bei Chorin (um 75 m ü. NN) funktioniert haben sollte. Damit konnte er den Unterschneidungsrand am Sander vor der Endmoräne im SW des Dorfes Chorin erklären und insgesamt feststellen, daß das Eberswalder Urstromtal "im wesentlichen gleichalt mit der Baltischen Endmoräne" ist.

Diese Lösung wurde durch eine von Lembke (1939, S. 526) nachgewiesene **höhere Terrasse** in der Eberswalder Urstromtalung "in 45 m Höhe" kompliziert. Schließlich erkannte Liedtke (1956 / 57), daß die Pommersche Eisrandlage älter als die Hauptterrasse (36 m ü. NN) in der Eberswalder Urstromtalung ist, weil die Sander der Pommerschen Eisrandlage sowohl südwestlich des Dorfes Chorin als auch am Nordrand der Eberswalder Urstromtalung (z. B. am Pechteich, rund 4 km SSW Eichhorst) unterschnitten sind. Sie gehen nicht gleichsohlig in die Hauptterrasse der Eberswalder Urstromtalung über, sind somit nicht gleichalt, sondern älter - und die "thalartige Unterbrechung" von Kloster Chorin stellt - wie bereits 1888 von Berendt angenommen - einen Schmelzwasserdurchbruch dar. Es ließ sich aus dem Niveau der Hauptterrasse in der Eberswalder Urstromtalung (36 m ü. NN) ein **Jüngerer Sander** über die "thalartige Unterbrechung" von Kloster Chorin (52 m ü. NN) bis zur Angermünder Staffel verfolgen. Der Schmelzwasserabfluß zu dieser Zeit hat auch die Unterschneidungskante am Sander der Pommerschen Eisrandlage südwestlich von Dorf Chorin verursacht (Abb. 10 - 2).

Somit sind im **Choriner Raum deutlich zwei glaziale Serien** ineinander verschachtelt (man spricht von "geomorphologischer Verzahnung"). Dazwischen befindet sich **eine weitere glaziale Serie** (Brose, 1978): Die Parsteiner Eisrandlage (s. Abschnitt 5. 5), gleichalte Schmelzwasserablagerungen und die 40 - m - Terrasse in der Eberswalder Urstromtalung. Letztere wurde von Liedtke (1956 / 57) als - nach Austauen von Toteis - in dieses Niveau abgesunken gedeutet.

Die **Frage Jung- oder Altmoränenland** spielte bei den Untersuchungen zum Eiszeitalter im norddeutschen Raum bis in den Beginn unseres Jahrhunderts nur eine untergeordnete Rolle. Allein Klockmann (1884) griff Pencks Darstellungen von 1882 auf. Penck unterschied 1887 (S. 510) in seinem Werk "Das Deutsche Reich" ebenfalls "innere und äußere Moränen". Um 1910 und etliche Jahre danach wollte Keilhack die weiteste Ausdehnung des weichselkaltzeitlichen Inlandeises in Südlichen Baltischen Landrücken sehen. Erst Gripp (1924) zog mit seiner Untersuchung "Über die äußerste Grenze der letzten Vereisung in Nordwestdeutschland" einen Schlußstrich unter diese Diskussion und berücksichtigte dabei besonders ausgewählte, im Kartenbild leicht erkennbare Formen, speziell allseitig geschlossene Hohlformen, bei der Grenzziehung, die er 1925 in der Arbeit "Über eine morphologische Grenze im nordwestdeutschen Flachland und deren Bedeutung" präsentierte. Mithin galt das **Relief der Jungmoränenlandschaft uneingeschränkt als Ergebnis glazialer Akkumulation** ohne jede nachfolgende endkaltzeitliche Abtragung. Die eindeutige Scheidung zwischen Jung- und Altmoränenland erfuhr bald Widerspruch. Dieser gipfelte schließlich in Lembkes Forschungsergebnis: "Die Periglazialerscheinungen im Jungmoränengebiet westlich des Oder-Bruchs bei Freienwalde" (1954; siehe auch Abschnitt 5. 10, S. 142). Sie machten dieses Gebiet zum **klassischen Gebiet der Periglazialforschung im Jungmoränenland Norddeutschlands.**

Der zertalte Oderbruchrand mit Höhenunterschieden zwischen 70 bis 150 m hatte bereits um die Jahrhundertwende die Aufmerksamkeit der Eiszeitforschung auf sich gezogen. Berendt (1899, S. 62/63) sah in den Tälern des Randes postglaziale **Erosion**sformen des **abfließenden Schmelzwassers**, die "anfangs wohl noch sogar unter dem Eise, zu dem sie sammelnden breiten Eberswalder Hauptthale hinabflossen. .... dieser, auch hier z. Th. jetzt wasserleeren Nebenthäler; ich möchte sie T h a l z w e r g e nennen". Wahnschaffe (1908, S. 9) meinte in Abweichung zu Berendt:

"Eher ließe sich die erste Anlage der Täler und Schluchten, die in mannigfaltiger Weise den Steilrand von Freienwalde und Falkenberg gliedern, auf größere zusammenhängende Massen toten Eises zurückführen, die nach dem Zurückweichen des Inlandeises von der Barnimhochfläche auf dieser noch zurückgeblieben sein mochten ... Doch auch die postglaziale Gehängeerosion, die lediglich von den Niederschlagsverhältnissen, der Durchlässigkeit der Schichten und der Erhebung des Geländes über der Erosionsbasis abhängig ist, muß auf die tief ausgefurchten Schluchten und schmalen trennenden Kämme von nachhaltigem Einfluß gewesen sein".

Im Gegensatz zu den genannten Autoren und aufgrund des Vergleiches mit Periglazialerscheinungen einschließlich Trockentälern aus dem Altmoränenland sowie mit heutigen periglazialen Bildungen, insbesondere mit den auf Dauerfrostboden in wenigen Jahrtausenden eingetieften Tälern auf Spitzbergen (Büdel, 1948), kam Lembke (1954) zu folgender Deutung. Die in durchlässigem Material angelegten, heute selbst bei Starkregen nicht wasserführenden **Täler sind** weder in der gegenwärtigen Warmzeit erodiert, noch in der letzten Kaltzeit von Schmelzwassern des Gletschereises gebildet, sondern **von Schneeschmelzwasser auf Dauerfrostboden,** mithin auf undurchlässigem Untergrund geformt. Nachfolgende Untersuchungen (u. a. Lembke, 1956; Liedtke, 1957/58; Nitz, 1965; Schulz, 1956) erweiterten das Bild der periglazialen Prozesse im Jungmoränenland. Heute betrachtet man **die periglaziale Formung als eine eigene Reliefbildungsphase** ("periglaziale Phase der Überformung des Glazialreliefs") zwischen der glazialen Phase der Reliefgestaltung und der Regenerationsphase des periglazial überformten Glazialreliefs (Marcinek, 1978).

Abb. 10 - 1: Die südliche baltische Endmoräne in der Gegend von Joachimsthal

Ausschnitt aus einer Karte von Berendt, 1887

(Beitrag Marcinek / Zeichnung Laufmann)

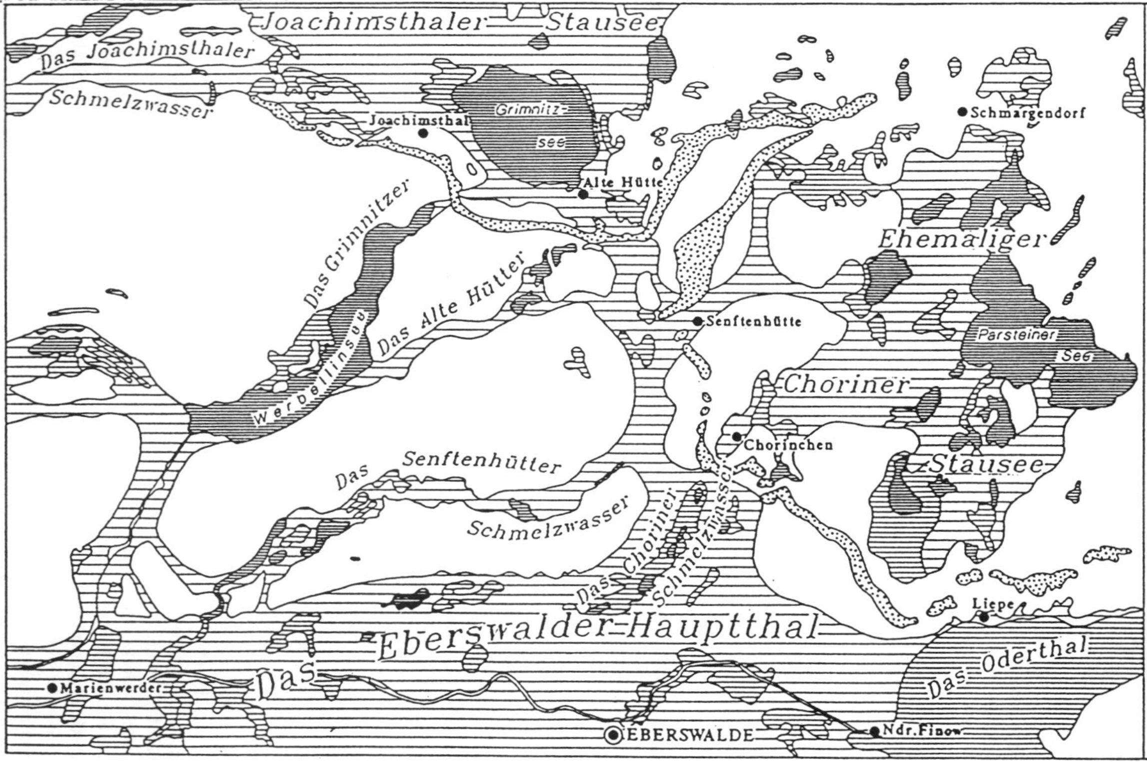

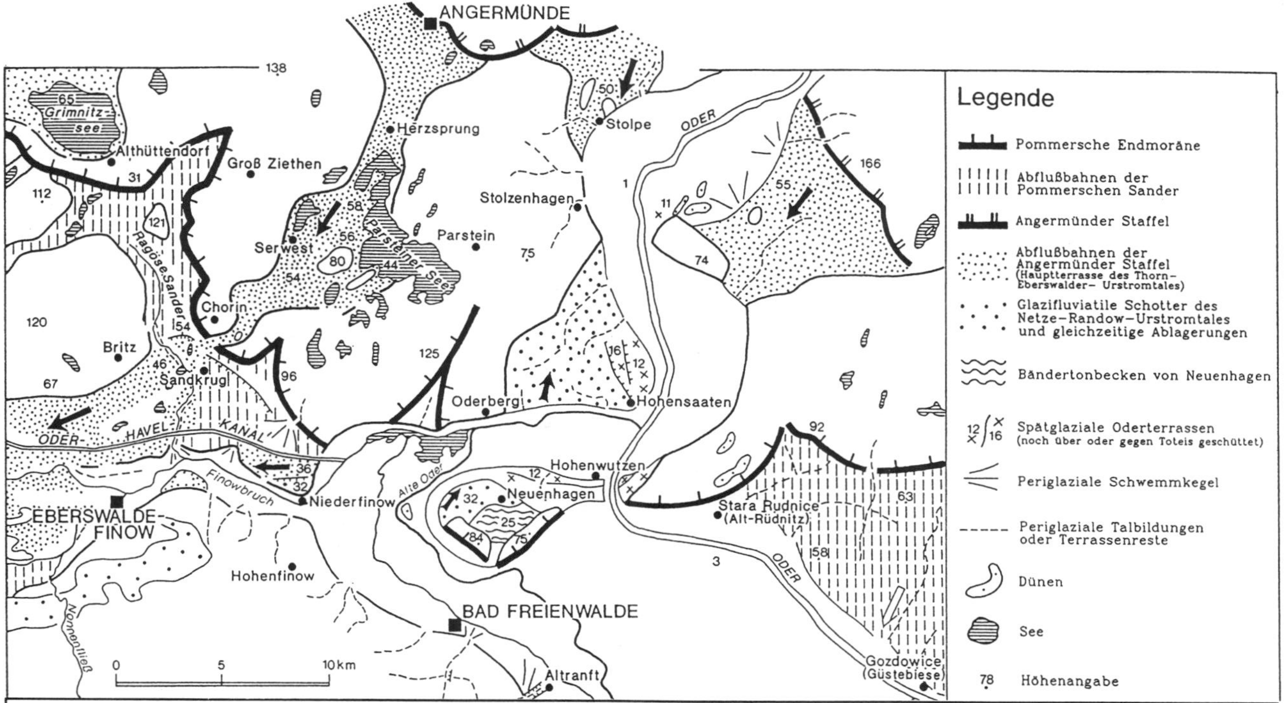

Abb. 10 - 2: Entwurf einer geologisch - morphologischen Übersichtskarte des Exkursionsgebietes. Veränderter Ausschnitt aus einer Karte von Liedtke (1956 / 57) (Beitrag Marcinek / Zeichnung Laufmann).

11 Sehenswürdigkeiten und Ausflugsziele (Auswahl)

von Martin Hannemann; mit Beiträgen von Joachim Marcinek und Reinhard Schmook

Vorbemerkung

Dieser Abschnitt soll insbesondere dem Besucher aus weiterer Entfernung einige Anregungen und Anknüpfungspunkte bieten. Für weitere Information sei auf die Fremdenverkehrsämter bzw. - vereine (s. Abschnitt 1. 4, S. 7) wie auch die Reiseführer, von denen einige speziellere im Literaturverzeichnis (s. Abschnitt 12. 6. 2, S. 180) angegeben sind, hingewiesen.

11. 1 Bad Freienwalde

Anmerkungen zur Geschichte
von Joachim Marcinek

Die heutige Kreisstadt Bad Freienwalde (1990: 11 050 Einwohner) wurde erstmals als markgräflicher Urkundsort 1316 erwähnt und hieß damals "Vrienwolde", ab 1375 Vrienwalde, Freynwalde, Vrienwald; erst seit 1925 trägt sie den heutigen Namen. Für eine mittelalterliche Verleihung des Stadtrechts gibt es keinen Beleg.

Bei Bad Freienwalde ist das Oderbruch nur wenig über zwei Kilometer breit; vor dem Durchstich bei Güstebiese 1753 (s. Abschnitt 7) floß die Oder über Bad Freienwalde, die Stadt hatte also eine günstige Position. Die Stadt entwickelte sich um einen angerartigen Ortskern in der Markt- und Wasserstraße zwischen den beiden slawischen Fischerdörfern Kietz und Tornow am alten Oderübergang. 1337 wurde die Fähre bezeugt, 1354 ein Fährkrug, und 1365 erhielt Freienwalde Zollfreiheit. Die unbedeutend befestigte Stadt besaß drei Tore: Das Wassertor an der Post, das Berliner Tor an der Apotheke und das Kietzer Tor. Nach dem Brand von 1664 erweiterte sich die Stadtfläche nach Südwesten (Berliner Vorstadt und Gesundbrunnen) und nach Südosten (Wriezener Vorstadt).

Die Ziegelbrennerei (s. Abschnitt 4. 7) spielte seit altersher eine Rolle, vorübergehend auch ein Alaunwerk und der Braunkohlenabbau (1818 - 1887 und zeitweilig nach dem 2. Weltkrieg).

Einen größeren Aufschwung nahm Freienwalde als kurfürstlicher Kurort seit 1684. Anlaß waren die heilkräftigen Eisenquellen. Ab 1840 ist Freienwalde auch Moorbad (s. Abschnitte 5. 11 u. 6. 2).

Schloß

Klassizistisch, 1798 / 99 im Auftrag von Friedrich Wilhelm III. von David Giley erbaut; Schloßpark 1800 angelegt, 1820 von Lenné umgestaltet. In der oberen Etage Gedenkausstellung für Walther Rathenau, von 1909 bis zu seiner Ermordung 1922 Eigentümer des Anwesens.

Rathaus

Spätklassizistisch, 1855.

Pfarrkirche St. Nikolai

Backsteinbau 15. Jahrh. (vorm. Feldsteinbau 13. Jahrh.); Georgenkapelle, Fachwerkbau 1696.

Eisenhaltige Quellen ("Gesundbrunnen")

Seit 1684 bekannt; zugehörige Baulichkeiten von Schlüter, Langhans und Schinkel; gut erhalten das "Landhaus" von Langhans (1789/90).

Aussichtstürme

Kriegerdenkmal von 1879; Burgruine Malchow; Bismarckturm von 1910 .

Oderlandmuseum
von Reinhard Schmook

Ein zwischen 1774 und 1778 erbautes adliges Freihaus am Markt ist seit 1952 Domizil des Freienwalder Oderlandmuseums. Dessen Sammlungen haben ihren Ursprung in dem 1889 gegründeten Kreismuseum des Kreises Oberbarnim und in der Sammlung des seit 1894 bestehenden Geschichtsvereins Oberbarnim. Damals sammelte man vorwiegend prähistorische Funde aus der näheren und weiteren Umgebung und sogenannte vaterländische Altertümer verschiedenster Herkunft. Seit Beginn des Jahrhunderts war die Museumsarbeit in Bad Freienwalde vor allem mit dem unermüdlichen Wirken des prähistorisch interessierten Sanitätsrates Dr. Gustav Fiddicke († 1945) verbunden. In die Sammeltätigkeit wurden im Laufe der Zeit auch naturkundliche Objekte einbezogen, in stärkerem Maße geologische. Eine erste Ausstellung über die pleistozäne Geschiebewelt und die geologischen Besonderheiten im Raum Bad Freienwalde fand aber erst in den 50er Jahren statt. Damals wurde am Oderlandmuseum verstärkt auf geologischem Gebiet, entsprechend dem einschlägigen Interesse des verdienstvollen Museumsleiters Hans Ohnesorge († 1986), gearbeitet. Herr Ohnesorge leitete das Museum von 1952 bis 1978. Die von ihm erweiterte geologische Sammlung wird nach wie vor im Oderlandmuseum aufbewahrt, aber zur Zeit der Drucklegung nicht gezeigt.

Das Oderlandmuseum ist das Regionalmuseum des Oderbruchs und dessen angrenzende Höhengebiete mit volkskundlichem Profil. Die ständige Ausstellung ist eine Einführung in die Volkskunde und Kulturgeschichte des Oderbruchs. An ausgewählten Beispielen werden landschaftstypische Erscheinungen in Kultur und Lebensweise der Oderbrücher gezeigt, und es wird ein Überblick über die Trockenlegung und Besiedelung des Oderbruches im 18. und 19. Jahrhundert gegeben.

Haus der Naturpflege
Ökologischer Schau- und Lehrgarten.

11. 2 Eberswalde

Maria-Magdalenen-Kirche, Backsteinbau, 1260/70 begonnen.

Ehemalige **Kapelle** des 1359 zuerst genannten **Georgen-Hospitals**
(Jetzt Konzerthalle)

Marktbrunnen mit liegendem Löwen (Eisenguß), 1836 nach Entwürfen von C. D. Rauch.

Stadtmauerreste in der Nagel-v.Goethestr.,
dort Glocke "Barbara" (1518) freistehend.

Forstwirtschaftliche Fakultät der Humboldt-Universität (gegründet 1830 als Forstakademie) und **Museum zur Geschichte der forstlichen Lehre und Forschung in Eberswalde**

Stadt- und Kreismuseum

Zoo

11. 3 Kleinere Orte der Umgebung

Altranft

Freilichtmuseum für Volkskunde, Agrargeschichte und Ökologie

Brodowin, Ortsteil Pehlitz

Ehemaliges Zisterzienserkloster Mariensee (Fundamentrest).

Chorin

Ruine des ehemaligen Zisterzienserklosters (Märkische Backsteingotik, Kirche 1334 geweiht). Umgebungsgestaltung von Lenné. Bedeutende Serie von

Sommerkonzerten.

Cöthen (bei Falkenberg)

Wasserrad der ehemaligen Wasserversorgungsanlage (rund 5 m Durchmesser).

Falkenberg

Carlsburg (1824), Theodor-Fontane-Naturweg, Teufelssee (Abb. 1 - 3, S. 8).

Gamengrund - Seenrinne

Beginn bei Cöthen, von dort nach Süden sich erstreckend.

Hohensaaten

Schleusen (1914), Dorflehrpfad, Schwimmbad.

Niederfinow

Schiffshebewerk (1934; s. Abb. U 3 - innere hintere Umschlagseite). Leistungsstärkstes Hebewerk der Welt. 36 m Höhenunterschied zwischen Finowkanal und Oder-Havel-Kanal werden überwunden.

Oderberg

Schiffahrtsmuseum. Heimatmuseum mit je einer kleinen aber instruktiven geologischen und archäologischen Abteilung (Zu beachten: Findling mit sehr schönen Eiskritzungen in mehreren Richtungen im Park vor dem Museum: s. Abb. V - 1, S. 4). Alte Stadt mit Fachwerkhäusern, verwinkelte Gassen, schöne Ausblicke, z. B. vom Albrechtsberg (Endmoräne, Abb. U 1, vordere Umschlagseite).

Oderberg, Ortsteil Neuendorf

"Großer Stein", Findlings-Rest von ca. 4 x 2 x 1 m.

Parsteiner See

Schöne, reich gegliederte Landschaft; Bademöglichkeiten u. a. bei Parstein und auf dem Pehlitzwerder.

Rathsdorf

Alte Ziegelei, Storchenturm, Storchenmuseum.

Schiffmühle

Chausseehaus nach Plänen von Schinkel (1834). Grabstätte von L. H. Fontane.

Stolpe

Grab des bedeutenden Geologen Leopold von Buch.

Tornow

Kirche aus Feldsteinen (Geschieben).

Wriezen

Pfarrkirche St. Marien, 16. Jahrh., überwiegend Ruine. Alte wertvolle Grabdenkmale (alter Friedhof, 18. und 19. Jahrh.).

10. 4 Ausflüge mit dem Schiff

Berlin und Brandenburg muß man auch per Schiff erleben (Auskunft: "Grosser Schiffsroutenführer Berlin Brandenburg", Future Press). Für das hier vorgestellte Exkursionsgebiet sind Eberswalde (für Finow- und Oder-Havel-Kanal), Niederfinow (Schiffshebewerk) und Oderberg (für Fahrten auf der Oder bis Stettin) die Ausgangspunkte.

12 Verwendete und weiterführende Literatur

Nach Angaben **aller Autoren** zusammengestellt und ergänzt

von Johannes H. Schroeder

Vorbemerkung

Angesichts der Größe des Exkursionsgebietes wie auch der Vielfalt der Themen aus verschiedenen Bereichen der Geologie, aus verwandten Naturwissenschaften sowie zu sonstigen regional interessanten Aspekten kann hier weder ein umfassendes Literaturverzeichnis noch ein vollständiges Verzeichnis aller genutzten Quellen geboten werden. Bei der Auswahl aus der Fülle der beigetragenen Zitate waren der direkte Bezug zum Gebiet und die Erreichbarkeit der Quelle wesentliche Kriterien.

Wichtige unveröffentlichte Ergebnisberichte sind im Text als "Unveröffentl. Ber." hinter der Jahreszahl gekennzeichnet und werden hier nicht aufgelistet.

12. 1 Allgemeine geologische Quellen

12. 1. 1 Regionale Darstellungen

Bramer, H., Hendl, M., Marcinek, J., Nitz, B., Ruchholz, K. & Sloboda, S., 1991: Physische Geographie Mecklenburg - Vorpommern, Brandenburg, Sachsen-Anhalt, Sachsen, Thüringen. - Gotha (Haack), 627 S.

Girard, H., 1855: Die norddeutsche Ebene insbesondere zwischen Elbe und Weichsel geologisch dargestellt. - Berlin (Reimer), 264 S., 1 Karte, 2 Schnitte.

Hucke, K., 1922: Geologie von Brandenburg. - Stuttgart (Enke), 352 S.

Wahnschaffe, F., 1909: Die Oberflächengestaltung des norddeutschen Flachlandes. - Stuttgart (Engelhorn), 405 S.

12. 1. 2 Geologische Führer

Anonymus, Hrsg. , 1992: Exkursionsführer zur 18. Tagung des Deutschen Arbeitskreises für Geomorphologie vom 05. 10. - 08. 10. 1992 in Berlin / Gosen. - Berlin (Abt. Phys. Geogr., FB Geogr., Humboldt Universität), 71 S.

Cepek, A. G., Hrsg., 1967: Quartärforschung und angewandte Geologie in Brandenburg. - Kurzreferate und Exkursionsführer, 7. Treffen Sektion Quartärgeologie, Dt. Ges. Geol. Wiss., 120 S.

Fiebelkorn, M., 1896: Geologische Ausflüge in die Umgebung von Berlin. - Berlin (Dümmler), 130 S.

Gothan, W., 1910: Botanisch-geologische Spaziergänge in die Umgebung von Berlin. - Leipzig (Teubner), 110 S.

Hucke, K., 1911: Geologische Ausflüge in der Mark Brandenburg. - Leipzig (Quelle u. Meyer), 150 S.

Kautzsch, E., & Jubitz, K. - B., Hrsg., 1960: Exkursionsführer Brandenburg. - Berlin (Akademie - Verl.), 233 S.

Menzel, H., 1912: Geologisches Wanderbuch für die Umgegend von Berlin. - Stuttgart (Enke), 170 S.

Wiegers, F., 1922: Geologisches Wanderbuch für die Umgegend von Berlin. - Stuttgart (Enke), 160 S.

12. 1. 3 Geologische Karten

Berendt, G., & Schröder, H., 1894 / 95 und 1899: Geologische Specialkarte von Preußen und den benachb. Thüringischen Staaten, Blatt Joachimsthal nebst Erläuterungen. - Kgl. Preuß. Geol. Landesanst., Berlin.

Berendt, G., & Schröder, H., 1900: Erläuterungen zur Geologischen Specialkarte von Preussen und den benachb. Thüringischen Staaten, Blatt Hohenfinow. - Berlin (Parey), 40 + 36 + 38 S.

Cepek, A.G., (Wiss. Leitung) 1973: Karte der quartären Bildungen. Geol. Karte der DDR 1: 500 000. - Hrsg. Zentr. Geol. Inst. Berlin.

Hellwig, D., Lippstreu, L., & Ziermann, H., 1977: Blatt Bad Freienwalde, Lithofazieskarten Quartär 1: 50 000. - Hrsg. Zentr. Geol. Inst. Berlin.

Heßmann, E., 1980: Blatt Eberswalde, Lithofazieskarten Quartär 1: 50 000. - Hrsg. Zentr. Geol. Inst. Berlin.

Heßmann, E., 1982: Blatt Wriezen, Lithofazieskarten Quartär 1: 50 000 .- Hrsg. Zentr. Geol. Inst. Berlin.

Keilhack, K., 1910: Blatt Charlottenburg (2. Aufl.) & Blatt Teltow (2. Aufl.) Erläuterungen, Geologische Karte 1 : 25 000. - Hrsg. Kgl. Preuß. Geol. Landesanst., Berlin.

Keilhack, K., 1921: Geologische Übersichtskarte der Provinz Brandenburg 1 : 500 000. - Hrsg. Preuß. Geol. Landesanst., Berlin.

Liedtke, H., 1975: Die nordischen Vereisungen in Mitteleuropa-Erläuterung zu einer farbigen Übersichtskarte im Maßstab 1 : 1.000.000 (mit 1 Kartenbeilage). - Bonn - Bad Godesberg.

Schneider, R., 1965: Glaziale Serie. - Reliefkarte 1 : 100 000 - Red.: M. Marschner, Hrsg. Dt. Päd. Zentr. Inst., Potsdam (VEB Kartogr. Dienst)

Schröder, H., 1892: Über die Aufnahmen der Blätter Groß Ziethen, Stolpe, Hohenfinow und Oderberg. - Jahrb. Kgl. Preuß. Geol. Landesanst., Berlin, Bd. 18.

Schröder, H., 1898 und 1914: Geologische Karte von Preußen und benachbarten Bundesstaaten, Blatt Groß Ziethen nebst Erl. (2. Aufl.). - Hrsg. Kgl. Preuß. Geol. Landesanst., Berlin

Wahnschaffe, F., 1908: Erläuterungen zur Geologischen Karte von Preußen und be nachbarten Bundesstaaten., Blatt Freienwalde an der Oder. (Mbl. 3250). - Hrsg. Kgl. Preuß. Geol. Landesanst., Berlin, 86 S.

Wolff, W., 1925: Geologische Übersichtskarte der Umgebung von Berlin 1: 100.000 (Hochschul - Exkursionskarte). - 4 Blatt mit Erläuterungen. Hrsg. Preuß. Geol. Landesanst., Berlin.

12. 2 Prätertiärer Untergrund

Franke, D., Hoffmann, N., & Kamps, J., 1989: Alter und struktureller Bau des Grundgebirges im Nordteil der DDR. - Z. angew. Geol., Bd. 35, S. 289 - 296

Hoffmann, N., Kamps, J., & Schneider, H.-J., 1989: Neuerkenntnisse zur Stratigraphie und Paläodynamik des Perms in der Nordostdeutschen Senke.- Z. angew. Geol., Bd. 35, S. 198 - 207

12. 3 Tertiär

12. 3. 1 Stratigraphie, Sedimentologie, Struktur

Ahrens, H., & Lotsch, D., 1976: Zum Problem des Pliozäns in Brandenburg. - Jahrb. Geol., Bd. 7/8 für 1971/72, S. 277 - 323

Ahrens, H., Lotsch, D., & Schwab, G., 1982: Präglaziale tektonische Aktivierung im Nordteil der DDR. - Z. geol. Wiss., Bd. 10, S. 671 - 676

Brose, F., 1973: Sandstein bei Bad Freienwalde.- Heimatkalender 1973 für den Kreis Bad Freienwalde (Oder), S. 67 - 69

Funke, K.-P., 1973 : Sedimentologische Untersuchungen an Quarzsanden des Ostbrandenburgischen Jungtertiärs im Bezirk Frankfurt/O. einschließlich angrenzender Gebiete der Bezirke Potsdam und Cottbus. - Unveröff. Diss. Humboldt-Univ. zu Berlin, VII + 182 S. ; im Anhang 10 Taf., 7 Tab.

Hucke, K., 1928 : Neue Untersuchungen über das Pliozän in Pommern und Brandenburg. - Z. Geschiebeforsch., Bd. 4, S. 157 - 183

Krutzsch, W., & Lotsch, D., 1958: Übersicht über die paläogeographische Entwicklung des zentraleuropäischen Alttertiärs (ohne Tethys-Raum).- Ber. Geol. Ges. DDR, Bd. 3, S. 99 - 110

Lotsch, D., Mai, D., Kiesel, Y., & Lazar, E., 1969: Stratigraphisches Korrelationsschema für das Tertiär der Deutschen Demokratischen Republik. - Abh. Zentr. Geol. Inst., H.12, S. I - XIV und 1 - 438

Quitzow, H. W., 1953: Altersbeziehungen und Flözzusammenhänge in der jüngeren Braunkohlenformation nördlich der Mittelgebirge. - Geol. Jahrb., Bd. 68, S. 27 -132

Vinken, R., Hrsg., 1988: The Northwest European Tertiary Basin. - Geol. Jahrb. Reihe A , Bd. 100, 508 S. mit 267 Abb., 3 Tab., 7 Karten in den Anlagen

Zincken, C.F., 1867: Physiographie der Braunkohle. - Leipzig (Krüger), 818 S.

12. 3. 2 Paläontologie

Batjes, D. A. J., 1958: Foraminifera of the Oligocene of Belgium. - Mem. Int. roy. Sci. naturw. Belg.(Brüssel), Bd. 143, S. 1 - 188

Beyrich, E., 1853 - 56: Die Conchylien des norddeutschen Tertiärgebirges. - Z. dt. geol. Ges., Bd. 5, 273 - 358; Bd. 6, S. 408 - 500 & S. 726 - 781; Bd. 8, S. 21 - 81 & S. 553 - 588

Fechner, G.G., 1993: Dinoflagellaten-Zysten aus dem Septarien-Ton ("Mitteloligozän") bei Joachimsthal (Nördl. Mark Brandenburg). - Berliner geowissenschaftliche Abhandlungen, Reihe E, Bd. 9, S. 73 - 101

Gramann, F. & Daniels, C.H., 1988: Foraminifera - In: Vinken, R. (Ed.) The Northwest European Tertiary Basin. - Geol. Jahrb., Reihe A , Bd.100, S. 145 - 151

Gründel, J. 1991: Die Untergattung *Scalaspira (Vagantospira)* Tembrock 1968 (Gastropoda) im Oligozän des Nordsee-Beckens. - Z. angew. Geol., Bd. 68, S. 101 - 106

Hucke, K., & Voigt, E., 1929: Beiträge zur Kenntnis der Fauna des norddeutschen Septarientones. - Z. dt. geol. Ges., Bd. 81, S. 159 - 168

Kiesel, Y., 1965: Die oligozänen Foraminiferen der Tiefbohrung Dobbertin (Mecklenburg). - Freiberger Forschungshefte, C 122, 123 S.

Ohnesorge, H., 1970: Paläobotanische Kostbarkeiten unserer Freienwalder Septarientongruben. - Heimatkalender 1970 für den Kreis Bad Freienwalde, S. 101 - 104

Reuss, A. E., 1851: Über die Fossilen Foraminiferen und Entomostraceen der Septarienthone der Umgebung von Berlin. - Z. dt. geol. Ges., Bd. 3, S. 49 - 92

Reuss, A. E. , 1870: Die Foraminiferen des Septarienthones von Pietzpuhl. - Sitz. Ber. Akad. Wiss. Wien, Math. - Nat. Cl., Bd. 62, S. 455 - 495

Spiegler, D., 1965: Biostratigraphie des Rupels auf Grund von Foraminiferen im nördlichen Deutschland. - Geol. Jahrb., Bd. 82, S. 447 - 486

Tembrock, M. - L., 1958: Einige Zahlenverhältnisse bei den häufigsten Molluskenarten des Rupeltones von Freienwalde und Joachimsthal. -

Ber. Geol. Ges. DDR, Bd. 3, S. 136 - 138

Tembrock, M. - L., 1960: Revidierte Fossilliste Rupelton Freienwalde.- In: Kautzsch, E. & Jubitz, K.-B., Hrsg.: Exkursionsführer Brandenburg. - Berlin (Akademie - Verl.), S. 111 - 113

Warneck, W., 1926: Das Tertiär von Jatznick in Pommern und seine stratigraphische Stellung in Norddeutschland. - Abh. Preuß. Geol. Landesanst., N. F., Bd. 101, 122 S.

Zwenger, W. H., 1987: Zu einigen besonderen Erhaltungsformen tertiärer Bohrmuschelspuren. - Hercynia N.F., Bd. 24, S. 249 - 255

12. 4 Quartär

12. 4. 1 Morphologie

Berendt, G., 1888: Die südliche baltische Endmoräne in der Gegend von Joachimsthal. - Jahrb. Kgl. Preuß. Geol. Landesanst. und Bergakad. f. 1887, Berlin, S. 302 - 310

Berendt, G., Keilhack, K., Schröder, H. & Wahnschaffe, F., 1899: Neuere Forschungen auf dem Gebiete der Glacialgeologie in Norddeutschland erläutert an einigen Beispielen. - Jahrb.Kgl. Preuß. Geol. Landesanst. f. 1897, S. 42 - 129

Brose, F., 1978: Weichselglaziale Rückzugsstaffeln im Hinterland der Eisrandlage des Pommerschen Stadiums südlich von Angermünde. - Wiss. Z. Univ. Greifswald, Math.-Nat. Reihe, Bd. 27, S. 17 - 19

Chrobok, S. M., Markuse, G. & Nitz, B., 1982: Abschmelz- und Sedimentationsprozesse im Rückland weichselhoch- bis spätglazialer Marginalzonen des Barnims und der Uckermark (mittlere DDR). - Petermanns Geogr. Mitt., Bd. 126, S. 95 - 102

Gripp, K., 1925: Über eine morphologische Grenze im nordwestdeutschen Flachland und deren Bedeutung. - Z. dt. geol. Ges., Bd. 77, S. 128 - 130

Hannemann, M, 1966: Neue Ergebnisse zur Reliefgestaltung, Stratigraphie und glazigenen Dynamik des Pleistozäns in Ostbrandenburg. - Diss. Humboldt-Univ. Berlin, 160 S.

Hannemann, M., 1970: Grundzüge der Reliefentwicklung und der Entstehung von Großformen im Jungmoränengebiet Brandenburgs. - Petermanns Geogr. Mitt., Bd. 114, S. 103 - 116

Jäger, K. - D., 1972: Eisrandlagen, Schmelzwasserbahnen und Periglazialerscheinungen in der Jungmoränenlandschaft zwischen Warta-Urstromtal und Ostseeküste. - Wiss. Z. Univ. Greifswald, Math.-Nat. Reihe, Bd. 21, S. 109 - 116

Jäger, K. - D. & Kozarski, S., 1976: Stratigraphische und geomorphologische Beiträge zur praxisrelevanten Quartärforschung in den odernahen Jungmoränenlandschaften des Nordgebietes der DDR. - Wiss. Z. Univ. Greifswald, Math.-Nat. Reihe, Bd. 25, S. 61 - 74

Keilhack, K., 1899: Die Stillstandslagen des letzten Inlandeises und die hydrographische Entwicklung des pommerschen Küstengebietes.- Jahrb. Preuß. Geol. Landesanst., Bd. 19, S. 90 - 152

Kozarski, S., 1978: Lithologie und Genese der Endmoränen im Gebiet der skandinavischen Vereisungen. - Schriftenr. geol.Wiss. (Berlin), H. 9, S. 179 - 200

Louis, H., 1934: Neuere Forschungen über die Urstromtäler besonders im mittleren Norddeutschland. - C. R. Cong. internat. Geogr., Warschau, Bd. 2, S. 15 - 25

Marcinek, J., 1978 : Phasen der Gewässernetz- und Reliefentwicklung im

Jungmoränengebiet der DDR. - Wiss. Z. Univ. Greifswald, Math.- Nat. Reihe, Bd. 27, S. 63 - 64

Penck, A., 1879: Die Geschiebeformation Norddeutschlands. - Z. dt. geol. Ges., Bd. 31, S. 117 - 203

Penck, A., 1882: Die Vergletscherung der deutschen Alpen. - Leipzig (Johann Ambrosius Barth), 483 S.

Penck, A., & Brückner, E., 1901 - 1909: Die Alpen im Eiszeitalter. - Leipzig (Tauchnitz), 3 Bde., 1199 S.

Solger, F., 1935: Die Entstehung der nordostdeutschen Bodenformen während der Eiszeit. - Dt. Urzeit (Berlin) Bd. 3, 136 S.

Tietze, O., 1917: Die äußersten Endmoränen der jüngsten Vereisung Norddeutschlands. - Geol. Rundschau, Bd. 7, S. 110 - 122

Weber, H., 1958: Die Oberflächenformen des festen Landes. 4 Aufl. - Leipzig (Teubner) 350 S.

Weisse, R. , 1977: Genetische Typen glazialer Oberflächenformen in den mittleren Bezirken der DDR. - Potsdamer Forschungen (Päd. Hochschule Potsdam) Reihe B, H. 10, 108 S.

Woldstedt, P., 1925: Die großen Endmoränenzüge Norddeutschlands. - Z. dt. geol. Ges., Bd. 77, S. 172 - 184

Woldstedt, P., 1969: Quartär. - Stuttgart (Enke), 263 S.

Woldstedt, P., & Duphorn, K., 1974: Norddeutschland und angrenzende Gebiete im Eiszeitalter. - 3. Aufl.. - Stuttgart (Koehler), 500 S.

12. 3. 2 Stratigraphie, Sedimentologie, Struktur

Becker, B. (im Druck): Dendrochronologische und radiometrische Daten zur Chronologie des Neolithikum in Mitteleuropa. - In: J. Preuss (Hrsg.). Das Neolithikum in Mitteleuropa, Kulturen, Wirtschaft, Umwelt vom 6. bis 3. Jahrtausend v. Chr. Geb. / Übersichten zum Stand der Forschung.

Bock, F., Menke, B., Strehl, E., & Ziemus, H., 1985: Neuere Funde des Weichsel - Spätglazials in Schleswig-Holstein. - Eiszeitalter u. Gegenwart, Bd. 35, S. 161 - 180

Cepek, A. G., 1969: Zur Bestimmung und stratigraphischen Bedeutung der Dolomitgeschiebe in den Grundmoränen im Nordteil der DDR.- Geologie, Bd. 18, S. 657 - 673

Cepek, A. G., Hellwig, D., Lippstreu, L., Lohde, H., Ziermann, H., & Zwirner, R., 1975: Zum Stand der Gliederung des Saale-Komplexes im mittleren Teil der DDR. - Zeitschr. geol. Wiss., Bd. 3, S. 1049 - 1075

Cepek, A. G., & Lippstreu, L., 1975: Zur stratigraphischen Gliederung weichselglazialer Ablagerungen westlich der unteren Oder. - Wiss. Zeitschr. Univ. Greifswald, Math. - Nat. Reihe, Bd. 24, S. 167 - 169

Cepek, A. G., & Nowel, W., 1991: Zum Pleistozän im Raum Klinge - Dubrau (östliche Niederlausitz), ein Typusgebiet für den Saale-Komplex. - Z. geol. Wiss., Bd. 19, S. 298 - 316

Erd, K., 1973: Pollenanalytische Gliederung des Pleistozäns der DDR. - Z. geol. Wiss., Bd. 1, S. 1087 - 1103

Erd, K., 1978: Pollenstratigraphie im Gebiet der skandinavischen Vereisungen. Schriftenr. geol. Wiss. (Berlin), Bd. 9, S. 99 - 119

Erd, K., 1987: Die Uecker-Warmzeit von Röpersdorf bei Prenzlau als neuer Interglazialtyp im Saale-Komplex der DDR. - Z. geol. Wiss., Bd. 15, S. 297 - 313

Firbas, F., 1949, 1952: Spät- und nacheiszeitliche Waldgeschichte Mitteleuropas nördlich der Alpen. - 1. Bd.: Allgemeine Waldgeschichte. - 2. Bd. Waldgeschichte der einzelnen Landschaften. - Jena (Fischer), 480 & 256 S.

Hannemann, M., 1964: Quartärbasis und älteres Quartär in Ostbrandenburg. - Z. angew. Geol., Bd. 10, S. 370 - 376

Hannemann, M., 1969: Saale- und weichselzeitliche glazigene Dynamik und Alter der Lagerungsstörungen im Jungmoränengebiet Brandenburgs. - Geologie, Bd. 18, 168 - 187

Hultzsch, A., 1986: Kiese und Sande. - Leipzig (Grundstoffindustrie), 164 S.

Hultzsch, A., 1990: Modelle glazifluvialer Kiessandlagerstätten im Land Brandenburg. - Steinbruch und Sandgrube, Bd. 83, S. 7

Jäger, K.-D., 1969: Climatic character and oscillations of the Subboreal period in the dry regions of the Central European Highland. - in: Wright, H.E., ed.: Quaternary geology and climate. - Proc. VII Congr. Internat. Assoc. Quaternary Res., V. 16, Washington D.C. (Nat. Acad. Sci.), S. 38 - 42.

Kohl, G., 1977: Radiokohlenstoff, Klima und archäologische Chronologie. - Ethnographisch - archäologische Z., Bd. 18, S. 577 - 594

Müller, H. - M., 1967: Das Pollendiagramm "Serwest", ein Beitrag zur Wechselwirkung natürlicher und anthropogener Faktoren in der Vegetationsentwicklung. - Feddes Repert., Bd. 74, S. 123 - 137

Rühberg, N., 1987: Die Grundmoräne des jüngsten Weichselvorstoßes im Gebiet der DDR. - Z. geol. Wiss., Bd. 15, S. 759 - 767

Thieke, H.-U., 1975: Schwermineralogische Kennzeichnung von fluviatilen spätelster-glazialen bis frühsaale-glazialen Ablagerungen im mittleren Teil der DDR. - Z. geol. Wiss., Bd. 3, S. 1031 - 1101

Stuiver, M., Braziunas, C., Becker, B., & Kromer, B., 1991: Radiocarbon age calibration. - Quaternary Research, Bd. 35, S. 1 - 24

Usinger, H., 1985: Pollenstratigraphische, vegetations- und klimageschichtliche Gliederung des "Bölling-Alleröd-Komplexes" in Schleswig-Holstein und ihre Bedeutung für die Spätglazial-Stratigraphie in benachbarten Gebieten. - Flora, Bd. 177, S. 1 - 43

12. 4. 3 Spezielle Information zu den Quartär - Exkursionszielen

Correns, M., 1965: Untersuchungen über eine äolische Ablagerung im Jungmoränengebiet bei Joachimsthal als Beitrag zum "Sandlöß"-Problem. - Unveröffentl. Dipl.-Arb., Geogr. Inst. , Humboldt-Univ. Berlin, 91 S., 19 Anlagen (Karten, Profile, graph. Darst.) in separater Mappe.

Hess, H., 1961: Über neue Untersuchungen im Bereich der Endmoräne von Althüttendorf, Groß Ziethen und Chorin. - Unveröffentl. Dipl.-Arb., Humboldt-Univ. Berlin, 43 S.

Lembke, H., 1954: Die Periglazialerscheinungen im Jungmoränengebiet westlich des Oder - Bruchs bei Freienwalde. - Göttinger Geogr. Abh., H. 16, S. 55 - 94

Lembke, H.; 1955/56: Spätwürmeiszeitliche periglaziale Trockentäler aus dem norddeutschen Jungmoränengebiet. - Wiss. Z. Humboldt-Univ. Berlin, Bd. 5, H. 2, S. 1 - 5

Liedtke, H.; 1956/57: Beiträge zur geomorphologischen Entwicklung des Thorn-Eberswalder Urstromtales zwischen Oder und Havel .- Wiss. Z. Humboldt-Univ. Berlin, Math.-nat. Reihe, Bd. 6, S. 3 - 49

Markuse, G. , 1966: Geomorphologische Untersuchungen im Bereich des Ueckerzungenbeckens und seiner Umrandung. - Unveröffentl. Diss., Humboldt-Univ. Berlin, 130 + 20 S., Anl. mit 10 Tab., 49 + 21 Abb., 3 Karten, 4 Taf.

Petter, A., 1991: Beiträge zum geologischen Modell einer Blockpackung. Unveröffentl. Dipl.-Arb., Univ. Greifswald, 39 S., 7 Taf., 10 Anl.

Schmidt, R., 1930: Besuch im Steinbruch. - Heimatkalender für den Kreis Angermünde, Bd. 4, S. 42 - 48 [Betr. Althüttendorf]

12. 4. 4 Böden

Kopp, D., 1970: Periglaziale Umlagerungs- (Perstruktions-) zonen im nordostdeutschen Tiefland und ihre bodengenetische Bedeutung. - Tagungsber. Dt. Akad. Landw. wiss. Ur., Bd. 102, S. 55 - 81

Kopp, D. , & Jäger, K. - D., 1972: Das Perstruktions- und Horizontprofil als Trennmerkmal periglaziärer und extraperiglaziärer Oberflächen im nordmitteleuropäischen Tiefland. - Wiss. Z. Univ. Greifswald, Math.- Nat. Reihe, Bd. 21, S. 77 - 84

Schmidt, R., 1991: Genese und anthropogene Entwicklung am Beispiel einer typischen Bodencatena des norddeutschen Tieflandes. - Petermanns geogr. Mitt., Bd. 135, S. 29 - 37

12. 4. 5 Geschiebe

Hesemann, J.; 1932: Zur Geschiebeführung und Geologie des Odergletschers; Jahrb. Preuß. Geol. Landesanst., Berlin 53, 70 - 84

Hucke, K., 1967: Einführung in die Geschiebeforschung. - Oldenzaal (Nederlandse Geologische Vereiniging - 133 S., Taf. 1 - 50

Neben, W., & Krueger, H. H., 1971: Fossilien ordovizischer Geschiebe. - Staringia, Bd. 1, Taf. 1 - 50

Neben, W., & Krueger, H. H., 1973: Fossilien ordovizischer und silurischer Geschiebe. - Staringia, Bd. 3, Taf. 51 - 109

Neben, W., & Krueger, H. H., 1979: Fossilien kambrischer, ordovizischer und silurischer Geschiebe. - Staringia Bd. 5, 3 - 63, Taf. 110 - 164

Neben, W., & Schüller, A., 1950: Ein neuer Meteorit bei Berlin gefunden. - Urania, Bd. 13, S. 382 - 384

Ohnesorge, H., 1982 : Geologischer Lehrpfad Altranft. - 2. überarb. Aufl. - Hrsg. Rat des Kreises Bad Freienwalde, Referat Naturschutz, 16 S.

Richter, E., 1986: Die fossilführenden Geschiebe in der Umgebung von Leipzig. - Altenburger Naturwiss. Forschungen, Bd. 3, 7 - 79, Taf. 1 - 20

12. 4. 6 Geschichte der Oder

Brose, F., 1972: Die spätglaziale Laufentwicklung der Unteren Oder. - Wiss. Z. Univ. Greifswald, Math.-Nat. Reihe., Bd. 21, S. 59 - 61

Brose, F., 1978: Weichselglaziale Rückzugstaffeln im Hinterland der Eisrandlage des Pommerschen Stadiums südlich von Angermünde. - Wiss. Z. Univ. Greifswald, Math.-Nat. Reihe, Bd. 27, S. 17 - 19

Brose, F., & Präger, F., 1983: Regionale Zusammenhänge und Differenzierungen der holozänen Flußgenese im nordmitteleuropäischen Vergletscherungsgebiet. - In: Das Jungquartär und seine Nutzung im Küsten und Binnentiefland der DDR und der VR Polen. - Petermanns geogr. Mitt., Ergänzungsheft 282, S. 164 - 175

Geisler, H., 1976: Altslawischer Burgwall und Siedlung bei Wiesenau. - Ausgrabungen und Funde, Bd. 21, S. 151 - 153

Griesa, S., 1976: Die Göritzer Gruppe. - Ausgrabungen und Funde, Bd. 21, S. 71 - 73

Mengel, P. F., 1934: Das Oderbruch. - Eberswalde (R. Müller), Bd. 2, 430 S.

12. 5 Naturwissenschaftliches Umfeld und Naturschutz

Amt für Naturschutz Eberswalde, Hrsg., ohne Datum: Naturschutz im Land Brandenburg - Eberswalde und Umgebung. - Eine Serie informativer Faltblätter. - Berlin (Futura)

Fischer, W., Großer, K.-H., Mansik, K.-H., & Wegener, U., 1982: Die Naturschutzgebiete der Bezirke Potsdam, Frankfurt (Oder) und Cottbus sowie der Hauptstadt der DDR, Berlin. - Leipzig (Urania), Bd. 2; 292 S.

Henne, E., 1993: Biosphärenreservate - Modelle für integrierte Landnutzung: Landwirtschaft - Tourismus - Naturschutz. Beispiel Biosphärenreservat Schorfheide - Chorin. - Bericht der Fachtagung v. 23. - 25. 6. 93 ; Föderation d. Natur- und Nationalparke Europas, Sekt. Deutschland, e.V., S. 43 - 47

Krausch, H. - D., 1961: Natur und Naturschutz im Bezirk Frankfurt/Oder. - 255 S.

Krausch, H.-D., 1977: Der Pimpinellenberg bei Oderberg. - Naturschutzarbeit Berlin Brandenburg, Bd. 13, S. 14 - 18

Rietz, R., 1931: Der Krähenberg bei Stolzenhagen a.d. Oder. - Naturdenkmalpflege u. Naturschutz Berlin Brandenburg, Bd. 7, S. 209 - 215

Scamoni, A., 1975: Die Wälder um Chorin. - Naturschutzarbeit Berlin Brandenburg, Beih. 4, 64 S.

Schulzke, D., 1993: Landschaftanalyse als Grundlage für die Entwicklung der agrarischen Landnutzung. - Naturschutz u. Landschaftsplanung, Bd. 25, S. 165 - 169

Schulzke, D., in Druckvorbereitung: Leitlinien der Analyse, Pflege und Entwicklung des Biosphärenreservates Schorfheide - Chorin. - Eberswalde (Landesanstalt f. Großschutzgebiete). - [Als interner Bericht von 1992 bei der Landesanstalt einzusehen.]

Succow, M., & Jeschke, L., 1986: Moore in der Landschaft. - Leipzig (Urania), 268 S.

12. 6 Regionale Information

12. 6. 1 Allgemein

Kollektiv, 1980: Um Eberswalde, Chorin und den Werbellin - See. - Werte unserer Heimat (Berlin, Akademie Verl.) Bd. 34 , 225 S.

12. 6. 2 Historisch / kulturell / touristisch

Beyer - Rehfeld, A., 1993: Geheimtip Oderbruch . - Berlin (Elefanten Press), 188 S.

Dehio, Georg, 1987: Handbuch der deutschen Kunstdenkmäler: Die Bezirke Cottbus und Frankfurt / Oder. - München (Deutscher Kunstverlag), 435 S.

Hörath, H. & Gooß, G., 1992: Kloster Chorin. - Berlin (Argon) 64 S.

Lange, R., 1992: Uckermark - Berlin (Argon), 112 S.

Kurth-Gilsenbach, H., 1993: Schorfheide und Choriner Land. - Neumanns Landschaftsführer. - Radebeul (Neumann), 128 S.

Museumsverband des Landes Brandenburg, Hrsg.,1993: Museumsführer Land Brandenburg. - Potsdam (Potsdamer Verlagsbuchhdlg.), 166 S.

Future Press, Hrsg., 1993: Großer Schiffsroutenführer Berlin Brandenburg. 3. überarb. Aufl. - Berlin (future press), 247 S. (mit Fahrplänen 1994)

Richter, B., 1993: Geheimtip Uckermark. - Berlin (Elefanten Press), 183 S.

Schumann, D., 1993: Rund um die Uckermark: Ausflüge nordöstlich von Berlin. - Berlin (Schelzky & Jeep), 134 S.

13 Fachausdrücke kurz erklärt

von Marion Müller
unter Mitwirkung von A. G. Cepek, H. Knape, H. Schlegel & J. H. Schroeder

In diesem Abschnitt sollen dem Laien die im Zusammenhang mit diesem Führer wichtigsten **Fachbegriffe kurz und allgemein verständlich** erklärt werden. Dabei wird bewußt auf die Vielzahl von möglichen Bedeutungen zugunsten einer allgemein akzeptablen verzichtet.

Bei **zusammengesetzten Fachausdrücken** sollte der Leser die Erläuterungen der jeweiligen Einzelteile heranziehen.

Ablation	Abschmelzen und Verdunsten von Gletschereis und Schneemassen an der Oberfläche durch Einwirkung von Sonneneinstrahlung, Rückstrahlung von Felsgesteinen, Luftwärme, Luftfeuchtigkeit und oberflächlich abfließendes Wasser.
Abschiebung	relative Abwärtsbewegung einer Gesteinsscholle auf geneigter Bruchfläche, als Folge von Raumerweiterung, bzw. die dabei wirksame Bruchfläche (steiler als 45°).
Akkumulation	allg. Anhäufung; Ablagerung des durch Verwitterung aufbereiteten Gesteinsmaterials, abgestorbener Organismen und chemischer Substanzen, die durch bewegte Medien verfrachtet wurden.
Alaun	Doppelsalz aus Kalium-Aluminium-Sulfat.
allochthon	ortsfremd; vom Bildungsort entfernt.
Anaglazial	Frühglazialphase.
anhydromorph	hier: allgemeine Bezeichnung für Böden, bei deren Dynamik die Grundwasser- oder/und Staunässemerkmale ohne Bedeutung sind.
Anisotropie	die Richtungsabhängigkeit der physikalischen und chemischen Eigenschaften eines Stoffes; insbesondere bei Kristallen: Wärmeleitfähigkeit, Lichtbrechung und elastische Eigenschaften.
Aquifer	grundwasserführende Sediment- oder Gesteinsschicht.
artesisches Grundwasser	gespanntes Grundwasser, das angebohrt wird und in einem Brunnen frei ausläuft.
Aufschiebung	relative Aufwärtsbewegung einer Gesteinsscholle auf geneigter Bruchfläche (steiler als 45°), als Folge von Raumeinengung; bzw. die dabei wirksame Bruchfläche.
Aufeis-depression	Hohlform, entstanden aus Schnee- und Eis- Schmelzwasser, das in Tiefenlinien abströmte, gefror und anschließend verschüttet wurde.
Austauen	das Tauen von Eis unter Sedimentbedeckung.
autochthon	am Ort der Bildung befindlich.
Balneologie	Heilquellenkunde; Lehre von der Heilwirkung und therapeutischen Anwendung von Wasser, Schlamm, Torf und Moor.
Bänderschluff / -ton	Warvenschluff/-ton; in regelmäßiger Folge abgelagertes Sediment aus hellen Feinsand- / Schluff- u. dunklen Ton- / Schlufflagen in Schmelzwasserbecken des Gletschervorlandes; eine hellere (Sommer-) und eine dunklere (Winter-) Schicht bilden jeweils eine mm bis cm dicke Jahresablagerung (= **Warve**).
Bank	eine feste, durch Fugen begrenzte Gesteinsschicht, die oben und unten von anderen Gesteinen eingerahmt wird.
Becken	schüsselförmiger Ablagerungsraum.
Bifurkation	Tal-, Fluß- oder Strom-Gabelung

Bioerosion	die bohrende oder raspelnde abtragende Wirkung von Organismen am/im festen Gestein.
bioökologisches Potential	die natürliche Fähigkeit eines Bodens, Pflanzenmasse zu produzieren in Abhängigkeit von Nährstoffen und Wasserangebot.
bituminös	= Bitumen; Bezeichnung für bräunliche bis schwärzliche, natürliche, brennbare Stoffe, die aus Kohlenwasserstoffen zusammengesetzt sind und durch Zersetzung von Eiweiß- und Fettstoffen niederer Organismen entstanden sind.
blastisch	knospenartig.
Blockpackung	Anhäufung bzw. Anreicherung von großen, z. T. kantigen Blöcken, die bei der Ausspülung der feineren Bestandteile aus Grundmoränen durch Schmelzwässer liegen bleiben.
Bodenhorizont	Eine nahezu horizontal verlaufende Zone, die durch bestimmte Bodenmerkmale charakterisiert ist und einen Entwicklungszustand widerspiegelt.
Bruch **-- tektonisch**	sowohl der Vorgang des Brechens, d.h. Nichtstandhalten eines Gesteinskörpers gegen Beanspruchung, sowie die bei diesem Vorgang entstehende Fläche.
-- geographisch	bewaldete Niederung mit hohem Grundwasserstand, dieser teil- bzw. zeitweise über der Geländeoberfläche.
Bryozoe	Moostier, koloniebildende Wirbellose.
Deglaziation	Eisfreiwerden eines Gebietes durch Abschmelzen oder Verdunsten.
degradieren	bei Böden; gänzlicher oder teilweiser Verlust der charakteristischen Merkmale eines Bodens / Bodentyps infolge veränderter Bedingungen der Bodenbildung.
deluvial	bezeichnet den Prozeß der Umlagerung von Lockermaterial an Hängen durch den Einfluß der Gravitation.
Denudation	flächenhafte Abtragung der Festlandsoberfläche infolge von Massenbewegungen jeglicher Art.
Diagenese	Umwandlung lockerer Sedimente in feste Gesteine und deren weitere Veränderung durch mechanische oder chemische Vorgänge unter Einwirkung von Druck, Temperatur und / oder Porenwasser; z.B.: Zementation, Lösung usw. .
Diluvialsand	veraltete Bezeichnung für im Pleistozän abgelagerten Sande; der Begriff Diluvium (lat.=Sintflut) ist heute durch den Begriff Pleistozän ersetzt.
diskordant	= Diskordanz; ungleichsinnige, in der Regel winkelförmige Auflagerung einer Gesteinsschicht auf ihre Unterlage.
disloziert	= Dislokation; Bezeichnung für Lagerungsstörungen oder jegliche Unterbrechung des ursprünglichen Zusammenhanges eines Gesteinsverbandes.
Drängewasser	Oberflächenwasser, das eine gewisse Entfernung unter der Erdoberfläche zurücklegt, bevor es wieder an die Oberfläche austritt.
Durchbruchstal	hier: Quertal, das Endmoränenwälle durchbricht, entstanden durch Abfluß der Schmelzwässer des abtauenden Inlandeises.
durchteufen	durchbohren,- schlagen (s. Teufe).
Echinoderme	Stachelhäuter, Wirbelloser, z.B.: Seeigel, Seestern, Seelilie.
Eiskeil	keilförmig nach unten sich zuspitzende eisgefüllte Spalte in Böden der Dauerfrostgebiete, entstanden durch Frostkontraktion bei raschem Temperatursturz.

Eiskeilpseudomorphosen Eiskeilfüllung; der Platz des Eiskeils wird beim Auftauen von oben durch hereinfallendes Lockermaterial gefüllt.

Endmoräne Wall aus glazigenem Schutt im Zuge einer Eisrandlage, die eine Zeit länger dauernden Gleichgewichts zwischen Eisnachschub und Abschmelzmenge markiert und sowohl während der Vorstoßphase als auch während der Abschmelzphase entstanden sein kann.

endogen Bezeichnung für geologische Erscheinungen, deren Energie aus dem Erdinneren stammt.

epikontinental Bezeichnung für Flachmeere, die Festlandsbereiche überflutet haben.

Erosionstunnel durch die abtragende Wirkung von Schmelzwässern einer Inlandvereisung subglazial ausgeräumte Tunnel.

Eutrophierung Anreicherung eines Gewässers mit Nährstoffen, das damit einhergehende massenhafte Wachstum von Pflanzen und tierischem Plankton, daraus resultierend eine starke Verringerung des Sauerstoffgehaltes des Wassers.

Exaration glazigene Erosion; die auspflügende Tätigkeit des Gletschers- bzw. Inlandeises.

Fahlerde Parabraunerde mit sehr starker Tonverlagerung und nachfolgender Versauerung.

Fazies Erscheinungsbild einer Ablagerung in bezug auf ihr lithologisches und paläontologisches Inventar; z.T. auch benutzt als Bezeichnung für Gesteine eines bestimmten Ablagerungsraumes.

Flaser Sedimentstruktur; wellen- bis linsenförmige, wechselnd feine und gröbere Ablagerung als Folge wechselnder Strömungsgeschwindigkeiten, sowie bei Diagenese entstandene Entmischung von feinem und grobem Material.

Fließerde infolge starker Durchfeuchtung entstehender Bodenbrei, der bereits bei geringer Hangneigung in Bewegung gerät (s. Solifluktion).

Flöz bergmännisch: Gesteinsschicht mit Anteilen wirtschaftlich nutzbarer Stoffe.

fluvial fluviatil; durch Flüsse gebildet, skulpturiert, abgetragen, abgelagert oder angereichert.

Foraminifere kalk- oder sandschaliges einzelliges Tier, meist mikroskopisch klein.

Geschiebe vom Eis transportierte gröbere klastische Komponente im Sediment.

Geschiebedecksand mehrere Dezimeter mächtige Deckschicht, mit Kiesen und Steinen in sandiger Grundmasse (s. auch Perstruktion).

Geschiebemergel Sediment aus einer tonig - kalkigen Grundmasse von Gesteinsmehlen und Geschieben unterschiedlicher Korngröße (bis zu mehreren m^3), nicht sortiert. Entkalkter Geschiebemergel wird als **Geschiebelehm** bezeichnet.

gespanntes Grundwasser Grundwasser unter hydrostatischem Druck.

Glaukonit dunkelgrünes, wasserhaltiges Kalium-Eisen-Aluminium-Silikat-Mineral, das im marinen Bereich gebildet wird.

glaziäolisch durch Wind bedingte Prozesse und Ablagerungen im Zusammenhang mit einer Vergletscherung.

glazial Bezeichnung für alle Ablagerungen und Bildungen während der Eiszeiten sowie für das entsprechende Klima.

glazifluvial durch Inlandeis-/Gletscherschmelzwässer bedingte Prozesse und Ablagerungen.

glazilimnisch bezeichnet die Prozesse, Bildungen und Ablagerungen in festländischen Seen, die durch Schmelzwässer gespeist werden.

Gletscherschramme Kritzung auf anstehendem Gestein oder auf Geschieben des eigenen Moränenschutts durch die im Inlandeis-/Gletschereis mitgeführten Gesteinsbruchstücke.

Gletschertopf Kolk, der im Anstehenden durch strudelnde Bewegungen herabstürzender Schmelzwässer am Gletscherboden entsteht.

Gletschertor ein bis zu mehreren Metern hohes, höhlenartiges Eisgewölbe am unteren Rand des Gletschers, aus dem Schmelzwasser austritt.

Gley Bodentyp , der durch Grundwasser stark beeinflußt wird und in dem wasserunlösliche Eisen(III)-Verbindungen über löslichen Eisen (II)-Verbindungen angereichert sind.

Grundwasserblänke eine vom Grundwasser durchflossene Geländevertiefung ohne einen wesentlichen oberirdischen Zufluß oder Abfluß.

Grundwasserleiter grundwasserführende Sediment- oder Gesteinsschicht; Aquifer.

Gyttja grünlichgrauer bis schwarzer Halbfaulschlamm aus organischen Resten bestehend, der in Binnenseen und Mooren unter gebremstem Zutritt von Sauerstoff entstand.

Habitus hier: Form und Aussehen von Kristallen.

Halokinese Fließbewegung des Salzes, die vorrangig durch die Auflast des Deckgebirges hervorgerufen wird.

Hangendes die über einer Bezugsschicht lagernden Gesteinsschichten.

Harnisch durch Gesteinsbewegungen auf Verwerfungsflächen erzeugte, z.T. mit Rutschstrukturen ausgestatte, häufig blank polierte Fläche.

Humus Gesamtheit der abgestorbenen organischen Stoffe in und auf dem Boden, die einem stetigen Ab-, Um- und Aufbauprozeß unterworfen waren und sind.

hydromorph hier: allgemeine Bezeichnung für Böden, bei deren Dynamik die Grundwasser- oder/und Staunässemerkmale von ausschlaggebender Bedeutung sind.

inglazial intraglazial; innerhalb eines Gletschers befindlich / auftretend.

Ingression Eindringen des Meeres in festländische Senken als Folge von deren Absenkung.

Inlandvereisung durch starke klimatische Abkühlung bedingte Ausbildung großer kontinentaler Eismassen, die sich weit über ihr Entstehungsgebiet ausdehnen.

Interglazial Warmzeit zwischen zwei Kaltzeiten; dadurch bedingtes Abschmelzen des Eises und Wiedereinwanderung bzw. Ausbreitung zunächst borealer und dann warmgemäßigter Faunen und Floren.

Interstadial Zeit weniger kalten Klimas, mit subarktischem bis borealem Klima, innerhalb einer Kaltzeit.

invers hier: überkippt.

isostatisch = Isostasie; die Lehre vom hydrostatischen Gleichgewicht der Erde. Glazial-Isostasie: Absenkung der Landgebiete (Skandinavien) unter der Auflast der Eismassen und Wiederaufstieg der Landgebiete nach der Entlastung.

Jungmoränenvereisung Moränenlandschaft, die während der letzten Inlandvereisung aufgebaut wurde und daher nur kurze Zeit unter periglazialen Verhältnissen geringfügig verändert wurde.

Kame kuppiger Hügel aus Schmelzwasserablagerungen, d.h. geschichteten Kiesen und Sanden (seltener Schluffen), nach Abtauen der Gletscher verbliebene Füllung in Depressionen und Spalten im Eis.

Klock- Vorsilbe; Anteil an ortsfremdem Humus in einem klastischem Sediment.

Kluft Bruchfläche oder Spalte im Gestein, an der keine Bewegung stattgefunden hat.

Kohlenlette Bezeichnung für kohligen Ton.

Kolluvium Colluvium; am Fuß von Hängen abgelagertes, durch Massenbewegungen von diesen abgetragenes, ungeschichtetes, unsortiertes und wirr gelagertes Material.

Kompensationssenke Senkungsbereich am Rande von Salzstrukturen, der infolge der Auswanderung des Salzes im Untergrund entsteht.

Korrosion Zerstörung des anstehenden Gesteins durch die chemische Einwirkung des Wassers und der darin befindlichen Säuren.

kryogen durch Frost bedingt; hier: unter Permafrostbedingungen entstanden.

Kryoturbation unregelmäßige Verfaltung oder Verwürgung der oberen, sommerlichen, wassergesättigten Auftauschicht im Permafrostgebiet aufgrund von Frostwechselerscheinungen und schwerkraftbedingten Vorgängen.

kupstig Kupste: Unregelmässige Abtragungsform einer Düne, charakterisiert durch wiederholten Windriss und neue Sandablagerung, teilweise mit Vegtationsresten.

lagunär Bezeichnung für Prozesse, Ablagerungen und Bildungen in einem durch Riffe, Sandbänke oder Nehrungen vom offenen Meer abgetrennten Wasserbereich.

Leithorizont Schicht, die infolge ihrer ausgeprägten Fossilgemeinschaft oder lithologischen Ausbildung als stratigraphischer Bezugshorizont dienen kann.

Lessivierung Abwärtsverlagerung von Ton in einem Boden unter wechselfeuchten Bedingungen.

Liegendes die unterhalb der Bezugsschicht lagernden Gesteinsschichten.

limnisch bezeichnet die Prozesse, Bildungen und Ablagerungen in Süßwasserseen.

Lithologie Zusammensetzung und Klassifikation von Sedimentgesteinen; auch verstanden als Lehre von der Zusammensetzung der Sedimentgesteine, ihren natürlichen Vorkommen, ihrem Verhältnis zueinander und insbesondere deren Bildung und Umbildung.

Lithostratigraphie Stratigraphie aufgrund lithologischer Kriterien.

Lobus Lappen; bogiger Außenrand eines Gletschers, bzw. seine morphologische Ausprägung.

Lokalmoräne Moräne mit Beimengung von spezifisch lokalem Material.

Löß glaziäolischer Staub.

Mächtigkeit die Dicke, speziell der Abstand zwischen unterer und oberer Grenze einer Gesteinsschicht (Bank, Flöz, Paket).

marin bezeichnet die Prozesse, Ablagerungen und Bildungen unter Einwirkung des Meeres.

Matrix Bindemittel oder die Grundmasse von Sedimentgesteinen.

Melioration Maßnahme, bei der die Eigenschaften eines Bodens durch nachhaltig wirkende Eingriffe oder Umgestaltung des Bodenprofils verändert werden, z. B.: Bewässerung, Erosionsschutz, Entwässerung.

Mudde feinkörniges Sediment mit einem hohen Anteil an organischem Material, das unter weitgehendem Sauerstoffabschluß fault.

Mundloch bergmännisch: Stolleneingang.

Nachschüttsande Schmelzwasserablagerungen von Sand, Kies und/oder Schotter vor dem Inlandeis bei generell abschmelzenden Eismassen.

Naßtiefschnitt Abbau mit einem Bagger von einer horizontalen Fläche abwärts, aus dem Bereich unterhalb des Grundwasserspiegels.

Normalprofil maßstabsgetreue Darstellung der stratigraphischen Schichtenabfolge eines Gebietes, in der Schichtmächtigkeiten, Gesteinszusammensetzung, der Fossilinhalt sowie Schichtlücken und Erosionsdiskordanzen abgebildet sind.

Os unter oder im Eis entstandener länggestreckter, bahndammähnlicher Wall, der aus glazifluvialem Material, häufig gut abgerolltem und geschichtetem Kies und Sand, aufgebaut wird und meist in Eisströmungsrichtung orientiert ist.

Oszillation hier: alternierende Vorwärts- bzw. Rückwärtsbewegung des Gletscherrandes.

Paläo- Vorsilbe; Bedeutung in der Zusammensetzung: Alt-, Ur-.

Parabraunerde Bodentyp, für den eine mechanische Verlagerung von Tonteilchen ohne vorherige Zersetzung vom Oberboden in den Unterboden, der zumeist aus Löß besteht, charakteristisch ist.

periglazial geologische oder morphologische Bildungen und Prozesse vor dem Rand von Inlandeismassen, Gletschern oder in Klimabereichen mit einer geringen Jahresmitteltemperatur (-12°C bis +3°C), die durch den Einfluß des Bodenfrostes (Permafrost) bzw. der Frostwechselvorgänge bedingt sind.

Permafrost Dauerfrostboden.

Perstruktion hier: nicht pedogene Veränderung im Gefüge von Böden, durch Auftauvorgänge in den Auftauzonen des Dauerfrostbodens.

Podsol Bodentyp, bei dem die infolge der starken Versauerung im Oberboden ausgewaschenen Verbindungen im darunter folgenden Horizont anreichert worden sind; Bleicherde.

produktive Serie Schicht mit abbauwürdigen Rohstoffen.

Pseudogley Bodentyp, der durch den Wechsel von Staunässe und Austrocknung entsteht und dadurch eine charakteristische fahlgraue und rostfarbene Marmorierung besitzt.

Ranker flachgründiger, kalkfreier Bodentyp, aus kalkfreien Gesteinen hervorgegangen.

Rayonierung komplexe Kartierung eines Gebietes unter Berücksichtigung vieler natürlicher und anthropogener Parameter.

Rendzina meist flachgründiger Bodentyp, aus kalk- oder sehr stark karbonathaltigen Gesteinen hervorgegangen.

Richtprofil Profil mit eindeutig bio-, litho- und / oder pedostratigraphisch oder geochronologisch definierter Schichtenfolge.

Salzstruktur Aufwölbung von Gesteinspaketen durch mobile Salze, die in der Regel an Schwächezonen im Gestein aufsteigen und dabei die darüberliegenden Gesteinsschichten hochdrücken. **Salzkissen** sind linsenförmige, **Salzdiapire** pfropfenförmige Strukturen.

Sander vor den Endmoränen der Gletscher oder Inlandeismassen glazifluvial abgelagerte, in der Entwässerungsrichtung geneigte Aufschüttungsfläche, die entsprechend ihrer Entfernung vom Eisrand durch Schmelzwasserabflüsse gut sortiert als Schotter- bzw. Sandfläche vorliegt.

Satzendmoräne Aufschüttungsmoräne am stationären Eisrand, ohne Einengungsformen (s. auch Blockpackung).

Scherfuge Scherkluft; Klüfte die symmetrisch und diagonal zur Hauptbeanspruchungsrichtung liegen und sich unter einem Winkel von 50-70° schneiden.

Schichtlücke = Hiatus, Aussetzen einer Sedimentschicht in Vertikalrichtung durch Sedimentationsunterbrechung.

Schrägschichtung geneigte Schichtung bei Ablagerungen aus bewegter Luft (z.B.: Düne) oder Wasser (z.B.: Sandbank, Delta) in mm- bis m-Maßstab.

Schwemmkegel durch fließende Gewässer bei ihrer Einmündung in ein stehendes Gewässer aufgeschüttete, fächerförmige Ablagerung.

söhlig bergmännisch: waagerecht.

Solifluktion Gelifluktion; Fließbewegung und Umlagerung von Teilen des wassergesättigten Oberbodens, hangabwärts. Verursacht durch den Wechsel von Gefrieren und Auftauen über Frostboden in Periglazialgebieten.

Soll kleine, abflußlose, oft kreisrunde Hohlform in Grundmoränenlandschaften, entstanden durch das Abschmelzen von Toteis.

Sphärolith kugelförmige Kristallbildung mit radialstrahlig angeordneten Einzelkristallen.

Stadial Zeit relativer Kälte (Kälteschwankung) innerhalb einer Kaltzeit, begrenzt durch Zeiten relativer Wärme (Interstadiale bzw. ein Interglazial und ein Interstadial).

Stauchendmoräne entsteht durch einen Inlandeis-/ Gletschervorstoß, der das vor der Eisstirn liegende Material zusammenschiebt, sowohl eigene Vorschüttbildungen als auch ältere Ablagerungen verschiedener Entstehung.

Störung = Verwerfung; Bruchfläche im Gesteinsverband, an der die angrenzenden Gesteine gegeneinander bewegt worden sind.

Stratigraphie Teilgebiet der Geologie, das sich mit der Abfolge der geologischen Systeme, Serien und deren Fossil- und Gesteinsgehalt befaßt, sie nach ihrer zeitlichen Bildungsfolge ordnet und eine Zeitskala zur Datierung der geologischen Prozesse aufstellt.

Stratotyp an einer Typuslokalität eindeutig definierte Ausbildung einer litho- oder biostratigraphischen Einheit (= Schicht).

Strosse horizontale Abbaufläche in einem Tagebau.

Stützbohrung Einzelbohrung im Frühstadium der Erkundung.

subglazial Bezeichnung für Prozesse, Ablagerungen und Bildungen unter dem Eis.

Subrosion unterirdische Auslaugung von leicht löslichen Gesteinen, insbesondere Salzen, durch Grund- und Sickerwässer.

Sukzession Abfolge.

synsedimentär Bezeichnung für Vorgänge, die während der Sedimentation ablaufen.

Tektonik Teilgebiet der Geologie, das sich mit der Lehre vom Bau der Erdkruste sowie den dabei wirksamen Bewegungen und Kräften, wie auch den entsprechenden Deformationen, befaßt.

Teufe	bergmännisch: Tiefe.
Textur	räumliche Anordnung und Verteilung der Gemengteile (Minerale) und Komponenten in Gesteinen.
thermophil	wärmeliebend.
Toteis	isolierte, bewegungslose Eismasse eines vom Rückschmelzen betroffenen Inlandeises oder Gletschers, die oberflächlich zumeist von Moränen, Sanden oder Dünen usw. bedeckt ist. Bei ihrem endgültigen Austauen sackt die Oberfläche nach und es entstehen zumeist abflußlose Hohlformen; bei Wasserfüllung = **Toteisrestsee.**
Trocken-hochschnitt	Abbau mit einem Bagger von einer horizontalen Fläche aufwärts, aus dem Bereich oberhalb des Grundwasserspiegels.
Transgression	Vorrücken des Meeres in Landgebiete, verursacht durch Landsenkung oder Meeresspiegelschwankungen.
Über-schiebungen	relative Aufwärtsbewegung einer Gesteinsscholle auf einer geneigten Bruchfläche, deren Einfallen weniger als 45° beträgt.
verkieseln	= Silizifizierung; sekundäres Ausfüllen von Gesteinshohlräumen oder metasomatische Verdrängung von Gesteinskomponenten durch Kieselsäure.
Verwerfung	= Störung; Bruchfläche im Gestein, an der Bewegung stattgefunden hat.
Vorfluter	natürliches oder künstliches Gewässer, das zufließendem Wasser (Oberflächenwasser oder Grundwasser) als Abflußbahn dient.
Vorschüttsande	Schmelzwasserablagerungen von Sand, Kies, z.T. Schotter vor dem Gletscher, bei generell vorstoßenden Eismassen.

Literaturhinweise

Dieses Verzeichnis gibt nur wenige der zahlreichen benutzten Quellen wieder; es soll vor allem als Orientierungshilfe für den Leser dienen und zu relativ leicht zugänglichen Fachwörterbüchern führen.

Heinle, A., Hrsg.; 1991: Schülerduden: Die Geographie. 2. Aufl. - Mannheim (Duden), 447 S.

Hohl, R., Hrsg.; 1985: Die Entwicklungsgeschichte der Erde. 7. Aufl. - Brockhaus Nachschlagewerk Geologie. - Leipzig (Brockhaus), 703 S.

Klein, J., Bearb.; 1990: Herder Lexikon Geologie und Mineralogie. 6. Aufl. - Freiburg (Herder), 234 S.

Murawski, H.; 1992: Geologisches Wörterbuch. 9. Aufl. - Stuttgart (Enke), 254 S.

Neef, E., Hrsg.; 1981: Das Gesicht der Erde. 5. Aufl. - Brockhaus Nachschlagewerk Physische Geographie. - Leipzig (Brockhaus), 627 S. + 32 Tafeln.